移动开发架构设计实战

李云鹏 | 编著

電子工業出版社
Publishing House of Electronics Industry
北京•BEIJING

内 容 简 介

本书覆盖了移动开发中涉及的多种架构模式，基于 Android 平台对架构模式进行实战，可以帮助入门开发者了解架构模式，进阶开发者掌握架构模式，技术领导者进行架构选型。

本书内容包括：流行架构模型 MVX 系列——MVC 架构、MVP 架构、MVVM 架构，依赖注入框架 Dagger2，函数响应式框架 RxJava2，Google 推荐的生命周期感知架构组件 AAC，整洁的架构“The Clean Architecture”和组件化等架构的运用方法与实战。

本书语言精练，内容清晰，代码易于理解，适合计算机相关行业的从业者阅读与学习。

图书在版编目（CIP）数据

移动开发架构设计实战 / 李云鹏编著. —北京：电子工业出版社，2019.11

ISBN 978-7-121-37507-1

Ⅰ. ①移… Ⅱ. ①李… Ⅲ. ①移动终端－应用程序－程序设计 Ⅳ. ①TN929.53

中国版本图书馆 CIP 数据核字（2019）第 216473 号

责任编辑：张月萍　　　特约编辑：田学清
印　　刷：涿州市般润文化传播有限公司
装　　订：涿州市般润文化传播有限公司
出版发行：电子工业出版社
　　　　　北京市海淀区万寿路 173 信箱　　　邮编：100036
开　　本：787×1092　1/16　印张：19　字数：415 千字
版　　次：2019 年 11 月第 1 版
印　　次：2025 年 2 月第 2 次印刷
定　　价：89.00 元

凡所购买电子工业出版社图书有缺损问题，请向购买书店调换。若书店售缺，请与本社发行部联系，联系及邮购电话：（010）88254888，88258888。

质量投诉请发邮件至 zlts@phei.com.cn，盗版侵权举报请发邮件到 dbqq@phei.com.cn。

本书咨询联系方式：010-51260888-819，faq@phei.com.cn。

推 荐 序

Android 系统自 Google 2008 年发布以来， 经过十多年的发展，已经占据了手持设备八成以上的市场份额。在此过程中，有很多非常优秀的开发者加入这个行业，移动开发经过近几年的快速蓬勃发展，在传统的设计思想上有了更多的更新和创新，同时也涌现出不少高效的工具。

软件架构是对软件整体结构与组件的抽象描述，但在实际项目和产品迭代中，架构不仅涉及软件本身，还涉及团队组成、业务现状及发展方向、团队文化、投入产出比等多方面。如何基于业务做出更合理的设计？如何平衡业务和技术？如何在做出决策后顺利落地？从这些方面考虑，需要明确以下几个问题：

- 通用的架构有哪些?
- 每个架构的适用场景和优缺点是什么?
- 架构的设计原则是什么?
- 架构之间是如何演化的?
- 在架构设计实战的过程中会遇到哪些问题？该如何解决？

作者从架构的定义开始，对 MVC、MVP、MVVM 等多种架构模式进行了详细的阐述，并辅以案例讲解。通过讲解多个实战案例回答了上述问题。本书非常适合移动开发领域的初、中级工程师阅读，也适合高级工程师阅读，以做参考。

——网易新闻技术总监 刘棉明

自 序

当翻开这本书的时候，您可能在架构师进阶之路上更近了一步。

架构设计是在任何时候都不会过时的话题。在敏捷开发流行的今天，合理的架构模式对于移动开发来说至关重要。建筑架构设计追求实用、坚固和美观，移动开发中的架构设计也是如此。在面临变化时，最适合团队的架构模式会为您带来意想不到的收益。

本书名为“移动开发架构设计实战”，书中以 Android 代码列举主要实例。实际上，架构模式是可以跨越语言平台的，所以，您无须担心 Android 代码是否会难以阅读。只要您是一位对架构感兴趣的读者，这本书就会带给您新的架构思路。

本书充分参考了 Google 的权威开源项目 Android Architecture Blueprints，整合了移动开发中流行的、有利于企业级开发的架构模式实例，希望您能够通过本书了解多种架构模式的特征和它们之间的区别，并可以在现在，或是在未来的架构选型中找到适合自己的架构模式。

如果您在阅读中发现任何不合理之处，还恳请帮忙指出；您可以选择在我的个人博客勘误征集页面（http://blog.imuxuan.com/archives/116）提交留言，或者通过邮箱：leotyndale@hotmail.com 反馈给我，非常期待与您进行交流与学习！

前言

过去，我常常寻找一些关于移动端架构模式的资料，以帮助自己全面了解架构模式，并针对企业软件架构存在的问题，指导自己进行架构选型。在现今的移动开发技术领域，各种架构模式“百花齐放”，然而每种架构模式的概念都比较晦涩难懂，这不仅使得一部分初学者“从入门到放弃”，也让进阶人员耗费了太多的学习成本。

通过博客学习架构需要查阅大量的资料，而且博客中的技术资料学习门槛相对较高，所以，我总结自身经验，写成了这本书，以帮助入门开发者了解架构模式，进阶开发者掌握架构模式，技术领导者进行架构选型，并填补移动端或 Android 架构实战书籍的空白。

架构设计在现今已经成为软件开发必不可少的环节，而架构学习和架构选型往往是一个困难的“工程”。在软件设计之初，人们习惯使用“面条代码”进行开发，系统代码并无结构可言，由此带来的本质问题就是软件的可维护性和可靠性越来越差，软件的维护成本也越来越高，直到软件危机爆发，人们才开始意识到软件架构的重要性。

软件架构设计可以帮助我们规划系统模型，做出决策，降低软件熵，提供系统可维护性和可靠性，减少企业软件维护成本，使得系统更加有序。

本书特色

1. 内容丰富，语言通俗易懂，学习门槛低

阅读本书与阅读技术博客不同的是，架构模式的概念部分清晰易懂，语言精练，包含各种架构的总结性内容。我一直在思索如何表述，能让软件开发人员轻松地理解架构设计中晦涩难懂的概念，所以在每章中，加入了对于架构相关概念的通俗易懂的阐述，以及丰富的图片，以便帮助读者建立架构的记忆模型。

2. 架构覆盖广泛，代码注释丰富，易于理解

本书用大量篇幅介绍了 MVX 系列架构——MVC 架构、MVP 架构和 MVVM 架构，但软件架构不是一成不变的，所以，本书还介绍了组件化和插件化等读者可能会加入自身架构中的技术。而对架构实战的介绍是通过还原一个架构模式的重构过程来完成的，代码注释丰富，易于理解。

3．填补了移动端架构设计和 Android 架构设计与实战总结类书籍的空白

过去，我一直希望有这样一本关于架构模式实战总结与指导类的书籍，能够帮助企业开发人员进行架构学习和选型。软件架构设计是一个经久不衰的话题，其生命周期较长，而架构之间的区别往往在于“合适”与“不合适”，本书可以帮助你全面了解移动端的流行架构模式，并根据自身所需进行架构学习和选型。

本书内容及体系结构

本书从内容上分为三部分，共 16 章。

第一部分主要介绍架构的基本概念。

第二部分列举了当下比较流行的几种架构模式，包括 MVX 系列架构——MVC 架构、MVP 架构、MVVM 架构，以及依赖注入框架 Dagger2、函数响应式框架 RxJava2、Google 官方推荐的 Android Architecture Components 和组件化架构。

第三部分列举了更多值得推荐的，但目前并不是十分常见的框架，其中包括整洁的架构“The Clean Architecture”、Fragment 反对者系列的 Fragmentless、Conductor，还介绍了插件化架构的运用方法与实战。

第 1 章　什么是架构

本章将从架构的起源讲起，走入生活中的架构，探究架构的本质，掌握架构的原则，逐步深入，进而达到了解传统的架构设计思想和设计流程的目的。如果你更注重实践性的内容，可以从第 2 章开始阅读；如果你更注重从一根“线”的“线头”开始厘清思路，那么，就要从本章开始阅读，阅读本章能够使你更好地了解什么是架构。

第 2 章　MVC 架构：表现层分离

“面条代码”是一种没有结构、紧耦合、“一气呵成”的代码形态。接触“面条代码”你会发现，所有界面展示控制和业务逻辑都缠绕在一起，改动任意一处，都将使你苦不堪言。在无数次凌乱的修改整理后，你会感受到一种“剪不断，理还乱”的痛苦。在探究架构的最佳实战之路上，我们还要从 MVC（Model-View-Controller）开始说起，本章将要分析的是经典的 MVC 架构模式。

第 3 章　实战：基于 MVC 架构设计的日记 App

本章将通过一个基于 Android 的日记 App，来讨论 MVC 架构的两种模式——被动模式和主动模式是如何实现的。

第 4 章　MVP 架构：开始解耦

前面的章节针对 MVC 架构模式进行了讨论与实践，这种模式虽然践行了表现层分离，

但难免会出现 Massive View Controller（过重的视图控制器）。本章将讨论一种更流行的架构模式——MVP 架构。

第 5 章　实战：MVP 架构设计

前面我们讨论了日记 App 的 MVC 架构被动模式和主动模式的实现。本章将对日记 App 的 MVC 架构模式进行改造，使其成为 MVP 架构模式，并基于 MVP 架构模式添加新的功能。

第 6 章　MVVM 架构：双向绑定

前面的章节介绍了移动开发中的两个经典架构模式——MVC 架构和 MVP 架构。本章将介绍移动开发三大经典架构中的最后一种架构模式——MVVM 架构。

第 7 章　实战：MVVM 架构设计

本章将会改造基于 MVP 架构设计的“我的日记”App，利用 Google 提供的数据绑定框架 DataBinding，使其成为 MVVM 架构模式。

第 8 章　依赖注入：Dagger2 锋利的“匕首”

依赖注入在后端领域开发中是一项非常流行的设计模式，在 Google 接手了 Dagger 的开发工作后，依赖注入在移动端也日趋火热。本章我们将在前面介绍的 MVP 架构的基础上，通过讲解 Dagger2 来使读者了解依赖注入框架的使用方法，并将其应用在“我的日记”App 中。

第 9 章　函数响应式框架：优雅的 RxJava2

在单任务 CPU 时代，任务只能串联执行，上一个任务没有执行完，下一个任务就只能等待，这样的任务处理效率极低；后来，多任务盛行起来，多个任务可以并行处理，带来了效率的提升；再后来，多任务的模式被运用到每个任务中，一个任务可以被拆分成多个线程执行，每个线程可以并行处理，多线程的时代到来了，它开启了并发，也开启了响应式编程。本章将利用 RxJava2 实现函数响应式框架的设计。

第 10 章　AAC：搭建生命周期感知架构

本章将要介绍的是 Android 官方推荐的系列架构组件 Android Architecture Components，其中包括生命周期感知组件、LiveData、ViewModel 和 Room 数据库的使用等。

第 11 章　组件化架构：极速运行

本章主要介绍各大科技公司使用的主流架构设计模式——组件化架构，这种架构可以让你的工程组件更加清晰，提升软件复用性，加快开发速度，降低测试成本。

第 12 章　The Clean Architecture：整洁的架构

本章将通过介绍三款符合 The Clean Architecture 思想的架构——MVP-Clean、VIPER 和 Riblets，使大家能够对 The Clean Architecture 有更加全面的了解。

第 13 章　Fragmentless：Fragment 反对者

Fragmentless 架构践行了 Fragment 反对者的思想，即 Fragment 会给程序的开发和维护带来很多不必要的问题。本章将通过 View 代替 Fragment，来为大家演示 Fragmentless 架构的实现。

第 14 章　Conductor：短兵利刃

Conductor 是一个小巧精悍的框架，用来帮助移动应用实现基于 View 的开发，与上一章的 Fragmentless 架构基于同一核心思想。本章将在 MVP 架构设计的“我的日记”App 的基础上加入 Conductor 支持。

第 15 章　插件化：模块插拔

本章介绍的是插件化框架，它与模块化技术、组件化技术有着异曲同工之妙。熟练运用插件化技术，往往能给一个移动应用带来非同凡响的体验感。本章将通过分析一款插件化流行框架，来讲解插件化架构。

第 16 章　总结

本章是对全书涉及的架构模式的总结，将会针对每种架构模式总结其特点，并给予你架构选型的建议。

本书读者对象

本书适合任何对计算机技术感兴趣或相关领域的从业人员阅读，书中列举了多种移动端的架构模式和使用方法，但架构设计未必局限于某一平台，比如，MVC 架构在后端开发中依旧广泛流行。

尤其推荐以下人群阅读本书：

- 移动端进阶工程师。
- 移动开发爱好者及从业人员。
- 计算机爱好者及从业人员。

目 录

第 1 章 什么是架构

本书专注讨论移动开发中的架构设计，在深入探究移动开发的架构设计之前，我们需要对架构的整体轮廓有一个清晰的认知。

本章将从架构的起源讲起，走入生活中的架构，探究架构的本质，掌握架构的原则，逐级深入，进而达到了解传统的架构设计思想和设计流程的目的。

如果你比较注重实践性的内容，可以从第 2 章开始阅读；如果你更注重从一根“线”的“线头”开始厘清思路，那么就要从本章开始阅读，阅读本章能够使你更好地了解什么是架构。

1.1 架构设计理念

本节，我们将着重分析架构的设计要素与关注点，使读者在开始架构设计之前了解构建优美架构的意义。

1.1.1 软件架构的起源

从目前的记载来看，软件架构的具体起源已经很难确定了。20 世纪 60 年代，艾兹格·迪杰斯特拉等开始涉及软件架构领域。20 世纪 90 年代后，“软件架构”这个概念开始变得愈发流行。而碰巧的是，1968 年秋季，NATO 科技委员会召集了一群优秀的软件工程师，进行头脑风暴，探寻“软件危机”的解决方案，也是在这次会议上诞生了 Software Engineering 概念，即软件工程。

1993 年，电气电子工程师学会（IEEE）给出了 Software Engineering 的定义：

“将系统化的、规范的、可度量的方法用于软件的开发、运行和维护的过程，即将工程化应用于软件开发中。”

软件工程是面向工程领域的，软件工程包含软件架构的设计，而软件架构是一张开发蓝图，是一个整体的规划，亦是软件工程的指导方针。软件工程的主要目标如图 1.1 所示。

图 1.1　软件工程的主要目标

1.1.2　架构设计三要素

古代工匠或工程师在开始工程设计前，重要的任务之一就是进行工程架构设计，确定布局、选景等，以保证建筑设计的合理性。

古罗马御用工程师、建筑师马可·维特鲁威（Marcus Vitruvius Pollio）最早提出了建筑的三要素：实用、坚固、美观。

从实际角度出发，各个要素其实并无绝对的优先次序。实用是说建筑应该按照不同的形态满足不同的功能需求；坚固是指建筑选址应尽量规避天灾人祸多发地带，布局应符合当地环境特点，不能因为建筑而破坏生态环境，同时，也要避免因不利的环境因素而导致建筑遭到破坏；而美观更加强调建筑与周围环境的协调性。建筑架构设计三要素如图 1.2 所示。

图 1.2　建筑架构设计三要素

建筑架构设计三要素同样适用于软件架构中。

1.1.3　什么是优秀的软件架构设计

从实用角度看，优秀的软件架构不应该进行过度设计，如果设计复杂度较高，应考虑软件维护者能否接受这样的架构设计，以及可能带来的长期维护成本。

软件架构设计亦应坚固可靠，以应对内外界多种不同类型的攻击，提供可靠、准确的输出。面对外界的变化，响应要迅速及时。同时还要做到灵活可扩展。

同样，软件架构也应具备美观性，代码要简洁，易于阅读、维护，能使维护者从直观上对功能产生更清晰的认识，从而能够快速地处理变化。

优秀的软件架构亦是组件抽象，没有复杂依赖关系，易于扩展分离的。

1.1.4　软件架构设计的关注点

建筑架构设计关注“环境”，而软件架构设计关注“变化”。

软件架构设计更多是为可能出现的“变化”服务。在较恶劣的“变化”到来之时，维护者们为了快速交付任务，可能会随意堆积代码，代码交付就像马拉松最后的冲刺，临近极限时甚至会像博尔特短跑冲刺，代码肆意堆积，任由病毒滋生，从而产生一个令人难以理解的软件系统。这样的软件系统看起来几乎是不可修改的，每一个新加入的成员都会为其复杂度而感到惊讶。前期的架构设计应该做好“选址”，尽量避免因为“天灾人祸”的降临而出现“大厦将倾”的现象。建筑架构设计和软件架构设计不同的关注点如图 1.3 所示。

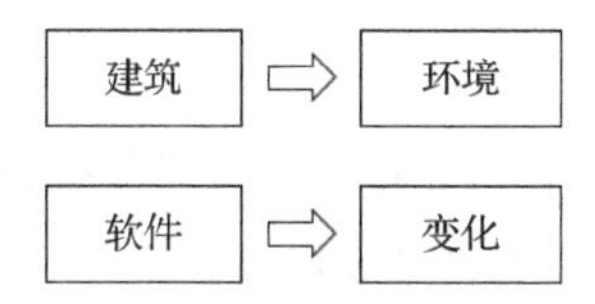

图 1.3　建筑架构设计和软件架构设计不同的关注点

1.2　软件架构设计的本质和目的

软件架构设计的关注点在于“变化”两个字。软件架构无时无刻都存在被各种外界的“变化”侵蚀的可能性。无论设计多么清晰明了的架构都有可能在经历外界的狂风暴雨后，变成一团解不开的缠绕的线。

架构代表形成系统的重要设计决策，这一重要的设计决策由变更成本衡量。架构的定义如图 1.4 所示。

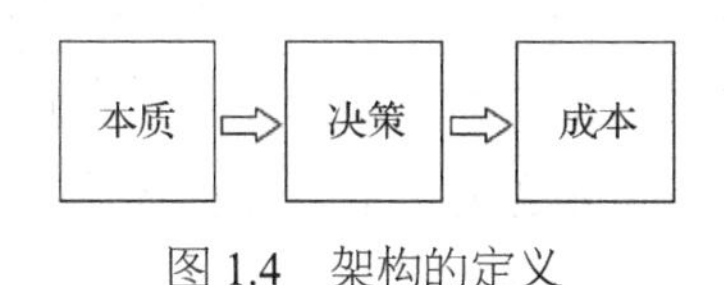

图 1.4　架构的定义

1.2.1　做出决策

决策包括确定问题、设计方案、选择方案和达成目标等多个步骤。

Grady Booch 描述架构中的决策指的就是系统的组织决策、系统中元素的协作决策、系统的行为决策等。

微软公司创始人比尔·盖茨先生曾在访谈时表示，他在编写代码之前，会先系统设计方案，整体考虑清楚。对于程序设计而言，数据结构是最重要的一部分，其次是各种代码块的设计。这一切都依赖于编程前的系统设计，系统设计将帮助你进行决策，能使你时刻保持警觉，减少代码被不良因素干扰的可能。

变更成本指的是软件系统在应对业务等外界条件带来的变化所付出的成本，通过软件熵（Software Entropy）来体现。

1.2.2 降低软件熵

软件熵代表在软件不断修改以后，软件系统的混乱无序程度。

在敏捷开发如此流行的今天，软件架构的本质在于设计系统的结构，为系统的形成提供决策，以达到提升系统质量，使得系统更加有序，减少软件熵的目的。

1.3 架构设计思维

本节涉及的架构设计思维是每一位架构师需要掌握的基本思维，其中包括简化思维、分层思维、分治思维和迭代思维，如图 1.5 所示。

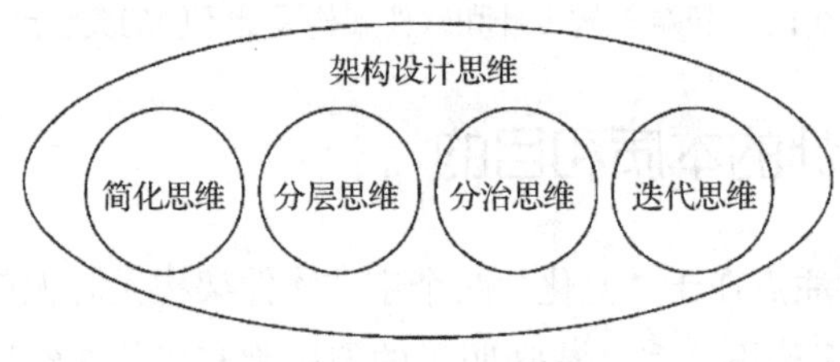

图 1.5 架构设计思维

1.3.1 简化思维

简化指降低事物的复杂度，用更少的细节来代替较多的细节。

举例来说，有一个印着纽约图案、棕色的马克杯，它有一个红色的杯盖，里面装满了卡布奇诺。如果简单地理解，可以说这是一个有红色杯盖的棕色马克杯。简化思维实例如图 1.6 所示。

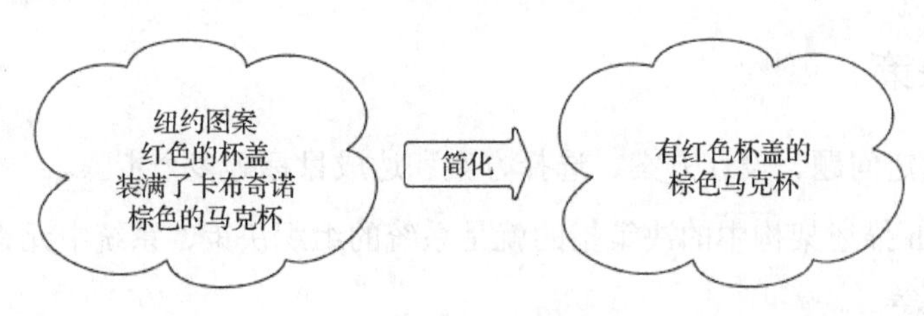

图 1.6 简化思维实例

在软件架构中，抽象也是一种特殊的简化。相比简化而言，抽象降低复杂度的力度更大。抽象意味着删除或是隐藏事物的细节，而不会破坏事物本身。

简化 ≠ 抽象

举例来说，当我们描述宇宙的时候，往往会非常复杂，其中可能包括宇宙的诞生过程、宇宙的形态、宇宙的组成物质等。或许，我们可以将宇宙抽象地理解为时间+空间，这样描述就更为直观。

而那个有红色杯盖的棕色马克杯，我们也可以抽象地理解为一个杯子。抽象思维实例如图 1.7 所示。

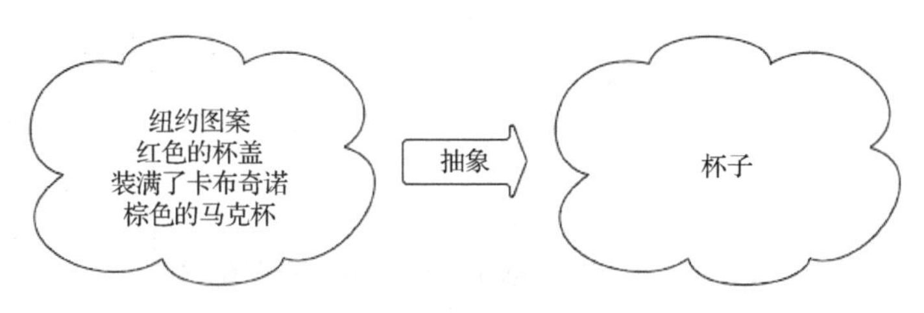

图 1.7　抽象思维实例

在软件架构设计中，简化系统组件可以避免过度设计，系统组件的抽象程度直接影响了一个系统整体的复杂度。简化或是抽象可以提升软件设计的一致性，使代码更加清晰。

掌握简化和抽象思维，需要开发者对事物有宏观的理解，对组织形态有完整的认识，简化复杂部分，隐藏不必暴露的细节，实现降低复杂度和提升代码可读性的目标。

1.3.2　分层思维

在架构设计中，分层架构是一种比较流行的架构模式。几乎每一种架构都会用到分层思维，以达到关注点分离的目标。例如，典型的 Model-View-Controller 为三层架构模式，Model-View-Presenter 亦为三层架构模式，而基于 The Clean Architecture 架构设计思想的 VIPER 架构是五层架构模式。分层思维是软件架构师的必备思维。

我们常常会将一个复杂的系统划分为多个层级，以产生单向的依赖结构。绝大多数的分层架构模式都是自顶向下的。自顶向下不仅可以理解为架构事件流的传递和依赖关系是自顶向下的，也可以理解为架构的设计方式是从宏观到细节，从整体到局部的这种自顶向下。图 1.8 所示为《架构整洁之道》（由电子工业出版社出版，ISBN 978-7-121-34796-2）中著名软件设计大师 Robert C. Martin 提出的 The Clean Architecture 模型图。

那么，应该如何掌握分层思维呢？

首先，架构师应该足够了解软件系统的全貌，并且对软件系统所依赖的平台也要有清晰、深刻的认识。举个例子，当我们了解一款 Android 公交查询 App 时，不仅需要了解

App 的整体功能，还需要了解 Android 系统的分层模式，将系统作为 App 的“上下文”来分析理解和参考设计。可以将“上下文”简单理解为环境，有时候它可能并没有那么简单，这就需要你应用简化或抽象思维了。

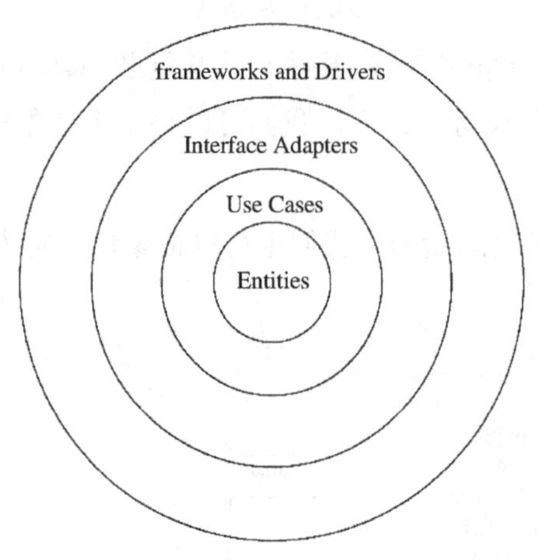

图 1.8　The Clean Architecture 模型图

其次，架构师还应该了解流行架构模式的分层思想，并理解其分层的原因，掌握分层设计的核心。比如，视图与模型关注点分离，可以提升软件组成部分的可操控能力，这也是 MVC 架构的核心设计思想之一。具体细节，我们会在后续的章节逐步展开分析和讨论，使大家能够对经典流行架构和扩展架构的设计思想有一定的了解。

1.3.3　分治思维

分治即分而治之。可以理解为将一个复杂的问题划分为多个子问题，分别进行处理，最后达到解决这个问题的目标。

在算法中，分治法是一个非常流行的解决复杂问题的工具，它将一个问题划分为多个子问题，逐一处理，最后合并到一起，组成整个问题的解决方案。

我们应该如何掌握分治思维呢？

面对一个问题时，我们应该先对问题进行深刻的分析，确定问题是否能直接解决，如果不能直接解决，就考虑将问题分解，思考问题的组成元素，尝试将组成元素分离，确认某个元素是否已经有解决方案可以使用，逐一对各个元素进行分析。

1.3.4　迭代思维

没有任何一款优秀的架构可以一蹴而就，在架构创建完成后，持续收集用户反馈并进行迭代改进是必不可少的环节，这就是迭代思维，亦是演化思维和进化思维。

随着时间的推移和业务的变化，架构会被逐步侵蚀，软件熵会不断增加，迭代思维可以帮助架构降低熵增。掌握迭代思维，能使架构师意识到并不是每一次混乱都需要继续容忍下去，推进迭代和重构、改善既有架构是一个架构师义不容辞的责任。

1.4　架构设计模式原则

在架构设计中，当我们对全貌进行整体设计后，架构的组成细节设计需要运用一些经典的设计模式原则，在面向对象设计中，比较著名的原则之一为 SOLID 原则。

SOLID 原则包括单一职责原则（SRP）、开放封闭原则（OCP）、里氏替换原则（LSP）、依赖倒置原则（ISP）和接口分离原则（DIP）。SOLID 原则如图 1.9 所示。

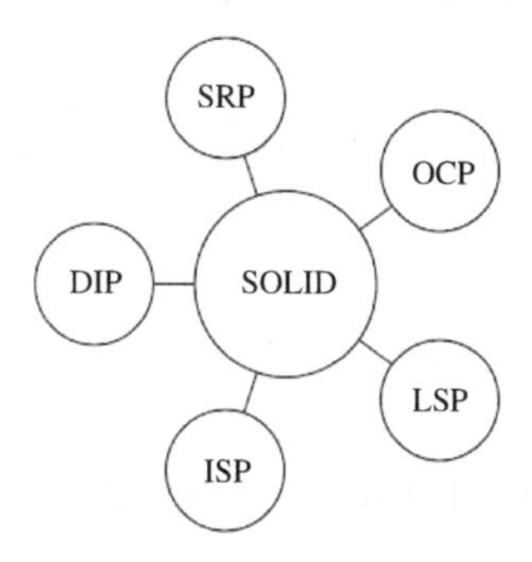

图 1.9　SOLID 原则

1.4.1　单一职责原则

单一职责原则（SRP）又被称为单一功能原则，指每一个类都应该只具有一种职责。

举例来说，在进行某短视频 App 视频模块设计时，它的视频处理类不仅负责视频播放的工作，还负责视频分享的相关信息处理工作，这样的设计不符合单一职责原则。视频播放和视频分享是两个分离的功能，应该做到功能平行，而不要尝试直接依赖关系，因此，它们应该分离于不同类或模块中。视频类图如图 1.10 所示。

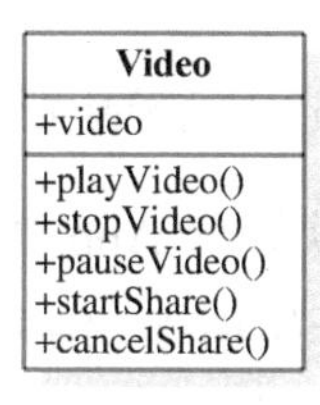

图 1.10　视频类图

或许你会说，视频播放与视频分享的信息是相关的，为什么说它们是不相关的两个功能呢？

这里就要用到我们在前面提到的抽象思维了。对于分享模块来说，视频的信息完全可以抽象为一个符合分享功能需要的数据体。改进后的 UML 图如图 1.11 所示。

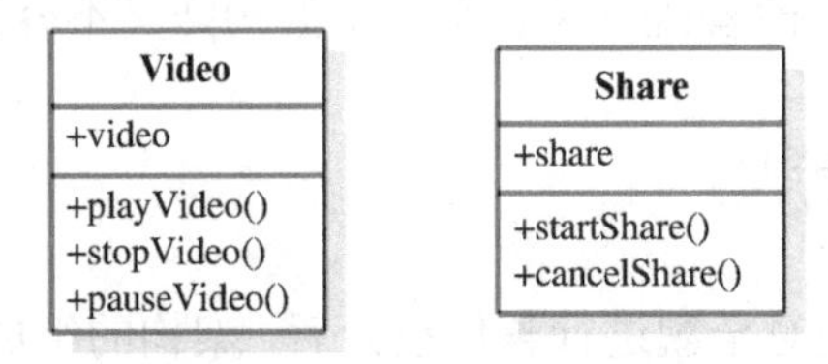

图 1.11　改进后的 UML 图

不符合单一职责原则的设计会让不关联的模块之间产生直接依赖关系，耦合性更高。在面对变化时，系统更难以承受冲击力，代码会更容易变得无序，软件熵会增加，维护成本也会变高。

使用单一职责原则，可以让每个类或模块只有一个变化因素，使得类或模块的设计更加专注。

1.4.2　开放封闭原则

开放封闭原则（OCP）简称开闭原则，指的是对于软件对象来说扩展是开放的，修改是封闭的。

有一款健身 App，用户通过使用它进行两种训练，普通训练和跑步。这两种训练都包括开始训练、结束训练和训练打卡三个功能。在设计之初，设计人员将普通训练和跑步的三个功能分别放在三个方法中进行处理。健身类图如图 1.12 所示。

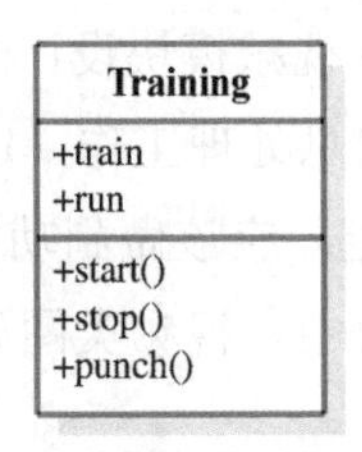

图 1.12　健身类图

现在，由于瑜伽运动的兴起，这款健身 App 需要满足用户新的需求，增加瑜伽训练的功能。目前面临的问题是它需要对开始训练、结束训练和训练打卡的三个已有功能分别进行修改，以满足增加瑜伽训练新功能的要求。

先前的设计开放了修改，使得代码的可读性与可维护性变差。那么，开闭原则的设计应该是怎样的呢？

对于共有的功能，开始训练、结束训练和训练打卡，它们应该抽象出一个公有接口。普通训练、跑步和瑜伽分别实现该接口，进行各自对象的业务处理逻辑，互不干涉，后续业务的扩展，也不会对现有的类产生影响。改进后的 UML 图如图 1.13 所示。

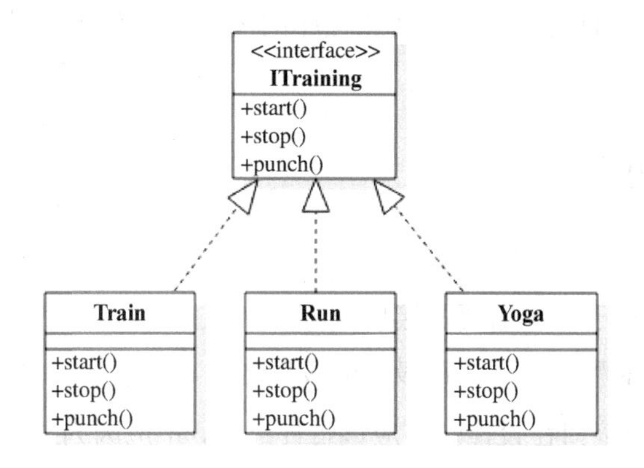

图 1.13　改进后的 UML 图

1.4.3　里氏替换原则

里氏替换原则（LSP）是指继承应确保有关超类型对象的任何属性也适用于子类型对象。

可以简单地将其理解为当一个类能替换任何它的父类时，它们之间才真正具有继承关系。

每当提起里氏替换原则，我们都会谈到臭名昭著的“正方形—长方形”问题。

当进行程序实现时，正方形作为长方形的一个子类实现，对长方形的宽高可以分别赋值，但正方形的宽高是相同的。

这时候，当我们对长方形宽高赋值后，可以成功计算出长方形的面积，但当我们将长方形替换为正方形后，计算面积则为宽或高后赋值的那个属性的平方值。

这种替换操作使得计算出现错误，这样的设计不符合里氏替换原则。

1.4.4　依赖倒置原则

依赖倒置原则（DIP）又被称为依赖反转原则，它是指程序要依赖于抽象接口，不要依赖于具体实现。

就是说，程序之间的依赖可以利用抽象接口来进行解耦，而不应该使实现类之间直接产生依赖关系。

可以等价地理解为面向接口编程。

那么什么是面向接口编程？即将业务逻辑线与其具体实现分离出来，将业务逻辑线作为接口，将具体实现通过该接口的实现类来完成。

在实际使用中，对于实现类需要抽象出公共方法的接口，将所有其他模块中直接使用该类调用相关方法而产生依赖的部分替换为使用接口进行方法调用。

满足依赖倒置原则的设计，可以增加程序的灵活性与可扩展性，降低模块之间的耦合性。

1.4.5 接口分离原则

ISP 接口分离原则又被称为接口隔离原则，它表达了两个设计思想：

- 客户端不应依赖于它不需要的接口或方法。
- 类与类之间的依赖应该建立在最小的接口之上。

它意在表明，一个接口在设计时不应该责任过重，不应因为过于臃肿而导致系统解耦困难，增加重构复杂度。

不符合接口分离原则的设计往往会影响代码的整洁性，使得使用者难于理解。

举例来说，有一款邮件 App，在设计之初，它的收件箱和发件箱共同实现了同一个邮箱接口，接口具有 star 星标邮件、delete 删除邮件、reply 回复邮件和 retry 发送重试四个方法。对于发件箱来说，邮件发送失败需要进行重试的操作，但对于收件箱来说，这个方法是没有意义的，这样的设计不满足接口分离原则。邮件 App 类图如图 1.14 所示。

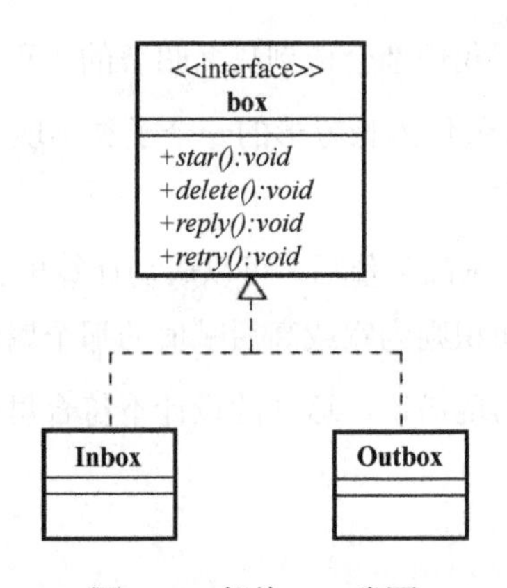

图 1.14 邮件 App 类图

现在，我们根据接口分离原则，对上述邮件 App 进行改进，将并不是收件箱和发件箱共同需要的 retry 方法从接口中提取出来，放入新接口 Error 中，InBox 中也不会再有 retry 的空实现，Outbox 的实现并未受到影响，模块的功能也更加直观。改进后的邮件 App 类图如图 1.15 所示。

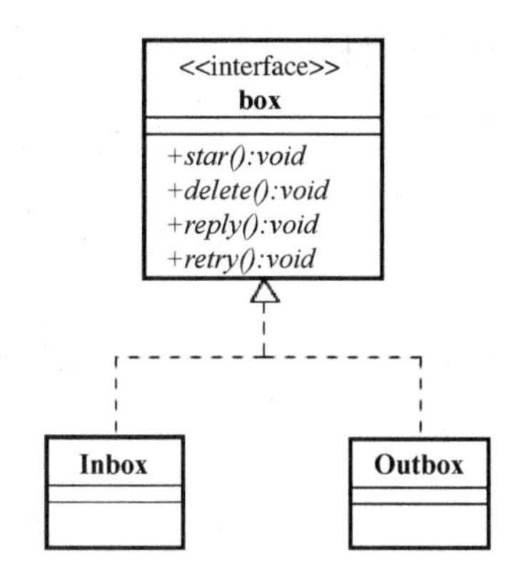

图 1.15　改进后的邮件 App 类图

1.5　架构设计步骤

在了解了架构的起源，明确了架构的设计思想和设计原则之后，设计一款适合我们所处环境的架构是最终目标。那么，架构设计应该分为几个阶段进行呢？架构设计步骤如图 1.16 所示。

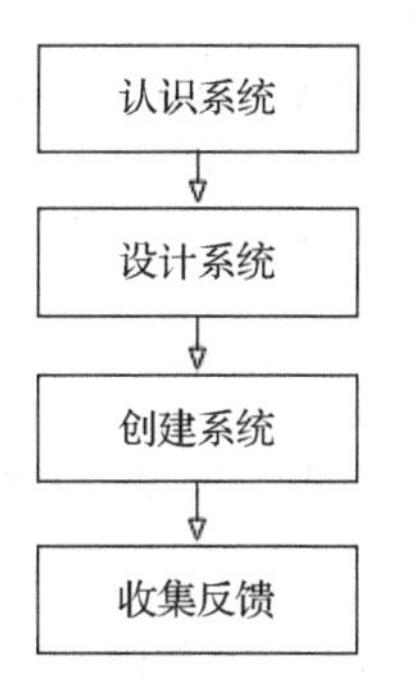

图 1.16　架构设计步骤

一般而言，我们分为认识系统、设计系统、创建系统和收集反馈四个阶段。

（1）认识系统：认识系统的数据模型、业务组成、模块组成等。

（2）设计系统：选择合适的架构模式，对架构模式调研分析，确定系统架构设计方案。

（3）创建系统：选择系统的实现环境，对系统进行部署，进入开发/改造阶段。

（4）收集反馈：系统创建完成，持续调研，收集反馈，对系统做下一步优化规划。

1.5.1　认识系统

认识系统是我们解决现有问题的重要环节之一，这个环节将直接影响我们在系统开发中消耗的人力成本，以及系统创建完成后的系统质量。

在认识系统阶段，需要明确三个目标：

（1）设计者希望系统是什么样的？

（2）使用者希望系统是什么样的？

（3）成本预估目标如何？

上述阶段也叫作系统愿景阶段。美好的系统愿景是我们前进的动力，可以促进目标的达成。明确三个目标如图 1.17 所示。

图 1.17　明确三个目标

认识系统，我们还需要认清两个问题：

（1）现有系统存在什么问题？

（2）影响系统的外部条件是什么？

从内部和外部两个维度来理清当前的问题，可以帮助我们整理出来系统的改善目标。认清两个问题如图 1.18 所示。

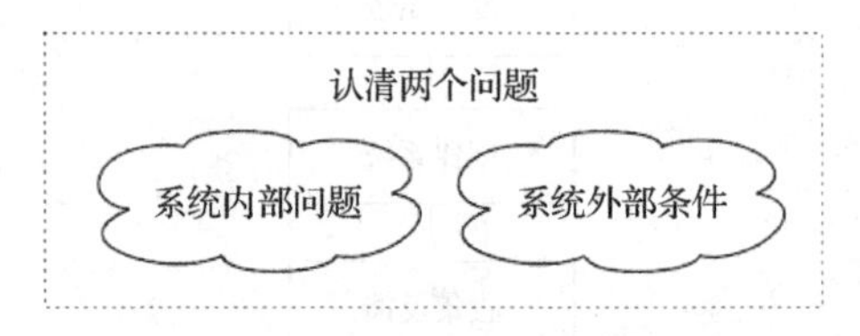

图 1.18　认清两个问题

在没有认识系统的情况下，进行架构设计等后续操作，会使实施过程中产生设计偏离需求的情况，会直接导致架构设计的“返厂重制”，也会使开发人员的信心和毅力遭受打击，对人力成本形成循环性浪费，对项目整体质量产生负面的影响。

1.5.2　设计系统

在认识系统后，我们需要有的放矢，对系统架构进行选型、设计并建立整体规划。

系统架构的选型包括技术选型和架构模式选型两个阶段，如图 1.19 所示。

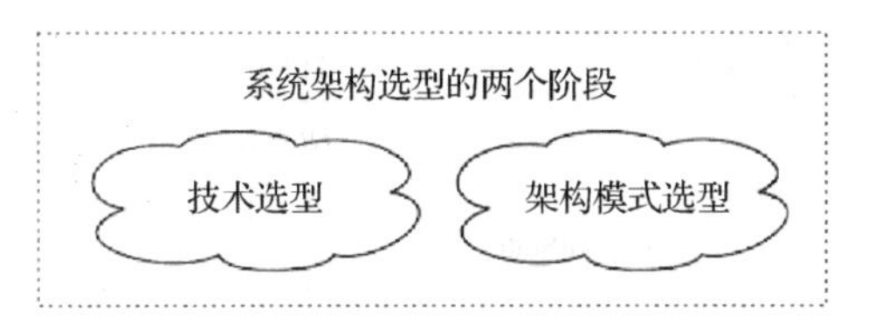

图 1.19　系统架构选型的两个阶段

技术选型涉及平台预计使用到的技术，如移动开发领域中，Android 平台开发涉及 React Native、数据库框架 Room 等，Web 端涉及 RabbitMQ、数据库 Redis 等。

架构模式选型则是指系统编码的架构设计模式，如 Web 端传统的 MVC 模式，移动端开发广为流行的 MVP 模式等。

在选型阶段，需要注意以下三点：

（1）对于选定的技术和架构模式，团队成员的接受程度如何？学习成本如何？

（2）选定的模型存在什么优势和劣势？团队成员是否也应该明确这些优势和劣势？

（3）选定的技术模型流行度有多高？它为什么如此流行或者不流行？

选型阶段的三个注意点如图 1.20 所示。

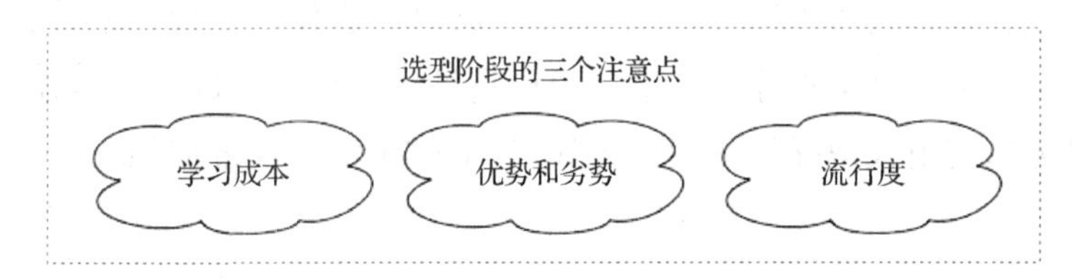

图 1.20　选型阶段的三个注意点

除此之外，你还需要进行一项有深度的技术调研，对选择的技术模型和架构模式进行分析，调研现有的如程序设计领域流行问答社区 Stack Overflow、微软收购的托管平台 GitHub 等对于该模型相关开发者是否争议较大，对于存在的一些不良点是否有合理的解决方案。

在系统架构设计阶段，开发者可以采用思维导图进行整体的模块设计。思维导图是一种利用图像式的思考方式来辅助表达思维的一种工具，其中每个分支可以代表一个功能模块，对整体设计进行展现。如图 1.21 所示的 Litho 设计思维导图。

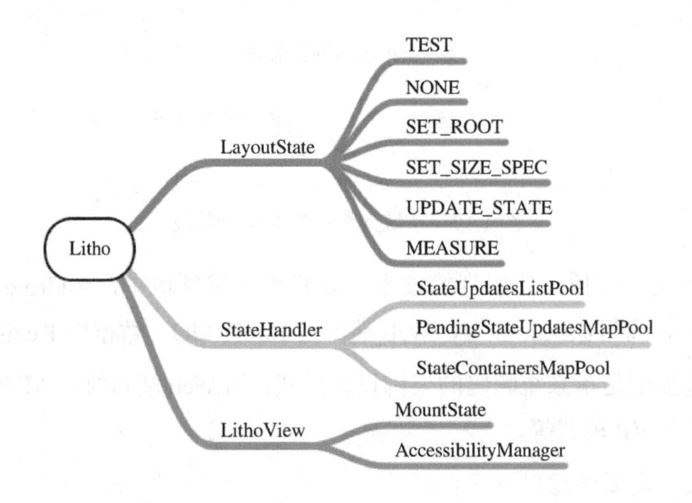

图 1.21 Litho 设计思维导图

1.5.3 创建系统

完成了设计系统阶段，就到了创建系统阶段。

创建系统，你需要注意将系统架构的源码、改进日志使用的代码托管工具进行管理，流行的托管工具有 Git、SVN 等，如果公司自身具备条件，可以自行搭建托管平台进行管理，或者也可以使用代码托管平台，如国外的 GitHub、Bitbucket 等和国内的码云、Coding.net 等。

其次，需要按照架构设计蓝图严格执行设计计划。这里的“严格”并非指要完全按照最初的设计来执行系统创建工作，而是指在系统创建阶段，要时刻跟踪设计计划，避免在创建过程中忘记目标，迷失方向，从而导致产生系统创建偏离需求的情况。

最后，在系统创建完成后，需要对整体设计进行复盘，并对新增的技术方案和架构模式进行小结。

1.5.4 收集反馈

1967 年，Melvin Conway 在论文中提出康威定律。康威定律可以解释为：系统设计的结构必定复制设计该系统的组织的沟通结构。

可以将其理解为：系统的组织结构等价于其组织沟通结构。你的系统设计存在的问题将反映出你所处的组织存在的问题。在系统架构设计完成后，需要通过团队成员的使用情况及组织的反馈，对软件的不良范围进行评估，并分析其不良范围产生的原因。康威定律如图 1.22 所示。

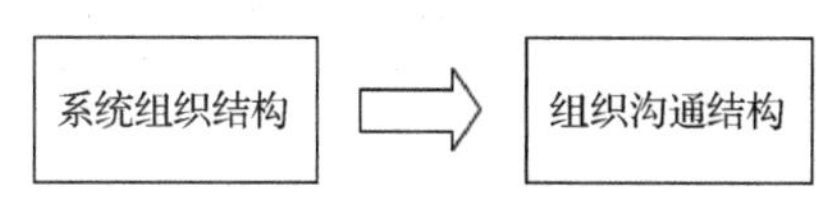

图 1.22　康威定律

没有任何架构可以一次就做到极致，收集架构的反馈和改进架构是长期的过程。收集架构的反馈，可以选择以下几种方法：

（1）展开代码评审会，进行代码复审。

（2）使用类似留言板的匿名开放工具，让团队成员可以发表自己的意见和建议。

（3）走访除开发团队外的合作成员，向他们询问是否对团队成员最近的开发效率产生疑问。

（4）在（内部）社区或论坛发表架构改进的相关文章及实际使用感想，收集网络上相同行业人员的反馈。

而改进架构就可以是下一个阶段的系统架构设计和重构计划，这可以是一个良性的循环过程。

收集反馈并改造系统的阶段是向精益软件开发不断前进的阶段。收集反馈的四种方法如图 1.23 所示。

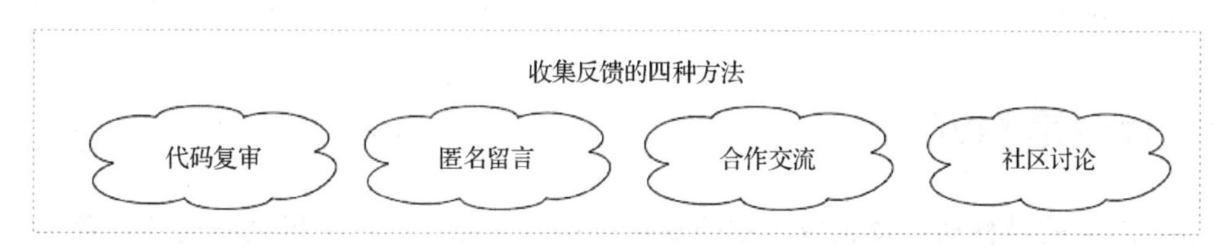

图 1.23　收集反馈的四种方法

1.6　小结

本章意在使大家对架构设计起源、架构设计的本质、传统的架构设计原则及架构设计的整体流程有一个了解。使用大量的移动端案例，是希望大家能够了解一些架构理念在移动开发中的实际应用场景，以及解决移动端问题的方法。

从下一章开始，我们将逐步了解移动开发领域中的架构设计模式。

第 2 章

MVC 架构：表现层分离

“面条代码”是一种没有结构、紧耦合、“一气呵成”的代码形态。接触“面条代码”时，你会发现所有界面展示控制和业务逻辑都缠绕在一起，改动任意一处，都将使你苦不堪言。在无数次凌乱的修改整理后，你会感受到一种“剪不断，理还乱”的痛苦。

你有没有想过，改善你的代码，不再忍受这种痛苦？那么，一种易于维护的架构应该是什么样的？在探究架构的最佳实战之路上，我们还要从 MVC（Model-View-Controller）开始说起。从本章开始，我们将步入移动开发架构设计的殿堂，本章将要分析的是经典的 MVC 架构模式。

2.1 什么是 MVC

MVC 架构是移动开发领域基本的软件体系结构之一。对于每位移动开发者而言，MVC 架构设计思想及最基础的三层架构分离设计思想都是不能不掌握的。

那么，MVC 架构到底是什么呢？让我们从 MVC 的诞生开始说起。

2.1.1 MVC 的诞生

说到 MVC 的诞生，就不得不提起在面向对象的程序设计语言界大名鼎鼎的 Smalltalk。

Smalltalk 是软件发展史上公认的第二个面向对象的程序设计语言，Smalltalk 的原型诞生于 20 世纪 70 年代，出自著名的计算机科学家艾伦·凯之手。艾伦·凯预想把它应用于帮助儿童学习的电子书 Dynabook 概念上。

它的诞生为面向对象编程设计做出了突破性的贡献，在软件发展历程上是一个里程碑。

Smalltalk 的开发者受到了角色模型（Actor Model）的启发。角色模型被广泛地应用于并发计算上，它崇尚的理念为“一切皆是角色”，当一个角色收到信息后，可以做出决策，创建更多的角色进行消息的处理与响应。角色模型如图 2.1 所示。

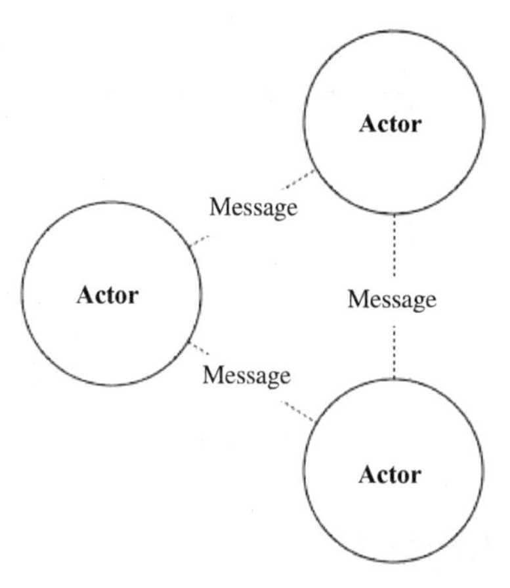

图 2.1　角色模型

在 Smalltalk 中，一切皆为对象。

一切并没有那么顺利，在 Smalltalk 诞生后，开发人员很快就面临一系列问题。例如，Smalltalk 的修改和调试成本非常高，很多时候调试一个模块会让你感觉像是在调试整个系统，或者是 Smalltalk 的代码冗余度很高，模块之间也难以复用，为了解决这些问题，施乐帕罗奥多研究中心进行了一系列科研实验。

施乐帕罗奥多研究中心的科研者们设计了一种三层的软件架构体系，这种架构体系将程序的维护过程变得更加简化，使得模块之间的逻辑可以进行复用，从而大幅提升了代码的整洁性与可读性。

MVC 架构就此诞生了。

2.1.2　MVC 的分层与职责

MVC（Model-View-Controller）即“模型—视图—控制器”，是一种典型的三层软件体系架构，在这种分层设计思想下，软件展示界面和逻辑分离，可以极大程度地提高代码的可读性与可维护性。

标准的 MVC 框架模式中，各层的职责如下所示。

- Model 层：模型层，负责数据处理，包括网络数据和持久化数据的获取、加工等，在 Android 中典型的实现一般为数据结构的定义类。
- View 层：视图层，负责处理界面绘制，展示数据，并对用户产生交互反馈等，在 Android 中典型的实现一般为 Activity/Fragment 等。
- Controller 层：控制器层，负责处理业务逻辑等。

在标准的 MVC 构架中，Controller 和 View 都依赖于 Model。MVC 架构通过 Controller 来更新数据，通过 View 进行数据的展示。标准 MVC 模型如图 2.2 所示。

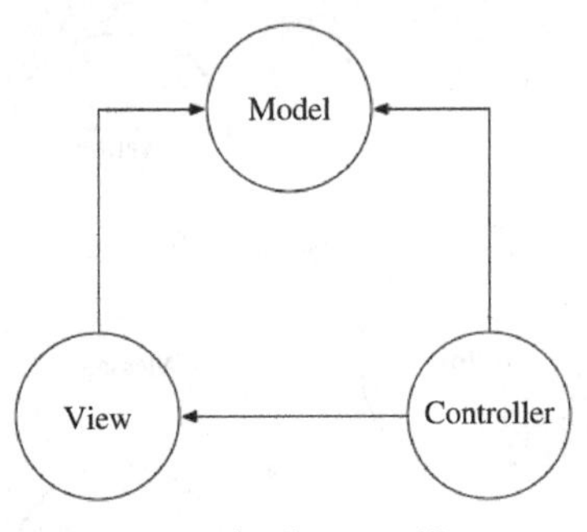

图 2.2　标准 MVC 模型

2.1.3　MVC 在移动开发中的争议

在 Android 开发中，MVC 架构常常会引起开发者的争议，这些争议一般是由“Android 的四大组件之一 Activity 在 MVC 中到底承担什么职责”而引起。

对于 Activity，官方文档表述如下：Activity 是一个应用组件，用户可与其提供的屏幕进行交互，以执行拨打电话、拍摄照片、发送电子邮件或查看地图等操作。每个 Activity 都会获得一个用于绘制其用户界面的窗口。窗口通常会充满屏幕，但也可小于屏幕并浮动在其他窗口之上。

可以将 Activity 简单地理解为与用户产生交互的界面之一。

关于 Activity 在 MVC 中的职责，有的开发者认为 Activity 承担 Controller 的责任，而 Android 中的布局配置文件 XML 则承担 View 的责任；也有的开发者认为 Activity 既不属于 View，也不属于 Controller，而是属于 View 与 Controller 的中间层，Controller 应该是一个单独的控制器；还有的开发者认为 Activity 属于 View。MVC 架构在移动开发中的争议如图 2.3 所示。

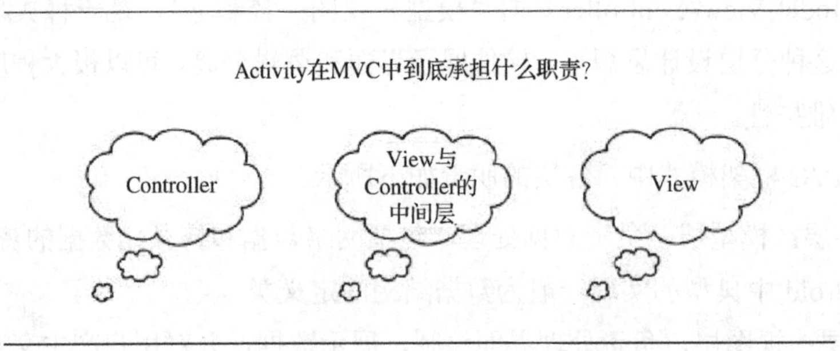

图 2.3　MVC 架构在移动开发中的争议

那么，究竟哪种说法才是对的？Activity 到底承担什么职责？

对于这种伴随历史长河流动的架构，并没有绝对的对与错。不管怎样，只要它能解决自己的实际问题，它就是对的，就是经过实战考量的。

笔者更倾向于 Activity 是 View 或是 View 与 Controller 的中间层。当然，很多开发者在实际中更多地将 Activity 和 Fragment 划分到了 View 层中。

2.2 MVC 的模式

MVC 的历史悠久，在标准 MVC 之外和多种编程模式下延伸出了适用于不同开发者业务需求的变种模式。其中，主流的两个模式就是被动模式和主动模式。MVC 的模式如图 2.4 所示。

图 2.4　MVC 的模式

那么，什么是被动模式和主动模式？二者又有什么联系和区别呢？

2.2.1 被动模式

在移动开发领域中，更多的 MVC 架构设计者采用的是被动模式。

被动模式中的“被动”指的是 Model（模型）层的被动。

在被动模式中，Model 不会主动将它的变化通知给 View 进行更新，而是由 Controller 通知 View 关于 Model 的变化并进行更新；而且只有 Controller 可以对 Model 进行更新。MVC 的被动模式如图 2.5 所示。

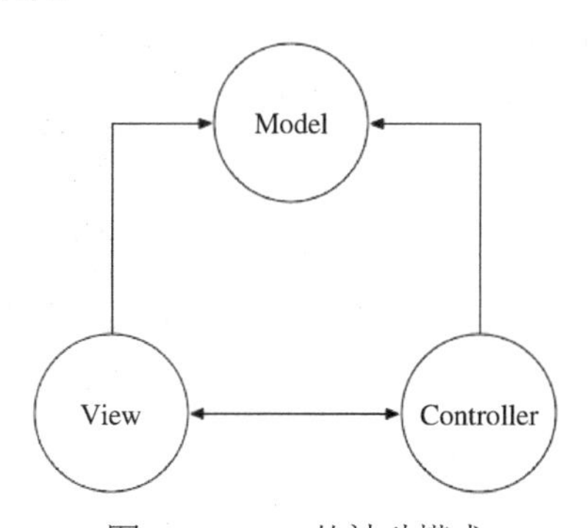

图 2.5　MVC 的被动模式

2.2.2 主动模式

在 Web 端，传统意义上的 MVC 是主动模式的。而在移动端，对于数据变化频繁的场景，可以应用 MVC 的主动模式处理。

主动模式中的“主动”指的是Model（模型）层的主动。

在主动模式中，Model的修改会通知View更新。主动模式利用了观察者模式，View为观察者，Model为被观察者。MVC的主动模式如图2.6所示。

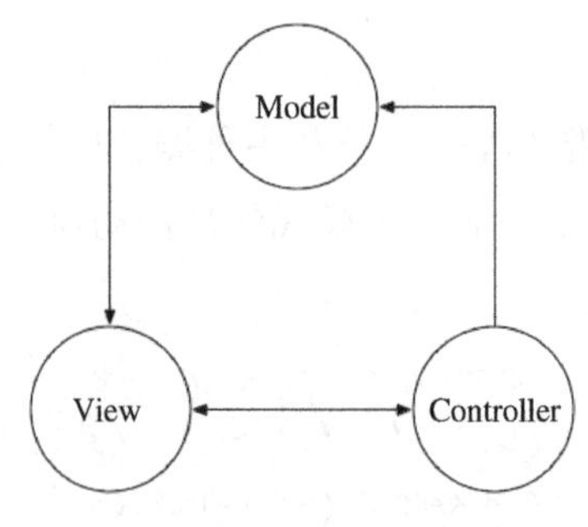

图2.6　MVC的主动模式

2.2.3　观察者模式

观察者模式是一种软件设计模式，定义了对象之间一种一对多的关系。当一个对象发生改变，所有依赖它的对象都将收到通知。其主要操作包括注册、通知和删除观察者。观察者模式实例如图2.7所示。

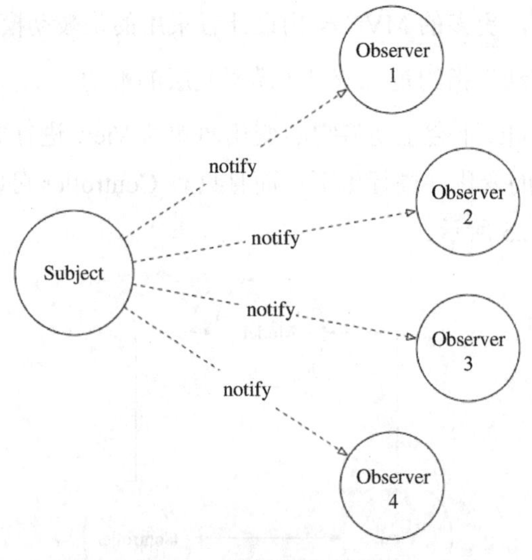

图2.7　观察者模式实例

在现实生活中，演唱会场景是观察者模式的一个案例。其中，观众是观察者，而歌手是被观察者，观众可以接收来自歌手的消息，即“通知观察者”；期间，进入演唱会为“注册观察者”，而中途退出演唱会则为“删除观察者”。

在移动架构开发中，观察者模式也有广泛的应用。如火车票购票App，用户购买一张火车票后，View会收到数据变化的通知，对车票数量进行相应的更新。

2.2.4　被动模式与主动模式的区别

被动模式与主动模式主要的区别在于 View 和 Model 的关系上。被动模式中，Model 不会通知 View 关于它的变化，只能通过 Controller 来对 View 进行数据的更新及显示；而主动模式中，通过观察者模式，View 能接收 Model 变化的通知。被动模式与主动模式的区别如图 2.8 所示。

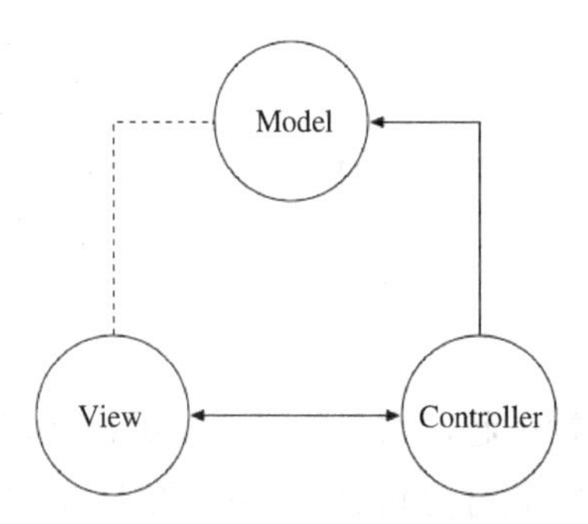

图 2.8　被动模式与主动模式的区别

被动模式与主动模式相比，它的缺点主要是 View 无法感知 Model 的变化，而需要通过 Controller 来间接地通知更新。但同时，这也可以是一个优点，Controller 可以更好地控制 View 的更新，而不必担心 Model 主动通知变化而产生同步问题。

2.3　MVC 的核心思想

MVC 的核心思想是表现层分离（Separated Presentation），即将领域模型和视图模型分离。在 MVC 中，领域模型可以看作 Model 层，视图模型可以看作 View-Controller 协作的整体。

表现层分离在实际生活场景中有一些很好的案例。例如，在一瓶口香糖中，每块口香糖都可以理解为一个内在模型，每块口香糖都是完全独立的，而口香糖瓶子可以理解为表现层，两者构成一个整体。

在 MVC 中，View 与 Controller 同为表现层，Controller 控制 View 展示，而 Model 不与 View 产生依赖关系。MVC 表现层分离如图 2.9 所示。

Controller 层为核心层，协调 View 和 Model 之间的通信，将两部分组合使得程序完整。

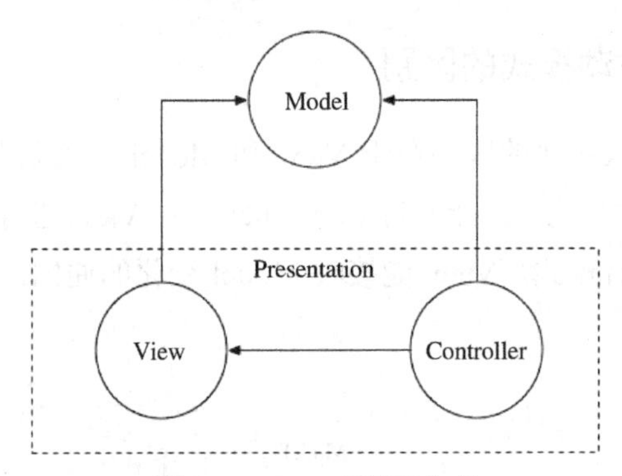

图 2.9　MVC 表现层分离

2.4　小结

本章从 MVC 的起源开始讲起，它最初是为了解决代码复用等问题而产生。同时，MVC 是一种三层架构，我们了解了 MVC 的各层的职责，分析了其分层在移动开发领域中的争议点。然后，我们介绍了 MVC 的两种模式——被动模式和主动模式，一并介绍了重要的设计模式——观察者模式。最后，讲了 MVC 的核心思想——表现层分离。

下一章，我们将通过项目实战，分析 MVC 的两种模式应该如何实现。

第 3 章 实战：基于 MVC 架构设计的日记 App

本章将通过一个基于 Android 的日记 App，来讨论 MVC 的两种模式——被动模式和主动模式是如何实现的。

3.1 层级职责划分

在实例中，Controller 层控制 Model 层数据的读取和更新，同时进行业务逻辑处理，控制 View 层展示相应的数据；View 层负责界面渲染和布局设置等；Model 层则是单独的数据结构，定义每条日记所包含的信息。

Controller 承担了 Model 加工的职责，可以对 Model 中的每一个属性进行具体分析处理与加工，并将处理结果交给 View 进行渲染，同时，Controller 也可以控制 View 的显示样式。

Model 中可以定义基本数据类型，也可以定义复杂数据类型，如另一种 Model 或集合等。

View 在实例中更多指的是 Fragment、自定义 View 等，包括测量、布局和绘制等基本操作。

对于数据的处理，我们使用了数据仓库进行封装，其中包括对网络数据和持久化数据的获取和逻辑处理。相应地，我们也提供了一个接口协议，对具体逻辑的处理进行了抽象，不关心具体实现细节，将注意力集中在如何实现 MVC 模式的业务处理，如图 3.1 所示。

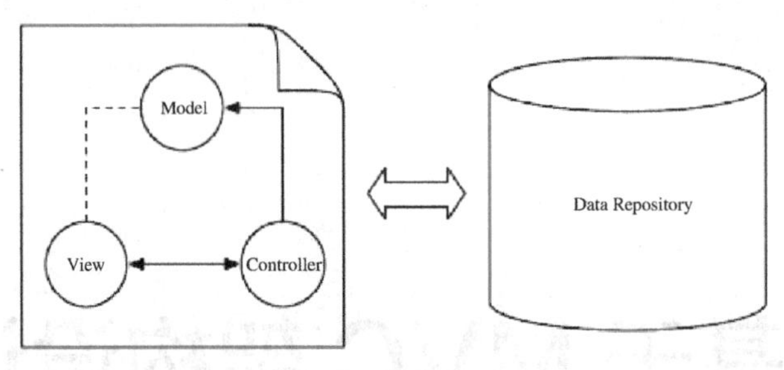

图 3.1　数据交互

3.2　准备阶段

在开始设计 MVC 之前，需要做一些准备工作，其中包括工程基本配置和基础控件的创建等。

3.2.1　准备、创建 View

Activity 是 Android 的四大组件之一，通常可以将它理解为一个单独的屏幕，用于进行界面展示的管理。

首先，在 Android 中，需要定义一个主 Activity 作为界面显示的入口，在用户点击 App icon 后，打开应用，展示在用户眼前的是第一个界面，如图 3.2 所示。

图 3.2　界面预览图

在 Android 开发中，Activity 是具有生命特征的。用“生命周期”这个概念可以表示一个 Activity 由生到亡的过程。onCreate 是 Activity 生命周期的一个阶段，表示界面正在创建中，但还没有创建完成。

在 MainActivity 的 onCreate 生命周期中，可以进行一些界面的准备操作，为 Activity 的创建提供配置。

```
@Override
protected void onCreate(Bundle savedInstanceState) {
    super.onCreate(savedInstanceState);              // 调用超类的方法
    setContentView(R.layout.activity_diaries);      // 设置布局文件
    initToolbar();                                   // 初始化顶栏
    initFragment();                                  // 初始化 Fragment
}
```

运行上面的代码将展现界面布局形态，如图 3.3 所示。

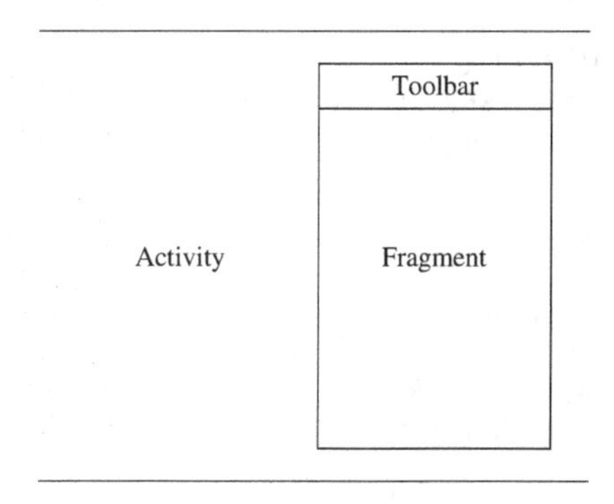

图 3.3　界面布局形态

首先，通过 setContentView 方法为 Activity 配置了布局文件 XML，其中包括 Activity 界面的元素位置等信息。activity_diaries 配置文件对应的内容如下：

```
<?xml version="1.0" encoding="utf-8"?>
<!--线性布局，界面元素垂直方向排列-->
<LinearLayout xmlns:android=http://schemas.android.com/apk/res/android
xmlns:app=http://schemas.android.com/apk/res-auto
    android:layout_width="match_parent"
    android:layout_height="match_parent"
    android:orientation="vertical">
    <!--声明顶栏信息-->
    <android.support.design.widget.AppBarLayout
        android:layout_width="match_parent"
        android:layout_height="wrap_content">
        <android.support.v7.widget.Toolbar
            android:id="@+id/toolbar"
            android:layout_width="match_parent"
            android:layout_height="wrap_content"
            android:background="?attr/colorPrimary"
            android:minHeight="?attr/actionBarSize"
            android:theme="@style/Toolbar"
```

```
            app:popupTheme="@style/ThemeOverlay.AppCompat.Light" />
    </android.support.design.widget.AppBarLayout>
    <!--定义内部容器信息，用于加载 Fragment-->
    <FrameLayout
        android:id="@+id/content"
        android:layout_width="match_parent"
        android:layout_height="match_parent" />
</LinearLayout>
```

在 XML 中，声明了一个线性布局 LinearLayout，支持界面元素单向排列。LinearLayout 中的 android:orientation 属性指定了布局按照垂直方向排列，Toolbar 和 id 为 content 的 FrameLayout 分别用于展示导航栏和内部 Fragment。XML 中的一些定义是 Android 的基础，在此我们不进行过多阐述。

回到 onCreate 方法，在 setContentView 配置界面完成后，通过 initToolbar 方法初始化顶部导航栏，初始化代码如下：

```
private void initToolbar() {
 Toolbar toolbar = findViewById(R.id.toolbar); // 从布局文件中加载顶部导航 Toolbar
 setSupportActionBar(toolbar);                 // 将顶部导航栏设置为 ActionBar
 }
```

导航栏效果图如图 3.4 所示。

图 3.4　导航栏效果图

导航栏名称默认使用 Manifest 文件中配置的应用 label 属性。

3.2.2　清单文件 Manifest 配置

Manifest 文件是 Android 的一个清单配置文件，其中包括应用运行所需要的权限、界面等信息，采用 XML 语言实现，是 Android 工程运行的基本配置之一。

在 Manifest 中配置了应用信息，manifest 标签的 package 指定了程序的包名为 com.imuxuan.art.mvc，在 application 标签中的 android:label 属性声明了应用名称，即导航栏现在显示的名称。MainActivity 信息声明在 application 标签中。

Manifest 文件配置如下：

```
<manifest xmlns:android=http://schemas.android.com/apk/res/android
package="com.imuxuan.art.mvc">

    <!--应用配置信息，其中存放 Activity 等组件的配置信息-->
    <application
        android:name=".EnApplication"
        android:allowBackup="false"
        android:icon="@mipmap/ic_launcher"
```

```
        android:label="@string/app_name"
        android:supportsRtl="true"
        android:theme="@style/AppTheme">

        <!--我们创建的Activity信息，作为入口-->
        <activity android:name=".main.MainActivity">
            <intent-filter>
                <action android:name="android.intent.action.MAIN" />
                <category android:name="android.intent.category.LAUNCHER" />
            </intent-filter>
        </activity>

    </application>
</manifest>
```

label 属性引用了 string 中声明的字符串信息，在 Android 开发中经常将一些字符串声明在 strings.xml 文件中，这样便于国际化配置字符串，实现在不同语言环境下显示不同语言的 strings.xml 配置，从而减少程序中 string 的冗余声明，使得调用相同字符串的部分可以通过 strings.xml 进行字符串的复用。我们现在的 strings.xml 配置信息如下所示：

```
<resources>
    <string name="app_name">我的日记</string>
</resources>
```

在清单文件中，application 标签下还配置了 activity 标签，声明了与 MainActivity 相关的信息。配置 action 为 android.intent.action.MAIN，category 为 android.intent.category.LAUNCHER，可以指定该 Activity 为 App 的入口 Activity。

3.2.3　初始化 Fragment

在 Android 中，通常使用 Fragment 进行界面中 View 的管理。

在 Activity 生命周期的 onCreate 阶段时，初始化 Toolbar 和 Fragment。Activity 对 Toolbar 和 Fragment 进行管理，这也是 MVC 多种说法中的一个分支，即 Activity 担任 Controller 的职责，对 View 和 Model 实行控制。

在这里，Activity 的位置其实是属于 Controller 和 View 的中间层，当然，也可以说 Activity 属于 Controller，这种定义不是绝对的。实例中没有将 Activity 作为 Controller 层，是因为我们想给读者呈现一个更纯粹的 Activity，将 MVC 的 Controller 层更突出一些。

回到 onCreate 方法中，通过调用 initFragment 方法，进行初始化 Fragment 的准备工作。对 Fragment 初始化完成后，通过 ActivityUtils 工具类将 Fragment 添加到 Activity 上进行展示。

```
    private void initFragment() {
        DiariesFragment diariesFragment = getDiariesFragment();  // 初始化 Fragment
        if (diariesFragment == null) {                         // 查找是否创建过日记 Fragment
            diariesFragment = new DiariesFragment();   // 创建日记 Fragment
            // 将日记 Fragment 添加到 Activity 中
            ActivityUtils.addFragmentToActivity(getSupportFragmentManager(), diaries
Fragment, R.id.content);

        }
    }
```

getDiariesFragment 通过 Fragment 管理器 FragmentManager 的帮助，找到程序中先前创建的碎片 Fragment，这样便无须二次创建 Fragment。

```
    private DiariesFragment getDiariesFragment() {
        // 通过 FragmentManager 查找日记展示的 Fragment
        return (DiariesFragment) getSupportFragmentManager().findFragmentById(R.id.
content);
    }
```

在 ActivityUtils 工具类中，通过 addFragmentToActivity 方法，使用 Fragment 事务 Transaction 管理，将 Fragment 添加到 Activity 中的 Framelayout 进行界面展示。

```
public static void addFragmentToActivity(@NonNull FragmentManager fragmentManager,
                                          @NonNull Fragment fragment, int frameId) {
        // Fragment 事务开始
        FragmentTransaction transaction = fragmentManager.beginTransaction();
        transaction.add(frameId, fragment); // 添加 Fragment, frameId 为 Fragment 的 id
        transaction.commit();               // 提交事务
    }
```

3.3 创建 View

准备工作结束，我们开始进行 MVC 架构中 View 层的创建。在日记 App 中，我们将 DiariesFragment 定义为 View 这一层处理。DiariesFragment 在 Activity 中已经创建，这是一个 DiariesFragment 的空类，继承自 Android 中的原生 Fragment。

```
public class DiariesFragment extends Fragment {
    ......
}
```

DiariesFragment 与 Activity 一样具有生命周期，Fragment 主要生命周期流程如图 3.5 所示。

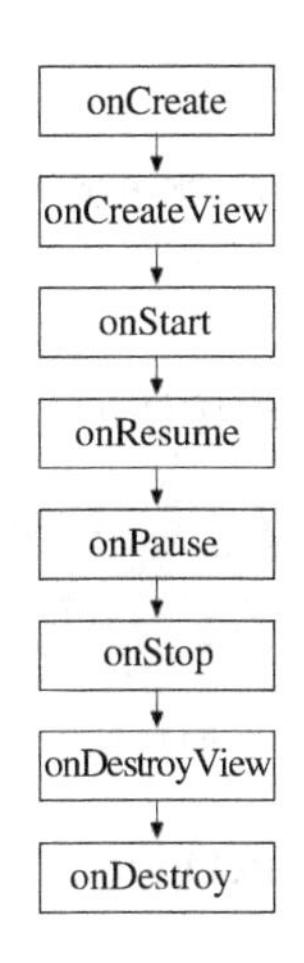

图 3.5　Fragment 主要生命周期流程

onCreate 在 Fragment 被创建时回调。我们在 DiariesFragment 的 onCreate 生命周期中进行 Controller 的初始化。

```
@Override
public void onCreate(@Nullable Bundle savedInstanceState) {
    super.onCreate(savedInstanceState);      // 调用父类的 onCreate 方法
    mController = new DiariesController(this); // 创建日记控制器，具体细节在后面会详述
}
```

DiariesController 是 MVC 中的 Controller，协助 View 和 Model 运行，后面我们将讨论它的实现细节。

然后，在 onCreateView 生命周期为 Fragment 设置布局信息，通过 findViewById 找到用于展示日记信息的列表，并将列表组件传入 Controller 进行管理。

```
    @Override
    public View onCreateView(LayoutInflater inflater, ViewGroup container, Bundle
savedInstanceState) {
        // 加载日记页面的布局文件
        View root = inflater.inflate(R.layout.fragment_diaries, container, false);
        // 将日记列表控件传入控制器
        mController.setDiariesList((RecyclerView) root.findViewById(R.id.diaries_
list));
        return root;
    }
```

RecyclerView 是 Android 中实现列表的常用控件，相比传统的 ListView，RecyclerView 的优势在于规范了列表中的 ViewHolder 元素，增加了布局管理器，可以灵活实现列表样式等。

在 onResume 中，我们通过调用 Controller 的相关方法，通知 Controller Fragment 的生命周期时间，处理列表数据的加载，这样有助于在切换页面时调用 onResume 生命周期方法更新数据展示。

```
@Override
public void onResume() {
    super.onResume();           // 调用父类的 onResume 方法
    mController.loadDiaries(); // 加载日志数据
}
```

还需要简单配置菜单按钮信息。菜单按钮即导航栏中的“+”，如图 3.6 所示。

图 3.6　导航栏按钮效果图

通过覆盖父类 Fragment 中的 onCreateOptionsMenu 方法，使用 MenuInflater 解析菜单布局文件。

```
@Override
// 创建菜单，重写父类中的方法
public void onCreateOptionsMenu(Menu menu, MenuInflater inflater) {
    inflater.inflate(R.menu.menu_write, menu); // 加载菜单的布局文件
}
```

菜单布局信息如下所示：

```
<menu xmlns:android=http://schemas.android.com/apk/res/android
xmlns:app="http://schemas.android.com/apk/res-auto">
    <item
        android:id="@+id/menu_add"
        android:title="@string/menu_write"
        android:icon="@drawable/add"
        app:showAsAction="always" />
</menu>
```

长按菜单按钮可以展示标题信息，标题文字配置在 strings.xml 文件中。

```
<string name="menu_write">写日记</string>
```

使用覆盖父类 Fragment 中的 onOptionsItemSelected 方法，可以监听 Android Toolbar 导航栏右侧菜单的点击事件。

```
@Override
// 菜单被选择时的回调方法
public boolean onOptionsItemSelected(MenuItem item) {
    switch (item.getItemId()) {             // 对被点击 item 的 id 进行判断
        case R.id.menu_add:                 // 单击“添加”按钮
            mController.gotoWriteDiary(); // 通知控制器，添加新的日记信息
            return true;                    // 返回 true 代表菜单的选择事件已经被处理
    }
    return false;                           // 返回 false 代表菜单的选择事件没有被处理
}
```

这部分的监听理应在 Controller 中完成，但由于 onOptionsItemSelected 是 Fragment 父类中的方法，故直接在 onOptionsItemSelected 中处理，监听回调到 Controller 也未尝不可。

至此，View 层的 DiariesFragment 创建工作基本完成了。

3.4　数据处理

本节主要讨论日记 App 数据的数据模型定义和持久化数据管理。

3.4.1　创建 Model

我们先来定义日记 App 的 Model 层。

```
public class Diary {    // 日记 Model
......
}
```

日记 App 的 Model 层相对简单，主要包含两部分信息，一部分是标题信息，另一部分是内容信息，除此之外，还需要有一个 id 用于区分不同的日记信息，标识唯一性。

```
    private String id;           // 日记唯一标识
    private String title;        // 日记标题
    private String description; // 日记内容
```

UUID 的全称为 Universally Unique Identifier，翻译为通用唯一识别码，是通过标准算法生成的具有唯一性的值。

在构造方法中，可以通过 UUID 生成唯一标识 id 的值，也可以让用户自定义 id 信息。

```
    public Diary(@Nullable String title, @Nullable String description) {
        this(title, description, UUID.randomUUID().toString()); // 通过 UUID 生成唯一标识
    }
    public Diary(@Nullable String title, @Nullable String description,
               @NonNull String id) { // 构造方法
        this.id = id;
        this.title = title;
        this.description = description;
    }
```

还需要提供一些取值器（Getter）和赋值器（Setter），以便用户对日志属性进行获取或修改。

在这里没有提供 id 的赋值器，是因为 id 一旦创建了，就不推荐再进行修改，避免影响数据的安全性。

```
    /**
     * Getter
     */
    public String getId() {
        return id;
    }
    public String getTitle() {
        return title;
    }
    public String getDescription() {
        return description;
    }
```

```
    /**
     * Setter
     */
    public void setTitle(String title) {
        this.title = title;
    }
    public void setDescription(String description) {
        this.description = description;
    }
```

现在，Model 层的创建工作已经完成了，这样的 Model 不存在业务逻辑，也不会持有 View 和 Controller，支持在多种页面之间流转和复用。

3.4.2 创建本地数据源

创建完 Model 层，需要有操作网络数据与持久化数据管理的一层，对数据进行处理。在日记 App 中，因为复杂度相对较低，所以只加入了本地数据的处理。本地数据源管理器类图如图 3.7 所示。

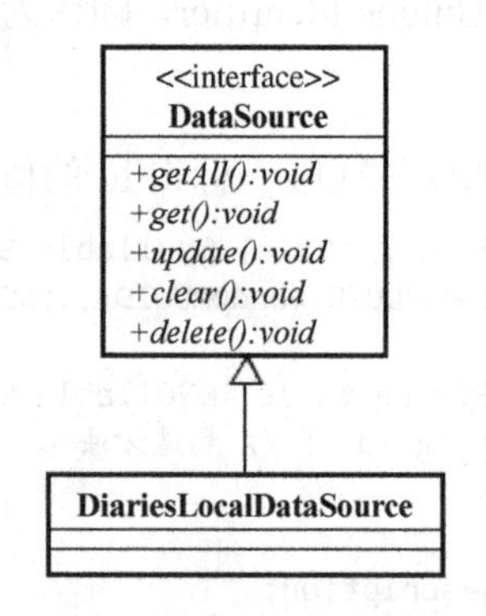

图 3.7 本地数据源管理器类图

本地数据源管理器会实现数据源接口，包括增加、删除、修改、查询等经典的数据处理方法，未来如业务衍生其他网络数据的需求，也会实现相关数据源接口。

```
public interface DataSource<T> {
    // 获取所有数据 T
    void getAll(@NonNull DataCallback<List<T>> callback);
    // 获取某个数据 T
    void get(@NonNull String id, @NonNull DataCallback<T> callback);
    // 更新某个数据 T
    void update(@NonNull T diary);
    // 清空所有数据 T
    void clear();
    // 删除某个数据 T
    void delete(@NonNull String id);
}
```

DataSource 是数据源接口，其中泛型 T 代表数据类型，也可以理解为我们定义的 Model 层中的数据结构。

我们将本地数据源命名为 DiariesLocalDataSource，实现 DataSource 接口，传入泛型 T 为日记模型 Diary。

```
public class DiariesLocalDataSource implements DataSource<Diary> { // 日记本地数据源
}
```

3.4.3　数据持久化工具

本地数据的持久化一般是通过数据库完成的，Android 中的 SharedPreferences 是一个轻量级的存储工具，可以替代数据库完成轻量级的数据操作。在实例中将通过 SharedPreferences 对数据进行简单管理，以实现数据持久化。

首先，将本地数据源 DiariesLocalDataSource 作为单例处理，提供一个线程安全的单例获取方法。

```
// 获取日记本地数据源类的单例
public static DiariesLocalDataSource get() {
    if (mInstance == null) { // 线程安全的单例模式
        synchronized (DiariesLocalDataSource.class) {
            if (mInstance == null) {
                mInstance = new DiariesLocalDataSource();
            }
        }
    }
    return mInstance;
}
```

然后，在 DiariesLocalDataSource 的构造方法中对 SharedPreferences 进行简单的初始化，DIARY_DATA 代表存储的 SharedPreferences 配置文件名，当该文件不存在时会创建文件，如果已经存在，则直接使用。

```
// 存储日记数据的 SharedPreferences 名称
private static final String DIARY_DATA = "diary_data";
private DiariesLocalDataSource() {
    // 获取 SharedPreferences，以管理本地缓存信息
    mSpUtils = SharedPreferencesUtils.getInstance(DIARY_DATA);
}
```

以文件名为唯一标识的 SharedPreferences 工具类是单例模式，通过 getInstance 方法获得不同文件名的 SharedPreferencesUtils 的全局唯一实例。SharedPreferences 中的内存缓存 mCaches 用于保存不同文件名的 SharedPreferencesUtils 对象。

```
    public final class SharedPreferencesUtils {
    // SharedPreferences 工具类内存缓存，以 SharedPreferences 的 name 为键
    private static final SimpleArrayMap<String, SharedPreferencesUtils> mCaches = 
new SimpleArrayMap<>();
    private SharedPreferences mSharedPreferences;
private SharedPreferencesUtils(final String spName, final int mode) {
        // 获得 SharedPreferences 对象
        mSharedPreferences = EnApplication.get().getSharedPreferences(spName, mode);
    }
```

```
    public static SharedPreferencesUtils getInstance(String spName) {
        // 从内存缓存中获得 SharedPreferences 工具类
        SharedPreferencesUtils spUtils = mCaches.get(spName);
        if (spUtils == null) {
            // 创建 SharedPreferences 工具类
            spUtils = new SharedPreferencesUtils(spName, Context.MODE_PRIVATE);
            mCaches.put(spName, spUtils); // 将 SharedPreferences 工具类存入内存缓存
        }
        return spUtils;
    }
}
```

SharedPreferences 工具类同样提供增加、删除、修改、查询等经典的数据处理功能，其中增加和修改功能都通过 put 方法实现，get 和 remove 方法负责查询和删除功能。

```
public final class SharedPreferencesUtils {
    public void put(@NonNull final String key, final String value) {
        // 将数据存入 SharedPreferences
        mSharedPreferences.edit().putString(key, value).apply();
    }
    public String get(@NonNull final String key) {
        return mSharedPreferences.getString(key, "");  // 从 SharedPreferences 中获取数据
    }
    public void remove(@NonNull final String key) {
        mSharedPreferences.edit().remove(key).apply(); // 从 SharedPreferences 中删除数据
    }
    ......
}
```

3.4.4 实现本地数据源

在本地数据源 DiariesLocalDataSource 的构造方法中获取 SharedPreferencesUtils 工具类实例后，需要处理本地日记的信息，以获取之前的持久化数据。当然，如果是第一次运行日记 App，本地的数据信息是不存在的。

ALL_DIARY 为存储的本地日记信息的 KEY，通过 mSpUtils.get(ALL_DIARY)方法可以获取本地数据，但是这是 String，还需要将数据解析为需要的类型。

```
public class DiariesLocalDataSource implements DataSource<Diary> { // 日记本地数据源
    // 存储日记数据的 SharedPreferences 键名
    private static final String ALL_DIARY = "all_diary";
    private static SharedPreferencesUtils mSpUtils;         // SharedPreferences 工具类
    private DiariesLocalDataSource() {
        mSpUtils = SharedPreferencesUtils.getInstance(DIARY_DATA);
        // 获取 SharedPreferences，以管理本地缓存信息
        String diaryStr = mSpUtils.get(ALL_DIARY);          // 获取本地日记信息
    }
    ......
}
```

Json 是一种轻量级的数据交换格式。在存储策略上，可以采用 Json 格式进行从 Object 到 String 的转换。在获取数据后，还可以将 String 解析为 Object。Gson 是 Google 公司发

布的一款用于将 Java 对象和 Json 进行序列化和反序列化的工具。Json 的转换处理可以通过 Gson 工具类操作 Gson 来实现。toJson 和 fromJson 方法是序列化和反序列化方法。

```
    public final class GsonUtils {
    private static final Gson GSON = createGson();
    public static String toJson(final Object object) { // 将对象转换为 Json 格式 String
        return GSON.toJson(object);
    }
    // 将 Json 格式的字符串转换为对象 T
    public static <T> T fromJson(final String json, final Type type) {
        return GSON.fromJson(json, type);
    }

    private static Gson createGson() {  // 创建 Gson 实例
        final GsonBuilder builder = new GsonBuilder();
        builder.serializeNulls();
        return builder.create();
    }
}
```

fromJson 反序列化操作可以传入对象类型，也可以通过 TypeToken 传入集合类型。

```
    private String obj2Json() {
        return GsonUtils.toJson(LOCAL_DATA);
    }
    // 将日记的 Json 数据转换为日记对象
    private LinkedHashMap<String, Diary> json2Obj(String diaryStr) {
        return GsonUtils.fromJson(diaryStr, new TypeToken<LinkedHashMap<String,
Diary>>() {
        }.getType());
    }
```

在 DiariesLocalDataSource 构造方法中，可以使用 json2Obj 调用 GsonUtils 解析本地日记信息，并赋值给内存缓存 LOCAL_DATA 保存。在复杂的项目中并不建议在构造方法中进行复杂的处理操作。

```
    // 本地数据内存缓存
    private static Map<String, Diary> LOCAL_DATA = new LinkedHashMap<>();
    private static volatile DiariesLocalDataSource mInstance; // 本地数据源
    private DiariesLocalDataSource() {
        // 获取 SharedPreferences，以管理本地缓存信息
        mSpUtils = SharedPreferencesUtils.getInstance(DIARY_DATA);
        String diaryStr = mSpUtils.get(ALL_DIARY); // 获取本地日记信息
        LOCAL_DATA = json2Obj(diaryStr);            // 解析本地日记信息
    }
```

现在，我们来完成最后的工作，在 DiariesLocalDataSource 中通过操作内存缓存 LOCAL_DATA 和 SharedPreferencesUtils 来实现增加、删除、修改、查询等经典操作方法。

```
public class DiariesLocalDataSource implements DataSource<Diary> { // 日记本地数据源

    @Override
    // 获取所有日记数据
    public void getAll(@NonNull final DataCallback<List<Diary>> callback) {
```

```
        if (LOCAL_DATA.isEmpty()) {                           // 内存缓存是否为空
            callback.onError();                               // 通知查询错误
        } else {
            callback.onSuccess(new ArrayList<>(LOCAL_DATA.values())); // 通知查询成功
        }
    }
    @Override
    public void get(@NonNull final String id, @NonNull final DataCallback<Diary>
callback) {                                                   // 获取某个日记数据
        Diary diary = LOCAL_DATA.get(id);                     // 从内存数据中查找日记信息
        if (diary != null) {
            callback.onSuccess(diary);                        // 通知查找成功
        } else {
            callback.onError();                               // 通知查找失败
        }
    }
    @Override
    public void update(@NonNull final Diary diary) {          // 更新某个日记数据
        LOCAL_DATA.put(diary.getId(), diary);                 // 更新内存中的日记数据
        mSpUtils.put(ALL_DIARY, obj2Json());                  // 更新本地日记数据
    }
    @Override
    public void clear() {                                     // 清空日记数据
        LOCAL_DATA.clear();                                   // 清空内存中的日记数据
        mSpUtils.remove(ALL_DIARY);                           // 清空本地日记数据
    }
    @Override
    public void delete(@NonNull final String id) {            // 删除某个日记数据
        LOCAL_DATA.remove(id);                                // 删除内存中的某个日记数据
        mSpUtils.put(ALL_DIARY, obj2Json());                  // 删除本地某个日记数据
    }
}
```

3.4.5 填充测试数据

日记需要使用数据进行相关展示操作，可以在实例中填充一些测试数据来实现展示效果。

创建 MockDiaries，创建 *n* 个 Diary 日记对象并存入集合中，通过调用 mock 方法可以获得测试数据。

```
public class MockDiaries {
    private static final String DESCRIPTION = "今天，天气晴朗，在第九巷大道上，我遇到一
群年轻人，他们优雅地弹奏着手风琴，围观的人大多是少男少女，他们目不转睛";
    public static Map<String, Diary> mock() {
        // 构造测试日记数据，将数据存入空的有序哈希集合
        return mock(new LinkedHashMap<String, Diary>());
    }
    // 构造测试日记数据
    public static Map<String, Diary> mock(Map<String, Diary> data) {
        Diary test1 = getDiary("2018-11-02  艺术节");
        data.put(test1.getId(), test1);
```

```
        Diary test2 = getDiary("2018-11-04  参加会展");
        data.put(test2.getId(), test2);
        Diary test3 = getDiary("2018-11-05  今天的心情很糟糕");
        data.put(test3.getId(), test3);
        Diary test4 = getDiary("2018-11-07  学习了新的架构");
        data.put(test4.getId(), test4);
        Diary test5 = getDiary("2018-11-09  持续进步");
        data.put(test5.getId(), test5);
        Diary test6 = getDiary("2018-11-10  我还在成长");
        data.put(test6.getId(), test6);
        Diary test7 = getDiary("2018-11-11  该怎样合作");
        data.put(test7.getId(), test7);
        Diary test8 = getDiary("2018-11-12  进步");
        data.put(test8.getId(), test8);
        return data;
    }
    @NonNull
    private static Diary getDiary(String title) {    // 创建一个日记对象
        return new Diary(title, DESCRIPTION);
    }
}
```

然后，在 DiariesLocalDataSource 构造方法解析本地日记数据时，加入判断逻辑，如果本地数据不存在，则调用 MockDiaries 的 mock 方法构造测试数据。

```
    private DiariesLocalDataSource() {
        ……
        // 解析本地日记信息
        LinkedHashMap<String, Diary> diariesObj = json2Obj(diaryStr);
        if (!CollectionUtils.isEmpty(diariesObj)) { // 判断集合是否为空
            LOCAL_DATA = diariesObj;                // 不为空则将解析后的值赋予成员变量
        } else {
            LOCAL_DATA = MockDiaries.mock();        // 为空则构造测试数据
        }
    }
```

3.4.6　使用数据仓库管理数据

一个项目中的数据源不光是本地数据，还可能包括网络数据和内存缓存。所以，需要有一个数据仓库对数据源进行管理，在本实例中，我们使用了内存缓存与数据持久化管理，如图 3.8 所示。

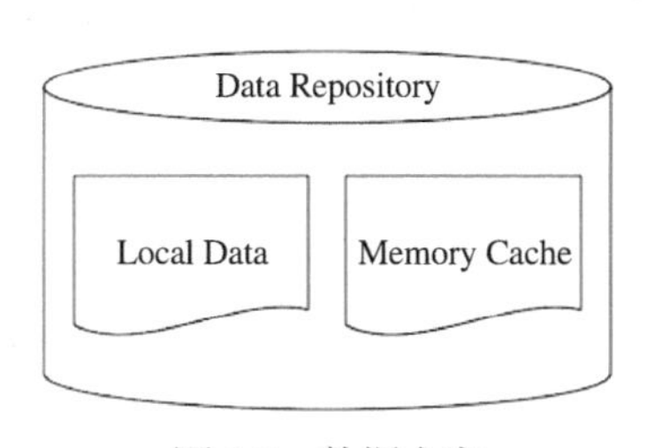

图 3.8　数据仓库

创建一个类 DiariesRepository 作为数据仓库类，实现数据源接口 DataSource，传入泛型 T 为 Model 类 Diary。

```
public class DiariesRepository implements DataSource<Diary> { // 数据仓库
}
```

提供数据仓库的单例获取方法，在私有构造方法中初始化内存缓存 mMemoryCache 和前面创建的本地数据源 mLocalDataSource。

```
public class DiariesRepository implements DataSource<Diary> { // 数据仓库
    private static volatile DiariesRepository mInstance;       // 数据仓库实例
    private final DataSource<Diary> mLocalDataSource;          // 本地数据源
    private Map<String, Diary> mMemoryCache;                   // 内存缓存
    private DiariesRepository() {
        mMemoryCache = new LinkedHashMap<>();
        mLocalDataSource = DiariesLocalDataSource.get();       // 获取本地数据源单例
    }
    public static DiariesRepository getInstance() {           // 获取数据仓库单例
        if (mInstance == null) {
            synchronized (DiariesRepository.class) {
                if (mInstance == null) {
                    mInstance = new DiariesRepository();
                }
            }
        }
        return mInstance;
    }
}
```

实现数据源接口相关的增加、删除、修改和查询方法，由于数据源数据查询可能为耗时操作，涉及线程切换，故各个方法通过 callback 回调更新 UI 层。在本实例中，目前数据获取相对单一，不涉及线程切换操作，后续在响应式编程等章节中会对线程切换等操作进行讨论。

```
public interface DataCallback<T> { // 定义回调接口
    void onSuccess(T data);        // 通知成功

    void onError();                // 通知失败
}
```

在增加、删除、修改、查询方法中，大部分操作都会对内存缓存和本地数据进行操作，内存缓存优先，如果内存缓存中不存在相应数据，则操作本地数据。数据请求优先级如图 3.9 所示。

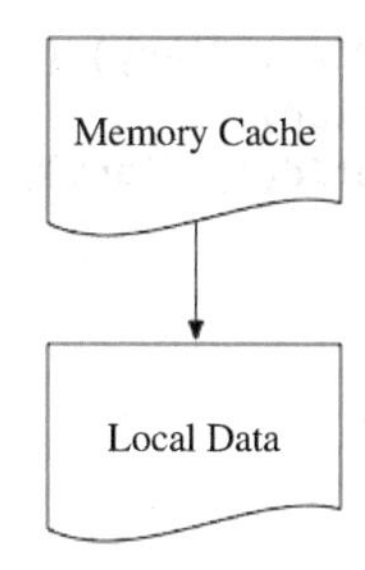

图 3.9　数据请求优先级

增加、删除、修改、查询方法的操作实例代码如下：

```
    @Override
    // 获取所有日记数据
    public void getAll(@NonNull final DataCallback<List<Diary>> callback) {
        if (!CollectionUtils.isEmpty(mMemoryCache)) {
            // 内存数据获取成功
            callback.onSuccess(new ArrayList<>(mMemoryCache.values()));
            return;
        }
        mLocalDataSource.getAll(new DataCallback<List<Diary>>() { // 本地数据获取成功
            @Override
            public void onSuccess(List<Diary> diaries) {
                updateMemoryCache(diaries); // 更新内存缓存数据
                callback.onSuccess(new ArrayList<>(mMemoryCache.values())); // 回调通知
            }
            @Override
            public void onError() {
                callback.onError(); // 数据获取失败
            }
        });
    } // 获得某个日记数据
    @Override
    public void get(@NonNull final String id, @NonNull final DataCallback<Diary>
callback) {
        Diary cachedDiary = getDiaryByIdFromMemory(id);        // 从内存缓存获取数据
        if (cachedDiary != null) {
            callback.onSuccess(cachedDiary);                   // 内存缓存获取成功
            return;
        }
        mLocalDataSource.get(id, new DataCallback<Diary>() {  // 本地数据获取成功
            @Override
            public void onSuccess(Diary diary) {
                mMemoryCache.put(diary.getId(), diary);        // 更新内存缓存数据
                callback.onSuccess(diary);                     // 回调通知
            }
            @Override
            public void onError() {
                callback.onError();                            // 数据获取失败
            }
        });
    }
    @Override
```

```
    public void update(@NonNull Diary diary) {                    // 更新日记数据
        mLocalDataSource.update(diary);                           // 更新本地数据
        mMemoryCache.put(diary.getId(), diary);                   // 更新内存缓存数据
    }
    @Override
    public void clear() {                                         // 清空日记数据
        mLocalDataSource.clear();                                 // 清空本地数据
        mMemoryCache.clear();                                     // 清空内存缓存数据
    }
    @Override
    public void delete(@NonNull String id) {                      // 删除日记数据
        mLocalDataSource.delete(id);                              // 删除本地数据
        mMemoryCache.remove(id);                                  // 删除内存缓存数据
    }
```

其中涉及内存缓存操作的方法调用如下：

```
    private void updateMemoryCache(List<Diary> diaryList) { // 更新内存缓存
        mMemoryCache.clear();                                 // 清空内存缓存
        for (Diary diary : diaryList) {
            mMemoryCache.put(diary.getId(), diary);           // 将数据添加到内存缓存
        }
    }
    @Nullable
    private Diary getDiaryByIdFromMemory(@NonNull String id) { // 获得某个日记数据
        if (CollectionUtils.isEmpty(mMemoryCache)) {
            return null;
        } else {
            return mMemoryCache.get(id); // 从内存缓存获得数据
        }
    }
```

CollectionUtils 是一个集合工具类，只用于简单判断 map 是否为空。

```
public class CollectionUtils { // 集合工具类
    public static boolean isEmpty(Map map) {
        return map == null || map.isEmpty();
    }
}
```

3.5 创建 Controller

View 层和 Model 层及数据的相关创建处理完成后，就到了最后一步——Controller 的创建，本节我们将讲解 Controller 的实现细节。

3.5.1 Controller 初始化

Controller 是 Model 和 View 之间的中介，是协调器。Controller 主要工作流如图 3.10 所示。

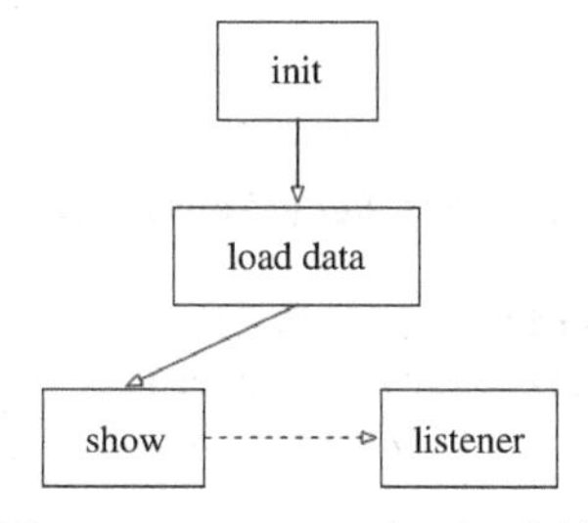

图 3.10 Controller 主要工作流

在 Fragment 初始化 Controller 并将自身交给 Controller 管理后，Controller 会进行一些初始化工作，下述代码是 Controller 的构造方法。通过 DiariesRepository.getInstance 在构造方法中获取数据仓库的实例；将传入的日记 Fragment 作为成员变量 View 保存在 Controller 中，等待后续数据加工处理后在控制页面进行展示；setHasOptionsMenu 是开启页面的菜单功能，创建菜单时会回调到 Fragment 中的 onCreateOptionsMenu 方法；initAdapter 会初始化日记列表的适配器，用于填充列表的数据。

```
// 控制日记显示的 Controller
public DiariesController(@NonNull DiariesFragment diariesFragment) {
    mDiariesRepository = DiariesRepository.getInstance(); // 获取数据仓库的实例
    mView = diariesFragment;          // 将页面对象传入，赋值给日记的成员变量
    mView.setHasOptionsMenu(true);    // 开启页面的菜单功能
    initAdapter();                    // 创建日记列表的适配器
}
```

Android 中的 Adapter 主要用于填充 View 的数据，在 MVC 模式中，我们也可以将 Adapter 作为一种特殊的 Controller 来理解。在 initAdapter 方法中，我们创建了 DiariesAdapter，并设置了条目长按事件的监听器，在长按列表时，可以弹出一个对话框来修改日志信息。

```
private void initAdapter() {
    // 创建日记列表的适配器
    mListAdapter = new DiariesAdapter(new ArrayList<Diary>());
    // 设置列表条目的长按事件的监听器
    mListAdapter.setOnLongClickListener(new DiariesAdapter.OnLongClickListener<
Diary>() {
        @Override
        public boolean onLongClick(View v, Diary data) {
            showInputDialog(data);    // 弹出输入对话框
            return false;
        }
    });
}
```

3.5.2 创建 Adapter

我们来看列表适配器的实现细节。首先，创建一个列表适配器，因为列表采用 RecylerView 实现，所以适配器需要继承 RecyclerView.Adapter，泛型 VH 为传入的自定义日记 ViewHolder——DiaryHolder。Android 中的 ViewHolder 是一个帮助列表中的 View 复

用的缓存工具。

```
// 日记列表适配器
public class DiariesAdapter extends RecyclerView.Adapter<DiaryHolder> {

    private List<Diary> mDiaries; // 日记数据
    public DiariesAdapter(List<Diary> diaries) {
        mDiaries = diaries;         // 传入日记数据
    }
}
```

日记列表需要拥有一个更新操作，在传入数据后更新页面进行展示。

```
    public void update(List<Diary> diaries) { // 更新日记数据
        mDiaries = diaries;
        notifyDataSetChanged();                    // 通知 Adapter 更新数据
    }
```

还需要提供一个满足业务需求的长按事件的监听器的设置方法，OnLongClickListener中的 T 是监听接收的数据类型。

```
    private OnLongClickListener<Diary> mOnLongClickListener; // 长按事件的监听器
    public void setOnLongClickListener(OnLongClickListener<Diary> onLongClickListener) {
        this.mOnLongClickListener = onLongClickListener;      // 设置长按事件的监听器
    }
    public interface OnLongClickListener<T> {                 // 长按事件的监听器
        boolean onLongClick(View v, T data);
    }
```

最后，是 Adapter 绑定数据到 Holder 的相关方法。

```
    @Override
    public DiaryHolder onCreateViewHolder(ViewGroup parent, int viewType) {
        return new DiaryHolder(parent);              // 创建日记 Holder
    }
    @Override
    public void onBindViewHolder(DiaryHolder holder, int position) {
        final Diary diary = mDiaries.get(position); // 根据位置获取日记数据
        holder.onBindView(diary);                    // holder 绑定日记数据
        holder.setOnLongClickListener(new View.OnLongClickListener() {
            @Override
            public boolean onLongClick(View v) {
                // 回调长按事件的监听器
                return mOnLongClickListener != null && mOnLongClickListener.onLongClick
(v, diary);
            }
        });
    }
    @Override
    public int getItemCount() {
        return mDiaries.size(); // 获得列表条目总数
    }
```

3.5.3　创建 ViewHolder

下面来看 ViewHolder 的实现细节。

首先，为 ViewHolder 提供一个父类 RecyclerViewHolder，泛型 T 为传入的 Model 类型。RecyclerViewHolder 用于处理一些 ViewHolder 的基础方法，继承自 RecyclerView 组件 ViewHolder。

```
public class RecyclerViewHolder<T> extends RecyclerView.ViewHolder { // ViewHolder 基类
    private T mData; // ViewHolder 需要的数据
    public RecyclerViewHolder(ViewGroup parent, @LayoutRes int resource) {
        // 在构造方法中加载布局文件
        super(LayoutInflater.from(parent.getContext()).inflate(resource, parent, false));
    }
    @CallSuper        // 提示调用父类方法
    public void onBindView(T data) {
        mData = data; // 绑定数据
    }
    public T getData() {
        return mData; // 获得数据
    }
}
```

然后，创建日记的 Holder，继承自 RecyclerViewHolder，传入数据类型 Diary。

```
public class DiaryHolder extends RecyclerViewHolder<Diary> {    // 日记 Holder
}
```

需要将长按事件的监听器最终传入 Holder 中，以便后续 Holder 中的 View 被长按后回调通知。在 DiaryHolder 的构造方法中传入日记条目布局文件 list_diary_item。

```
    private View.OnLongClickListener mOnLongClickListener; // 长按事件的监听器
    public DiaryHolder(ViewGroup parent) {
        super(parent, R.layout.list_diary_item);           // 传入日记布局的 XML
    }
    public void setOnLongClickListener(View.OnLongClickListener onLongClickListener) {
        this.mOnLongClickListener = onLongClickListener;   // 设置长按事件的监听器
    }
```

布局文件 list_diary_item 中定义了日记的标题和控件的基本配置信息，包括文字大小、文字颜色、布局排列等信息。

```
<?xml version="1.0" encoding="utf-8"?>
<LinearLayout xmlns:android=http://schemas.android.com/apk/res/android
android:layout_width="match_parent"
    android:layout_height="wrap_content"
    android:orientation="vertical"
    android:paddingBottom="@dimen/list_item_padding"
    android:paddingLeft="@dimen/activity_horizontal_margin"
    android:paddingRight="@dimen/activity_horizontal_margin"
    android:paddingTop="@dimen/list_item_padding">
    <!--日记标题-->
    <TextView
        android:id="@+id/title"
```

```
        android:layout_width="match_parent"
        android:layout_height="wrap_content"
        android:layout_gravity="center_vertical"
        android:textColor="@android:color/black"
        android:textSize="16sp" />
    <!--日记详情-->
    <TextView
        android:id="@+id/desc"
        android:layout_width="match_parent"
        android:layout_height="wrap_content"
        android:layout_gravity="center_vertical"
        android:layout_marginTop="3dp"
        android:maxLines="2"
        android:textColor="@android:color/darker_gray"
        android:textSize="14sp" />
</LinearLayout>
```

在 DiaryHolder 中重写父类的 onBindView 方法，在数据更新时处理 Holder 中的 View 与数据绑定。

```
    @Override
    public void onBindView(Diary diary) {                        // 绑定日记数据
        super.onBindView(diary);
        TextView title = itemView.findViewById(R.id.title); // 加载标题控件
        title.setText(diary.getTitle()); // 设置标题控件文字为日记标题
        TextView desc = itemView.findViewById(R.id.desc);   // 加载详情控件
        desc.setText(diary.getDescription()); // 设置详情控件文字为日记标题
        itemView.setOnLongClickListener(new View.OnLongClickListener() {
            @Override
            public boolean onLongClick(View v) {
                // 回调监听事件
                return mOnLongClickListener != null && mOnLongClickListener.onLong
Click(v);
            }
        });
    }
```

这样，在列表数据变化时会通知页面更新，回调到 onBindView 方法重新加载页面。

定义的条目展现效果如图 3.11 所示。

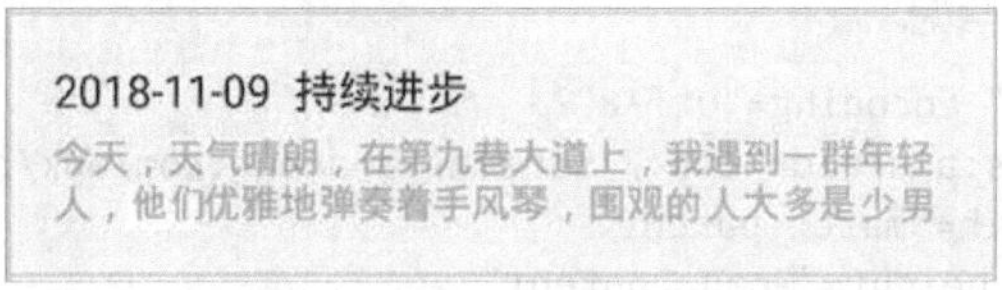

2018-11-09 持续进步

今天，天气晴朗，在第九巷大道上，我遇到一群年轻人，他们优雅地弹奏着手风琴，围观的人大多是少男

图 3.11　列表条目展现效果

3.5.4 Controller 的协调工作

下面，我们来完成 Controller 剩下的工作。在 View（Fragment）的 onCreateView 生命周期中会将 RecyclerView 传入 Controller 中进行处理。

```
    @Override
    public View onCreateView(LayoutInflater inflater, ViewGroup container, Bundle
savedInstanceState) {
        ……
        // 将日记列表控件传入控制器
        mController.setDiariesList((RecyclerView) root.findViewById(R.id.diaries_list));
        ……
    }
```

在 Controller 的 setDiariesList 方法中为 recyclerView 进行个性化设置，Controller 直接控制 View 的相关配置。

```
public void setDiariesList(RecyclerView recyclerView) { // 配置日记列表
    // 设置日记列表为线性布局
    recyclerView.setLayoutManager(new LinearLayoutManager(mView.getContext()));
    recyclerView.setAdapter(mListAdapter);               // 为列表设置适配器
    recyclerView.addItemDecoration(
        // 为列表条目添加分割线
        new DividerItemDecoration(mView.getContext(), DividerItemDecoration.VERTICAL)
    );
    recyclerView.setItemAnimator(new DefaultItemAnimator()); // 设置列表默认动画
}
```

在 View（Fragment）的 onResume 生命周期中会调用 Controller 的 loadDiaries 方法重新加载数据。

```
    @Override
    public void onResume() {
        ……
        mController.loadDiaries(); // 加载日志数据
    }
```

Controller 会与数据仓库进行交互，获得数据并控制 View 进行相关展示。

```
    public void loadDiaries() {            // 加载日记数据
        // 通过数据仓库获取数据
        mDiariesRepository.getAll(new DataCallback<List<Diary>>() {
            @Override
            public void onSuccess(List<Diary> diaryList) {
                processDiaries(diaryList); // 数据获取成功，处理数据
            }
            @Override
            public void onError() {
                showError();               // 数据获取失败，弹出错误提示
            }
        });
    }
```

DataCallback 是前面章节中提到的用于监听数据处理完成的基本的回调。在数据仓库处理数据成功时，会回调 onSuccess 方法，并将处理成功后的数据反馈给我们，即参数列表中的 List，如果处理数据失败，也会通知我们 onError，随后进行相应的页面错误处理，这和 The Clean Architecture 的 UseCase 有异曲同工之处，后面会对 The Clean Architecture

进行详述，这里暂时不进行过多说明。

```
public interface DataCallback<T> { // 定义回调接口
    void onSuccess(T data);         // 通知成功
    void onError();                 // 通知失败
}
```

processDiaries 会调用 Adapter 传入获取的数据，更新列表展示。

```
private void processDiaries(List<Diary> diaries) {
    mListAdapter.update(diaries); // 更新列表中的日记数据
}
```

showError 方法会提示数据获取失败的信息。

```
public void showError() {
    showMessage(mView.getString(R.string.error)); // 弹出数据获取失败提示
}
private void showMessage(String message) {
    // 弹出文字提示信息
    Toast.makeText(mView.getContext(), message, Toast.LENGTH_SHORT).show();
}
```

失败信息配置在 strings.xml 文件中。

```
<string name="error">Error!</string>
```

在 View（Fragment）的 onOptionsItemSelected 生命周期中会调用 Controller 的相关方法，响应菜单的点击事件。

```
@Override
// 菜单被选择时的回调方法
public boolean onOptionsItemSelected(MenuItem item) {
    ……
    mController.gotoWriteDiary();                      // 通知控制器，添加新的日记信息
    ……
}
```

菜单提供添加日记等功能，在后续的架构设计中我们将陆续加入这些功能，在 MVC 架构设计中，我们对用户只进行简单提示。gotoWriteDiary 方法提示用户点击添加日记，不提供其他具体功能。

```
public void gotoWriteDiary() {
    showMessage(mView.getString(R.string.developing)); // 弹出功能未开放提示
}
```

还需要处理列表的长按点击事件，在 Controller 中将点击事件定义传入 Adapter 中，在前面的 initAdapter 方法中已经进行了相应的点击事件处理。

```
private void initAdapter() {
……
    // 设置列表条目的长按事件的监听器
    mListAdapter.setOnLongClickListener(new DiariesAdapter.OnLongClickListener<
Diary>() {
        @Override
        public boolean onLongClick(View v, Diary data) {
```

```
            showInputDialog(data); // 弹出输入对话框
            return false;
        }
    });
}
```

长按列表条目，弹出对话框，当点击对话框中的“确定”按钮时，可以修改相关日记条目的信息，进行更新，并重新加载列表显示最新的数据。

```
private void showInputDialog(final Diary data) {                // 弹出输入对话框
    final EditText editText = new EditText(mView.getContext()); // 创建输入框
    editText.setText(data.getDescription()); // 设置输入框默认文字为日志详情信息
    new AlertDialog.Builder(mView.getContext()).setTitle(data.getTitle())
            .setView(editText)
            .setPositiveButton(EnApplication.get().getString(R.string.ok),
                    new DialogInterface.OnClickListener() {
                        @Override
                        // 点击“确定”按钮，回调点击事件
                        public void onClick(DialogInterface dialog, int which) {
                            // 将日记信息修改为输入的内容
                            data.setDescription(editText.getText().toString());
                            mDiariesRepository.update(data); // 更新日记数据
                            loadDiaries();                    // 重新加载列表
                        }
                    })
            .setNegativeButton(EnApplication.get().getString(R.string.cancel), null)
            .show(); // 弹出对话框
}
```

对话框效果图如图 3.12 所示。

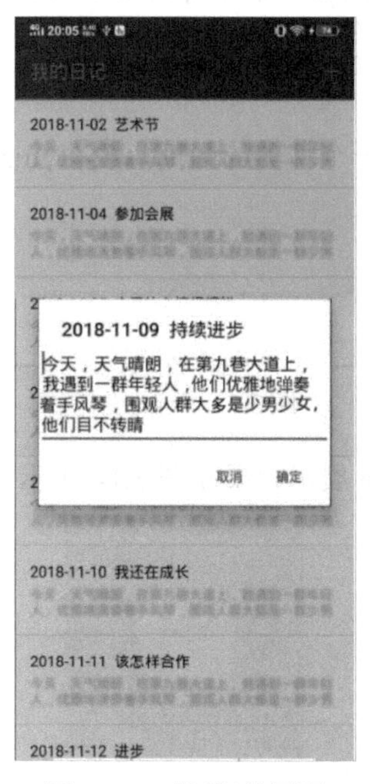

图 3.12　对话框效果图

3.6 运行 App

在 Android Studio 中编译并运行 App，需要配置 gradle 脚本的相关信息，制定 Android SDK 版本等。

```
apply plugin: 'com.android.application'
android {
    compileSdkVersion 26
    buildToolsVersion '26.0.2'
    defaultConfig {
        applicationId "com.imuxuan.art.mvc"
        minSdkVersion 14
        targetSdkVersion 26
        versionCode 1
        versionName "1.0"
    }
    buildTypes {
        release {
            minifyEnabled false
            proguardFiles getDefaultProguardFile('proguard-android.txt'), 'proguard-
rules.pro'
        }
    }
    compileOptions {
        sourceCompatibility JavaVersion.VERSION_1_7
        targetCompatibility JavaVersion.VERSION_1_7
    }
}
dependencies {
    compile 'com.android.support:appcompat-v7:26.1.0'
    compile 'com.android.support:design:26.1.0'
    implementation 'com.google.code.gson:gson:2.8.5'
}
```

还可以为自己的 App 定制一个精美的图标，放在 mipmap 目录下，如图 3.13 所示。

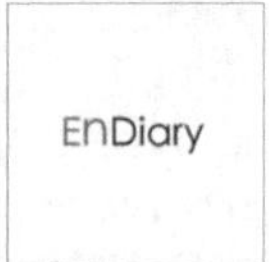

图 3.13　logo 设计

将 App 安装到手机中。App 展示效果如图 3.14 所示。运行效果如图 3.15 所示。

图 3.14　App 展示效果

图 3.15　运行成功预览图

3.7　实现主动模式的 MVC

以上实现的是一个基本的 MVC 架构，也是一个被动模式的 MVC 架构。本节我们将讨论在现有功能基础上主动模式的 MVC 架构如何实现。

3.7.1　改造 Model

主动模式的 MVC，Model 应设计为观察者模式，数据更新时，通知观察者数据的变化。我们在 Model 层的日记类 Diary 的原有基础上，加入观察者模式的相关操作方法。在 Model 层保存一个观察者集合 mObservers；提供 registerObserver 方法，使观察者注册；标题或详情信息发生变化时，在相应属性的赋值器 Setter 中调用 notifyObservers 方法，通知观察者数据更新。

```
public class Diary {
……
private List<Observer<Diary>> mObservers;
……
public void setTitle(String title) {
    this.title = title;
    notifyObservers();
```

```
    }
    public String getDescription() {
        return description;
    }
    public void setDescription(String description) {
        this.description = description;
        notifyObservers();
    }
    public void registerObserver(Observer<Diary> observer) {
        getObservers().add(observer);
    }
    private List<Observer<Diary>> getObservers() {
        if (mObservers == null) {
            mObservers = new ArrayList<>();
        }
        return mObservers;
    }
    public void notifyObservers() {
        for (Observer<Diary> observer : getObservers()) {
            observer.update(this);
        }
    }
}
```

定义的观察者接口如下，泛型 T 为观察的 Model 类型。

```
public interface Observer<T> {
    void update(T data);
}
```

3.7.2 注册观察者

在 Controller 获得所有日记数据后，遍历数据，注册观察者。

```
    private void processDiaries(List<Diary> diaries) {
        for (Diary diary : diaries) {
            diary.registerObserver(this);
        }
        mListAdapter.update(diaries);
    }
```

实现观察者接口 update 方法，通知数据更新后，进行数据仓库的数据更新，并通过 loadDiaries 更新界面展示。

```
    @Override
    public void update(Diary diary) {
        mDiariesRepository.update(diary);
        loadDiaries();
    }
```

3.8 小结

本章主要讨论了 Android 中标准 MVC 的实现方案。在实例中没有像传统 Android MVC

一样将 Activity 作为 Controller，而是提出了一个 Controller 类，用于处理 View 相关操作。其实无论如何，MVC 中的 ViewController 都肩负着过重的责任，这种传统的模式应用于小型 App 架构还是游刃有余的，但是在大型 App 架构中，代码管理成本会逐渐提高，软件熵会逐渐增大，从而可能会出现 Massive View Controller（过重的视图控制器）的问题。

MVC 更适合小型 App 项目，开发快速，无须定义更多的接口，处理业务逻辑相对简单，而对于大型 App 项目，从长远角度来看，MVC 并不是很合适。

第 4 章

MVP 架构：开始解耦

前面的章节针对 MVC 架构模式进行了讨论与实践，这种模式虽然践行了“表现层分离”，但难免会出现 Massive View Controller（过重的视图控制器）。本章将讨论一种更流行的架构模式——MVP 架构。

4.1 什么是 MVP

MVP 架构模式的全称为模型—视图—主持人（Model-View-Presenter）架构模式，与 MVC 架构模式一样，MVP 也是一种经典的三层架构模式。

4.1.1 MVP 架构的起源

20 世纪 70 年代，软件发展史上公认的第二个面向对象的程序设计语言——Smalltalk 面临维护和调试的难题，施乐帕罗奥多研究中心为此创造了 MVC 架构模式。20 世纪 90 年代，IBM 的一家子公司——Taligent 在基于 C++的 CommonPoint 环境中改造了 MVC 架构模式，目的是为组件开发提供更强大的、易于理解的设计方法，他们将这种架构模式称为 Model-View-Presenter，简称 MVP。

20 世纪 90 年代末，Taligent 将 MVP 模式应用到 Java 平台，Dolphin Smalltalk 将 MVP 改编为 Smalltalk UI 框架。

后来，微软将 MVP 架构模式加入官方文档，并推荐使用 MVP 模式进行.NET 应用程序开发，如 Windows Forms，Silverlight，ASP.NET 等。

此后，MVP 模式愈加流行。

4.1.2 MVP 的分层与职责

MVP 架构由模型（Model）层、视图（View）层和主持人（Presenter）层协同合作。

- Model 层：模型层，负责数据处理，包括网络数据和持久化数据的获取、加工等，在 Android 中典型的实现为数据结构的定义类，与 MVC 中的 Model 类似。

- View 层：视图层，负责处理界面绘制，向用户展示 Model 数据，在 Android 中典型的实现为 Activity/Fragment 等。
- Presenter 层：主持人层，模型和视图层的“中介”。视图层将用户交互响应事件传递给 Presenter，Presenter 进行数据处理，并通知 View 进行数据展示等操作。

在 MVP 模式中，Presenter 层可以依赖 View 层和 Model 层，充当沟通的桥梁。View 层的事件传递流将经过 Presenter 层操作 Model 进行业务逻辑处理。Model 层数据处理完成后会通知 Presenter 层，Presenter 层再与 View 进行沟通。Presenter 与 View、Model 之间是双向事件流，而 Model 层和 View 层不会产生直接联系。MVP 模式如图 4.1 所示。

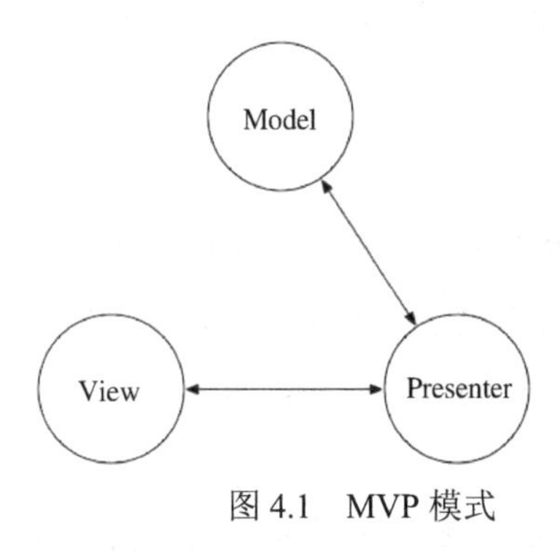

图 4.1　MVP 模式

4.2　MVP 的核心思想

MVP 的核心思想，除了有与 MVC 相同的表现层分离外，还有面向接口编程和德墨忒尔定律（Law of Demeter）。

4.2.1　面向接口编程

面向接口编程是将类中的方法提炼出来成为接口，由实现类实现该接口，而调用方通过接口与实现类进行交互。

面向接口编程具有以下优点：

- 易于解耦，使组件之间减少依赖。
- 有利于提升模块扩展性。
- 有利于提升代码可维护性。
- 使程序结构更加清晰，增强代码可读性。

在 Android 的 MVP 开发中，经常使用一种协议类——Contract，将 View 与 Presenter 之间的接口建立协议关联关系。Contract 接口中包含 View 和 Presenter 接口，其类图如图 4.2 所示。

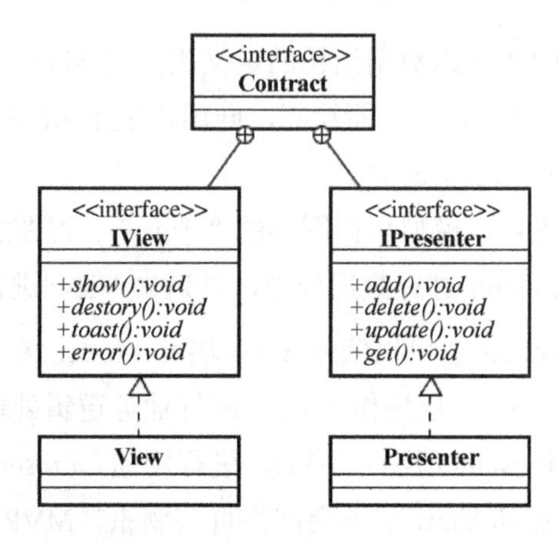

图 4.2 面向接口编程设计实例类图

4.2.2 德墨忒尔定律

德墨忒尔定律产生于 1987 年，是面向对象设计领域的指导思想之一。

德墨忒尔定律是指模块与模块之间不应产生紧密关联关系，模块内部可以产生关联关系，是一种“高内聚，低耦合”的设计思想，对象可以指示对象 What to do（做什么），而不是 How to do（怎么做）。

在 MVP 设计中，Presenter 在数据处理完成后，会通知 View 进行相应的界面展示，这是 What to do 的过程，而 View 如何进行界面展示，则是 How to do 的过程，Presenter 不会承担 View 的 How to do 的责任。符合德墨忒尔定律的实例类图如图 4.3 所示，Presenter 通过接口 IView 的 showDetail 方法通知 View 显示详细信息，View 中的 showDetail 方法会调用私有方法 showDetailStep1、showDetailStep2 和 showDetailStep3 进行详细信息展示的处理。

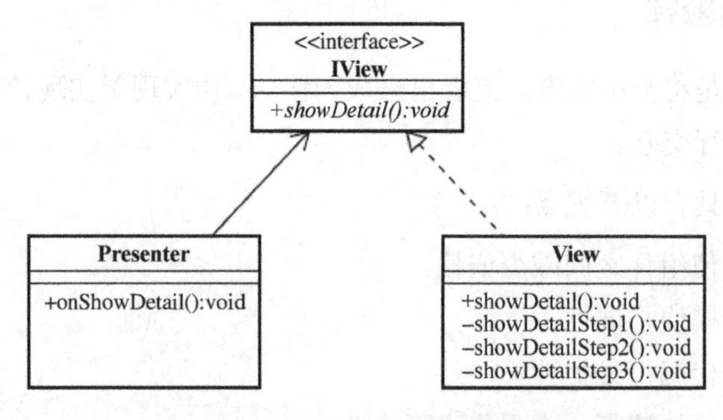

图 4.3 符合德墨忒尔定律的实例类图

4.3　MVP 与 MVC 的区别

很多开发者常常弄不清楚 MVC 模式与 MVP 模式的区别在哪里，MVP 与 MVC 的区别主要在于“C”与“P”的区别及各自产生的事件流。

在 Android 的 MVC（被动）模式中，View 可以和 Model 进行通信，二者存在依赖关系。Controller 不仅负责操作 Model 进行业务逻辑处理，还负责进行 View 相关的界面展示处理，其中包括 View 的处理细节，因此，我们可以说 Controller 承担着过重的负担，如图 4.4 所示。

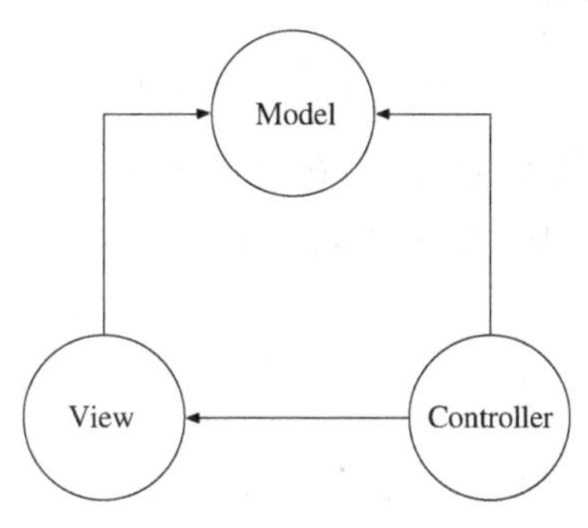

图 4.4　MVC（被动）模式图

而在 MVP 模式中，Model 层和 View 层不会产生关联，View 层细节的处理由 View 自己完成，Presenter 只负责通知相关事件并进行数据的业务逻辑处理，如图 4.5 所示。

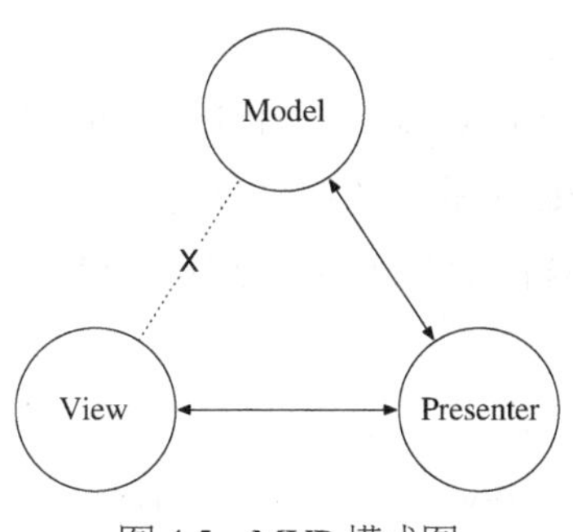

图 4.5　MVP 模式图

MVP 与 MVC 的区别主要有以下几点：

- 在 MVP 模式中，Presenter 只通知 View 进行展示，View 展示逻辑由 View 自己控制，符合德墨忒尔定律；而在 MVC 模式中，由 Controller 控制 View 的展示逻辑，不符合德墨忒尔定律。
- MVP 为面向接口编程，Presenter 与 View 的通信通过接口；而在 MVC 模式中 Controller 直接操作 View。
- 在 MVP 模式中，View 与 Model 之间无法进行通信，而在 MVC 的主动模式中，

Model 的变化可以直接通知给 View。

- MVP 更利于进行单元测试，而 MVC 组件之间依赖性较强，不利于进行单元测试。

4.4 MVP 模式存在的问题

其实 MVC 模式和 MVP 模式各有各的优点，虽然 MVP 模式更利于进行单元测试和解耦，但是它自身也存在一些问题。

4.4.1 责任过重的 Presenter

相比 MVC 可能会出现 Massive View Controller 的问题，在 MVP 中，Presenter 交出了 View 的实现细节控制权，而业务逻辑还是在 Presenter 中处理。实际上，相比 Controller，Presenter 的责任并没有减轻多少，如图 4.6 所示。

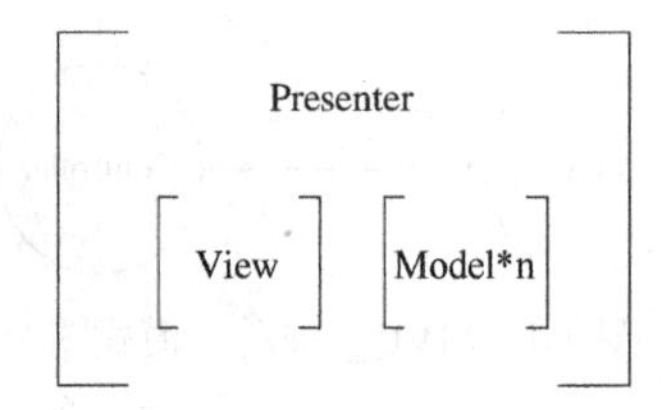

图 4.6 责任过重的 Presenter

4.4.2 业务逻辑无法复用

在传统的 MVP 模式中，一个 View 由一个 Presenter 管理，虽然 Presenter 与 View 通过接口协议绑定，但是 Presenter 中的业务逻辑只能为一个 View 服务，不能复用于多个模块之间，不同模块为了实现同样的业务逻辑，会多次重复操作从而直接导致大量冗余代码产生，如图 4.7 所示。

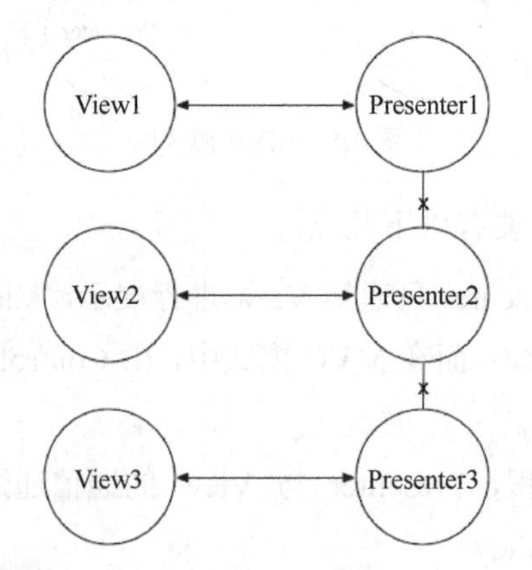

图 4.7 业务逻辑无法复用的 Presenter

4.4.3　急剧扩增的接口数量

MVP 采用面向接口编程原则，这使得 Presenter 和 View 的交互通过接口实现。在进行业务迭代时，因发生变化而修改既有代码，往往需要连同修改接口层，而新增开放方法需要声明在接口中。

在敏捷开发流行的今天，这种模式短期内会给开发团队中不熟悉 MVP 架构的成员带来不适应感，而且开发代码的成本相应也会增加，如图 4.8 所示。

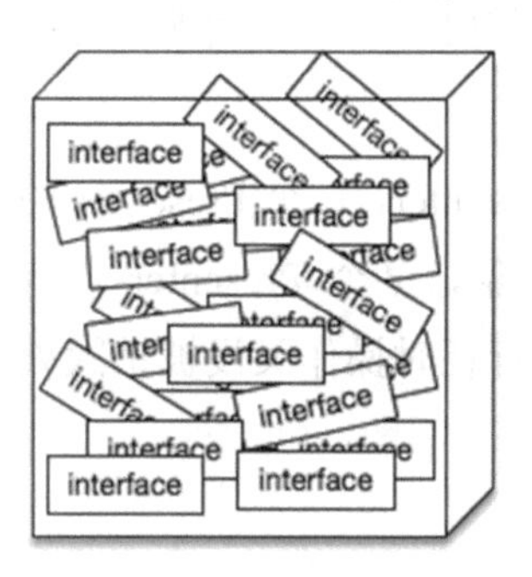

图 4.8　急剧扩增的接口数

4.5　如何解决 Presenter 的复用问题

MVP 架构的头号难题是如何解决 Presenter 的复用问题，比较流行的策略有三种：提供工具类、提供多对一的 Presenter、分离出 Interactor 层。

4.5.1　提供工具类

通过提供工具类实现业务逻辑的复用，是当下流行的一种解决 MVP 复用问题的手段。

使用工具类，就涉及 View 和 Model 相关的依赖，工具类无法产生一个更好的定位，而 MVP 的业务逻辑与工具类的混用，会使得架构分层混乱，代码结构不清晰，所以，这并不是一种非常有效的解决方式。

4.5.2　提供多对一的 Presenter

还有一种解决 MVP 复用问题的方式是将 Presenter 与 View 改为多对一的方式。这使得一个 View 可以被多个 Presenter 控制，而一个 Presenter 的 View 接口可以被多个 View 实现。

提供多对一的 Presenter 的优点如下：

- 将原本臃肿的 Presenter 零散化，使得 Presenter 的负担不至于过重。
- 代码可以通过多个 Presenter 进行复用。

但同时也带来了一系列问题：

- Presenter 应该是处理中心，越多 Presenter 的介入导致 View 的管理设计结构越混乱。
- Presenter 的生命周期管理变得不易控制。
- Presenter 对应的 View 表现不再单一化，适配不同的 View 需要考虑多种场景。
- 更多 View 接口的实现导致更多空实现方法的产生，易使人产生阅读混淆。

因为 Presenter 是面向接口编程，更多的 Presenter 介入意味着这些 Presenter 为了适应不同的 View 将产生更多的不被需要的接口空实现，这些实现影响了代码的整洁性和可阅读性。

因为一个 View 对应多个 Presenter，每个 Presenter 的初始化和销毁的生命周期也变得难以控制，如果一一进行销毁的话，某个 Presenter 没有被销毁是极难察觉到的，如果某个 Presenter 长时间持有 View 进行耗时操作又没被销毁处理，很容易带来内存泄漏的问题，如图 4.9 所示。

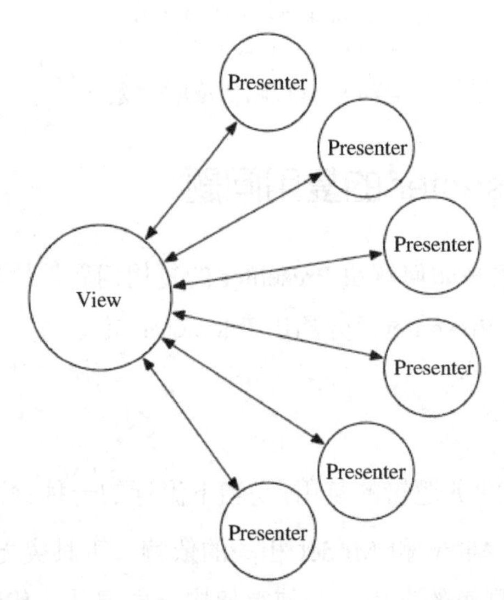

图 4.9　Presenter 与 View 为多对一关系

4.5.3　分离出 Interactor 层

著名软件开发大师 Bob 大叔提出的 The Clean Architecture 将软件架构分为五层，他将 Presenter 中的业务逻辑提炼到了 Interactor 层，将每个功能逻辑封装成了 UseCase 用例，UseCase 用例与 View 不会产生依赖关系，可以很好地实现业务逻辑的复用，并且符合领域驱动设计（DDD）的设计思想，即使不是软件开发者，也可以通过 UseCase 用例看清模块的主要功能，如图 4.10 所示。

分离出 Interactor 层也是笔者推荐的方式之一。如果你对 The Clean Architecture 很感兴趣，可以参考阅读后面章节中笔者对 The Clean Architecture 展开的讨论和实践。

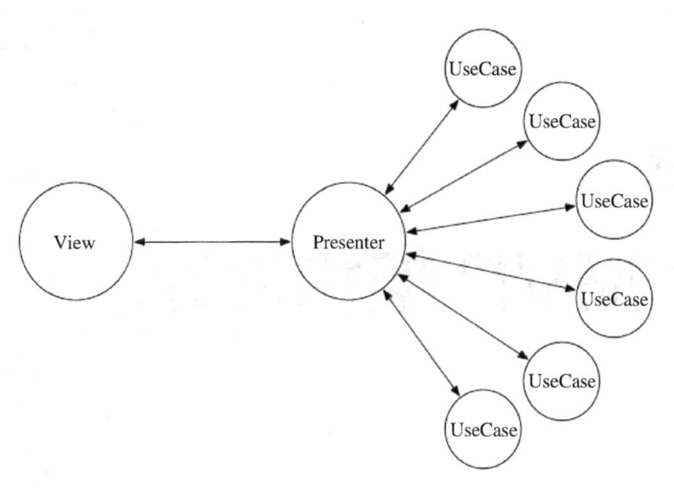

图 4.10　分离出 Interactor 层和 UseCase 用例

4.6　小结

本章，我们由 MVP 的起源展开讨论，了解了 MVP 是在 MVC 的基础上改进而来的，是被定义为一种能提供更强大的、易于理解的设计的架构模式；同时，我们了解了 MVP 的分层职责和核心思想，介绍了德墨忒尔定律；最后，我们讨论了 MVP 模式存在的问题，以及这些问题的解决方案。

下一章，我们将通过重构 MVC 架构为 MVP 架构，来了解 MVP 架构的具体实现方法。

第 5 章 实战：MVP 架构设计

前面我们讨论了日记 App 的 MVC 架构被动模式和主动模式的实现。本章将对日记 App 的 MVC 架构模式进行改造，使其成为 MVP 架构模式，并基于 MVP 架构模式添加新的功能。

5.1 层级职责划分

在本实例中，数据层和 Model 都不发生变化。View 层的层级划分也没有发生变化，Activity/Fragment 和自定义 View 将作为 View 层进行处理。

Presenter 层是一个单独的类，负责处理业务逻辑，并通知 View 进行显示，不再承担 View 的 How to do 的责任，也不处理 View 的监听操作，这些操作交由 View 自己处理，View 可以回调到 Presenter 进行监听事件相应的操作。在 MVP 模式中不再有 Controller 层。

5.2 准备工作

在改变既有的 MVC 架构模式之前，需要做一些准备工作，数据和模型的处理相关操作可以回看第 3 章中的介绍。

5.2.1 定义基础 View 接口

MVP 架构模式的核心思想之一是面向接口编程，Presenter 与 View 通过接口进行交互。首先，需要定义一个 View 接口。

```
public interface BaseView<T extends BasePresenter> { // View 基类
    void setPresenter(T presenter);                  // 传入 Presenter
}
```

View 接口不会很复杂，只需声明 View 的通用功能，支持将 Presenter 传入 View 中即可。在实际应用中，Presenter 通常是由 Activity 构造，传入 Fragment（View）中的。当然，你也可以让 Fragment 自己管理 Presenter。

泛型 T 定义的是 Presenter 类型，继承 BasePresenter 接口。

5.2.2 定义基础 Presenter 接口

由于业务逻辑相对单一，Presenter 目前只需包括两种状态：开始状态 start 和结束状态 destroy。

```
public interface BasePresenter { // Presenter 基类
    void start();              // Presenter 生命周期开始
    void destroy();            // Presenter 生命周期结束
}
```

在 Fragment 的 onResume 生命周期中，调用 Presenter 的 start 开始 Presenter 生命周期，在 Fragment 的 onDestroy 生命周期中，调用 Presenter 的 destroy 结束 Presenter 生命周期，如图 5.1 所示。

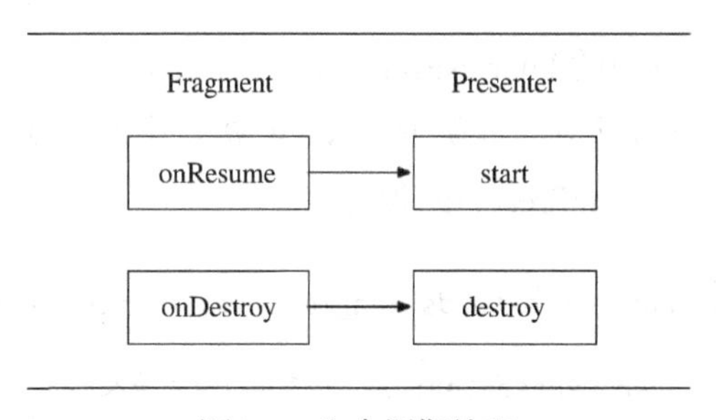

图 5.1 生命周期处理

如果业务逻辑复杂，Presenter 的生命周期完全可以与 Activity/Fragment 保持同步，提供 View 和 Presenter 基类来处理生命周期相关事件，在后面的第 12 章中我们将会详细介绍这种模式。

5.3 重构：从 MVC 到 MVP

本节，我们主要对第 3 章实战中的日记 App 的功能进行改造，使其符合 MVP 架构模式设计。

5.3.1 创建 Presenter

首先，为日记列表展示 Fragment——DiariesFragment 创建一个 Presenter，实现基础 Presenter 接口 BasePresenter。在 start 中，我们将为界面加载做一些数据准备工作，在 destroy 中可以做一些线程清理等工作。

```
public class DiariesPresenter implements BasePresenter {
```

```
    @Override
    public void start() {
    }
    @Override
    public void destroy() {
    }
}
```

在 Presenter 的构造方法中，还需要传入 View，保存为成员变量 mView，使 Presenter 在数据发生变化时能够通知 View 进行更新。

```
public class DiariesPresenter implements BasePresenter {
    private final BaseView mView;                          // 日记列表视图
    public DiariesPresenter(@NonNull BaseView baseView) { // 控制日记显示的Controller
        mView = baseView; // 将页面对象传入，赋值给日记的成员变量
    }
}
```

5.3.2 改造 View

接下来，我们对第 3 章中的 DiariesFragment 进行改造。首先，使其实现 BaseView 接口，传入 BasePresenter 作为泛型。实现 BaseView 接口中的 setPresenter 方法，将传入的 DiariesPresenter 作为成员变量 mPresenter 保存。

```
// 日记展示页面
public class DiariesFragment extends Fragment implements BaseView<BasePresenter> {

    private BasePresenter mPresenter; // 日记页面的主持人

        @Override
    public void setPresenter(@NonNull BasePresenter presenter) {
        mPresenter = presenter;        // 设置主持人
    }

}
```

还要处理 Presenter 的状态，重写 Fragment 的 onResume 和 onDestroy 方法，分别调用 Presenter 的开始方法和结束方法。

```
    @Override
    public void onResume() {
        super.onResume();        // 调用父类的 onResume 方法
        mPresenter.start();
    }
    @Override
    public void onDestroy() {
        mPresenter.destroy();
        super.onDestroy();       // 调用父类的 onDestroy 方法
    }
```

5.3.3　传入 Presenter 实例

在 MainActivity 中构造 Presenter 的实例，并通过 BaseView 接口将 Presenter 传入 Fragment 中。

在 MainActivity 的 initFragment 方法中，DiariesFragment 创建完成后，构造 DiariesPresenter 实例，将 DiariesFragment 作为参数传入 DiariesPresenter 中。

调用 DiariesFragment 的 BaseView 接口中的 setPresenter，将 DiariesPresenter 传入 Fragment 中。

```
    private void initFragment() {
        DiariesFragment diariesFragment = getDiariesFragment(); // 初始化 Fragment
        if (diariesFragment == null) { // 查找是否已经创建了日记 Fragment
            diariesFragment = new DiariesFragment();             // 创建日记 Fragment
            // 将日记 Fragment 添加到 Activity 中
            ActivityUtils.addFragmentToActivity(getSupportFragmentManager(), diaries
Fragment, R.id.content);
        }
        // 设置主持人
        diariesFragment.setPresenter(new DiariesPresenter(diariesFragment));
    }
```

5.3.4　开发过程中 Presenter 和 View 的直接依赖

在改造 MVC 架构为 MVP 架构的重构开发过程中，可以暂时将 Presenter 和 View 处理为直接依赖关系，不通过接口的方式进行交互，在重构接近完成时，再处理 Presenter 和 View 的相关接口，这样有助于提升效率。

将 DiariesFragment 中的 BasePresenter 类型改为 DiariesPresenter，直接依赖 Diaries Presenter 类。

```
// 日记展示页面
public class DiariesFragment extends Fragment implements BaseView<DiariesPresenter> {
     private DiariesPresenter mPresenter; // 日记页面的主持人
        @Override
    public void setPresenter(@NonNull DiariesPresenter presenter) {
        mPresenter = presenter;             // 设置主持人
    }

}
```

将 DiariesPresenter 中的 BaseView 类型改为 DiariesFragment，直接依赖 DiariesFragment 类。

```
public class DiariesPresenter implements DiariesContract.Presenter {
    private final DiariesFragment mView; // 日记列表视图
    // 控制日记显示的 Controller
    public DiariesPresenter(@NonNull DiariesFragment diariesFragment) {
        mView = diariesFragment;           // 将页面对象传入，赋值给日记的成员变量
    }
}
```

5.3.5 Presenter 生命周期的处理

在 MVC 架构模式中，onResume 生命周期直接调用了 Controller 的数据加载相关方法。

```
@Override
public void onResume() {
    super.onResume();            // 调用父类的 onResume 方法
    mController.loadDiaries(); // 加载日志数据
}
```

现在，可以将 loadDiaries 的数据交由 Presenter 管理了，在 DiariesPresenter 的 start 方法中加载数据。

```
@Override
public void start() {
    loadDiaries(); // 加载日记数据
}
```

在 destory 中，由于没有开启子线程，所以我们不需要做过多处理，如果有网络请求，在 destory 中需要进行销毁，也可以将网络请求生命周期与 Fragment 生命周期绑定，如流行的网络框架 Volley 在内存泄漏问题上的处理方案。

5.3.6 列表 Adapter 的处理

在 MVP 架构中，ListAdapter 也可以算作 Presenter 的一部分，在加载数据前，还需要处理 ListAdapter 的初始化。在 Presenter 生命周期开始时初始化列表适配器。

```
private DiariesAdapter mListAdapter;      // 日记列表适配器
@Override
public void start() {
    initAdapter();                        // 初始化适配器
    loadDiaries();                        // 加载日记数据
}
```

在 initAdapter 中创建 DiariesAdapter 并保存为成员变量，设置长按事件的监听器，并将 ListAdapter 设置给 View 中的 RecyclerView。

```
private void initAdapter() {              // 初始化适配器
    mListAdapter = new DiariesAdapter(); // 创建日记列表的适配器
    // 设置列表条目的长按事件的监听器
    mListAdapter.setOnLongClickListener(new DiariesAdapter.OnLongClickListener
<Diary>() {
        @Override
        public boolean onLongClick(View v, Diary data) {
            updateDiary(data);           // 更新日记
            return false;
        }
    });
    mView.setListAdapter(mListAdapter);
}
```

在 Fragment 的 onCreateView 中保持原有 RecyclerView 的初始化逻辑，onCreateView

生命周期在 onResume 前执行。

将 RecyclerView 保存为成员变量，是为了 Presenter 初始化 ListAdapter 后，将其设置给 RecyclerView。

```
    private RecyclerView mRecyclerView;
    @Override
    public View onCreateView(LayoutInflater inflater, ViewGroup container, Bundle
savedInstanceState) {
        // 加载日记页面的布局文件
        View root = inflater.inflate(R.layout.fragment_diaries, container, false);
        this.mRecyclerView = root.findViewById(R.id.diaries_list);
        // 将日记列表控件传入控制器
        initDiariesList();
        setHasOptionsMenu(true); // 开启页面的菜单功能
        return root;
    }
```

在 initDiariesList 方法中改为调用成员变量 mRecyclerView 设置 RecyclerView，这里不再直接设置 Adapter。

```
public void initDiariesList() { // 配置日记列表
        // 设置日记列表为线性布局
        mRecyclerView.setLayoutManager(new LinearLayoutManager(getContext()));
        mRecyclerView.addItemDecoration(
                // 为列表条目添加分割线
                new DividerItemDecoration(getContext(), DividerItemDecoration.VERTICAL)
        );
        mRecyclerView.setItemAnimator(new DefaultItemAnimator()); // 设置列表默认动画
    }
```

在 Fragment 中加入 setListAdapter 方法，设置 RecyclerView 的 Adapter。

```
    @Override
    public void setListAdapter(DiariesAdapter diariesAdapter) {
        mRecyclerView.setAdapter(diariesAdapter);
    }
```

5.3.7 展示数据的处理

在 Fragment 的 onResume 生命周期中，会通知 Presenter 生命周期开始，调用 loadDiaries 方法并加载数据。在 MVC 架构模式中，之前的数据加载成功，回调处理 View 展示的逻辑，都交由 Controller 来完成，如下所示：

```
    public void loadDiaries() { // 加载日记数据
        // 通过数据仓库获取数据
        mDiariesRepository.getAll(new DataCallback<List<Diary>>() {
            @Override
            public void onSuccess(List<Diary> diaryList) {
                ......
            }
            @Override
```

```
            public void onError() {
                showError();                          // 数据获取失败，弹出错误提示
            }
        });
    }
    public void showError() {
        showMessage(mView.getString(R.string.error)); // 弹出数据获取失败提示
    }
    private void showMessage(String message) {
        // 弹出文字提示信息
        Toast.makeText(mView.getContext(), message, Toast.LENGTH_SHORT).show();
    }
```

在 MVP 架构中，Controller 不再直接控制 View，我们在 loadDiaries 的数据处理成功后回调，操作 View 来控制 View 的展示，updateDiaries 调用列表适配器更新列表数据，将 showError 的相关方法转移到 View 中，使其符合德墨忒尔定律。

```
    public void loadDiaries() {                                    // 加载日记数据
        // 通过数据仓库获取数据
        mDiariesRepository.getAll(new DataCallback<List<Diary>>() {
            @Override
            public void onSuccess(List<Diary> diaryList) {
                if (!mView.isActive()) {  // 若视图未被添加，则返回
                    return;
                }
                updateDiaries(diaryList); // 数据获取成功，处理数据
            }
            @Override
            public void onError() {
                if (!mView.isActive()) {  // 若视图未被添加，则返回
                    return;
                }
                mView.showError();        // 数据获取失败，弹出错误提示
            }
        });
    }
    private void updateDiaries(List<Diary> diaries) {
        mListAdapter.update(diaries);   // 更新列表中的日记数据
    }
```

在 Fragment 中加入 isActive 方法，调用 Fragment 中的 isAdded 判断 Fragment 是否已经添加到 Activity 中。

```
    public boolean isActive() {
        return isAdded();                 // 判断 Fragment 是否已经添加到 Activity 中
    }
```

加入提示消息 Toast 的相关方法，这些属于 View 的一部分。

```
    public void showSuccess() {
        showMessage(getString(R.string.success)); // 弹出成功提示信息
    }
    public void showError() {
```

```
        showMessage(getString(R.string.error));   // 弹出失败提示信息
    }
    private void showMessage(String message) {
        // 弹出文字提示信息
        Toast.makeText(getContext(), message, Toast.LENGTH_SHORT).show();
    }
```

5.3.8　对话框展示的处理

前面我们为 ListAdapter 设置了长按事件的监听器，在列表长按时，通过调用 updateDiary 方法处理对话框的展示。

```
    private void initAdapter() { // 初始化适配器
        ......
        mListAdapter.setOnLongClickListener(new DiariesAdapter.OnLongClickListener
<Diary>() {
            @Override
            public boolean onLongClick(View v, Diary data) {
                updateDiary(data); // 更新日记
                return false;
            }
        });
    }
```

updateDiary 方法通知 View 展示输入对话框，在 View 中构造对话框。这里显示 Dialog 时，注意不要将 Diary 直接传入 View，避免 View 和 Model 产生直接依赖关系。只需将 Dialog 需要展示的标题和详情信息传入即可。

```
    private Diary mDiary;

    public void updateDiary(@NonNull Diary diary) {
        mDiary = diary;
        // 弹出输入对话框
        mView.showInputDialog(data.getTitle, data.getDescription());
    }
```

在 View 中加入对话框创建相关方法，在 Dialog 中点击“确定”按钮时通知 Presenter 处理业务逻辑。

```
// 弹出输入对话框
private void showInputDialog(final String title, final String desc) {
        final EditText editText = new EditText(getContext()); // 创建输入框
        editText.setText(desc); // 设置输入框默认文字为日记详情信息
        new AlertDialog.Builder(getContext()).setTitle(title)
                .setView(editText)
                .setPositiveButton(EnApplication.get().getString(R.string.ok),
                        new DialogInterface.OnClickListener() {
                            @Override
                            // 点击“确定”按钮，回调点击事件
                            public void onClick(DialogInterface dialog, int which) {
                                mPresenter.onInputDialogClick(editText.getText().
toString()); // 将“确定”按钮点击事件通知给 Presenter，以更新日记信息
```

```
                }
            })
            .setNegativeButton(EnApplication.get().getString(R.string.cancel),
null).show(); // 弹出对话框
    }
```

在 Presenter 中更新日记相关数据，数据源的单例可以在构造方法中获得，mDiary 是刚刚调用 Presenter 通知 View 显示对话框时保存的成员变量。

```
private final DiariesRepository mDiariesRepository;
private Diary mDiary;
// 控制日记显示的 Controller
public DiariesPresenter(@NonNull DiariesContract.View diariesFragment) {
    mDiariesRepository = DiariesRepository.getInstance(); // 获取数据仓库的实例
    mView = diariesFragment; // 将页面对象赋值给日记的成员变量
}
private void onInputDialogClick(String desc) {
    mDiary.setDescription(desc);          // 将日记信息修改为输入的内容
    mDiariesRepository.update(mDiary); // 更新日记数据
    loadDiaries();                        // 重新加载列表
}
```

5.3.9 菜单的处理

因为菜单控制相关方法 onCreateOptionsMenu 和 onOptionsItemSelected 在 Android 的 Fragment 中定义，所以菜单的展示逻辑依旧放在 DiariesFragment 中处理，在单击“添加”按钮后回调到 Presenter 进行处理判断。

```
@Override
// 创建菜单，重写父类中的方法
public void onCreateOptionsMenu(Menu menu, MenuInflater inflater) {
    inflater.inflate(R.menu.menu_write, menu);        // 加载菜单的布局文件
}
@Override
// 菜单被选择时的回调方法
public boolean onOptionsItemSelected(MenuItem item) {
    switch (item.getItemId()) {   // 对被点击 item 的 id 进行判断
        case R.id.menu_add:       // 点击“添加”按钮
            mPresenter.addDiary(); // 通知控制器，添加新的日记信息
            return true;          // 返回 true 代表菜单的选择事件已经被处理
    }
    return false;                 // 返回 false 代表菜单的选择事件没有被处理
}
```

在 Presenter 中再次回调到 View 进行显示时，可能你会觉得这样绕来绕去没什么意义，但是这符合 MVP 的设计思想，在变化到来之后，你会感受到代码可维护性的提升。

```
public void addDiary() {
    mView.gotoWriteDiary(); // 跳转到添加日记的页面
}
```

在 Fragment 中添加 gotoWriteDiary 方法，提示功能暂未开放。后面我们将会讨论修改日记的页面实现。

```
public void gotoWriteDiary() { // 跳转到添加日记的页面
    ......
}
```

5.3.10　实现面向接口设计

现在，可以将之前的 Controller 删除了。至此，我们完成了从 MVC 到 MVP 的重构工作。前面为了提升开发效率，Presenter 与 View 产生了直接依赖关系，通过面向接口设计可以解除这种直接依赖关系。

我们从 Presenter 的公共方法中提炼出一个接口 IPresenter，继承 BasePresenter 接口，并将 DiariesPresenter 实现的接口 BasePresenter 改为 IPresenter。

```
interface IPresenter extends BasePresenter { // 日记列表主持人
    void loadDiaries();                       // 加载日记数据
    void addDiary();                          // 跳转到添加日记的页面
    void updateDiary(@NonNull Diary diary);   // 跳转到更新日记的页面
    void onInputDialogClick(String desc);     // 点击对话框“确定”按钮时，回调该方法
}
```

将 View 中出现的 DiariesPresenter 类型全部改为 IPresenter。

```
private DiariesContract.Presenter mPresenter; // 日记页面的主持人
......
```

同样地，将 DiariesFragment 中需要 Presenter 调用的方法提炼出一个接口 IView，继承 BaseView 接口，泛型传入类型为 IPresenter 接口，将 DiariesFragment 实现的接口 BaseView 改为 IView。

```
interface IView extends BaseView<IPresenter> {                    // 日记列表视图
    void gotoWriteDiary();  // 跳转到添加日记的页面
    void showInputDialog(final String title, final String desc); // 弹出日记修改对话框
    void showSuccess();     // 弹出成功提示信息
    void showError();       // 弹出失败提示信息
    boolean isActive();     // 判断 Fragment 是否已经添加到 Activity 中
    void setListAdapter(DiariesAdapter mListAdapter); // 设置适配器
}
```

解除 DiariesPresenter 对 DiariesFragment 的直接依赖，改为 IView 类型。

```
private final IView mView; // 日记列表视图
```

5.3.11　建立契约类

在 Android 的 MVP 设计中，契约类是查看 Presenter 与 View 之间交互协作情况的一种很好的方式，可以加快开发者对模块功能的理解速度。

建立 DiariesContract 接口，将 IView 和 IPresenter 移动到 DiariesContract 接口中，并

将它们重命名为 View 和 Presenter，因为它们已经成为 DiariesContract 的内部接口，所以你不必担心这样命名会产生重名的问题。

```
public interface DiariesContract {
    interface View extends BaseView<Presenter> { // 日记列表视图
        void gotoWriteDiary();                    // 跳转到添加日记的页面
        void gotoUpdateDiary(String diaryId);     // 跳转到更新日记的页面
        void showSuccess();                       // 弹出成功提示信息
        void showError();                         // 弹出失败提示信息
        boolean isActive();  // 判断 Fragment 是否已经添加到 Activity 中
        void setListAdapter(DiariesAdapter mListAdapter); // 设置适配器
    }
    interface Presenter extends BasePresenter { // 日记列表主持人
        void loadDiaries();                     // 加载日记数据
        void addDiary();                        // 跳转到添加日记的页面
        void updateDiary(@NonNull Diary diary); // 跳转到更新日记的页面
        void onInputDialogClick(String desc);   // 点击对话框“确定”按钮时，回调该方法
    }
}
```

将 DiariesFragment 和 DiariesPresenter 的 IView 和 IPresenter 类型替换为 DiaryEditContract.View 和 DiariesContract.Presenter。

```
private final DiaryEditContract.View mView;    // 视图
private DiariesContract.Presenter mPresenter; // 日记页面的主持人
```

5.4 实现 MVP 模式：日记修改功能

现在，我们基于 MVP 的模式来创建日记修改功能，提供一个新的操作页面，并消除之前的日记修改弹窗。日记修改页面效果图如图 5.2 所示。

图 5.2 日记修改页面效果图

5.4.1 创建日记修改 Activity

首先，需要创建一个日记修改 Activity 来管理日记修改页面。这个 Activity 与我们之前创建的日记列表 Activity 大同小异。在 onCreate 方法中，需要通过 Intent 获取上一级页面，即 MainActivity 管理的 DiariesFragment 跳转过来时携带的参数——日记 id，并通过日记 id 对顶部导航栏 Toolbar 进行设置。

若判断跳转时携带 id，可作为修改日记功能进行处理，设置标题为“修改日记”；若判断跳转时未携带 id，则说明是从上级页面菜单中的添加日记入口进入，将标题设置为“添加日记”。

通过调用 getStringExtra 方法获取 id，其 value 对应的 name 为 DiaryEditFragment，即日记修改页面 Fragment 中保存的字符串常量 DIARY_ID。

```
public class DiaryEditActivity extends AppCompatActivity { // 日记修改页面
    @Override
    protected void onCreate(Bundle savedInstanceState) {
        super.onCreate(savedInstanceState);            // 调用超类方法
        setContentView(R.layout.activity_diary_edit); // 设置布局文件
        // 获得日记的 id
        String diaryId = getIntent().getStringExtra(DiaryEditFragment.DIARY_ID);
        initToolbar(diaryId);                          // 初始化顶栏
        initFragment(diaryId);                         // 初始化 Fragment
    }
    private void initToolbar(String diaryId) {
        Toolbar toolbar = findViewById(R.id.toolbar); // 从布局文件中加载顶部导航 Toolbar
        setSupportActionBar(toolbar); // 自定义顶部导航 Toolbar 为 ActionBar
        setToolbarTitle(TextUtils.isEmpty(diaryId));        // 设置导航栏标题
    }
    private void setToolbarTitle(boolean isAdd) {
        if (isAdd) { // 是否为写日记操作
            getSupportActionBar().setTitle(R.string.add);  // 设置标题为写日记
        } else {
            getSupportActionBar().setTitle(R.string.edit); // 设置标题为修改日记
        }
    }
}
```

接下来处理日记修改 Fragment 和 Presenter 的初始化和绑定操作。需要将日记 id 作为参数传入 Presenter 中以进行日记修改等业务逻辑的处理。

```
    private void initFragment(String diaryId) {
        // 初始化 Fragment
        DiaryEditFragment addEditDiaryFragment = getDiaryEditFragment();
        if (addEditDiaryFragment == null) {     // 查找是否已经创建了日记的 Fragment
            addEditDiaryFragment = initEditDiaryFragment(diaryId);  // 创建日记 Fragment
        }
        DiaryEditPresenter diaryEditPresenter = new DiaryEditPresenter(
                diaryId,    // 日记 id
                addEditDiaryFragment    // 修改日记的 Fragment
```

```
        );                              // 初始化 Presenter
        // 将创建的 Presenter 传入 Fragment
        addEditDiaryFragment.setPresenter(diaryEditPresenter);
    }
    @NonNull
    private DiaryEditFragment initEditDiaryFragment(String diaryId) {
        // 创建修改日记 Fragment
        DiaryEditFragment addEditDiaryFragment = new DiaryEditFragment();
        if (getIntent().hasExtra(DiaryEditFragment.DIARY_ID)) {
            Bundle bundle = new Bundle();
            // 将日记唯一标识保存到日记 Fragment 的 Arguments
            bundle.putString(DiaryEditFragment.DIARY_ID, diaryId);
            addEditDiaryFragment.setArguments(bundle);
        }
        // 将日记 Fragment 添加到 Activity 显示
        ActivityUtils.addFragmentToActivity(getSupportFragmentManager(), addEditDiary
Fragment, R.id.content);
        return addEditDiaryFragment;
    }
    // 通过 FragmentManager 查找日记展示的 Fragment
    private DiaryEditFragment getDiaryEditFragment() {
        return (DiaryEditFragment) getSupportFragmentManager().findFragmentById(R.id.
content);
    }
```

5.4.2 创建日记修改 Fragment

创建日记修改 Fragment——DiaryEditFragment，实现 BaseView 接口，并在 onResume 和 onDestroy 生命周期内处理 Presenter 的生命周期。

接下来，我们进行一些 Fragment 中展示逻辑的处理。本着“先开发，后面向接口”的原则，我们在开发过程中可以放心地让 Fragment 和 Presenter 产生直接依赖关系。

```
// 日记修改页面
public class DiaryEditFragment extends Fragment implements BaseView<DiaryEditPresenter>{

    private DiaryEditPresenter mPresenter;

    @Override
    public void setPresenter(DiaryEditPresenter presenter) {
        mPresenter = presenter; // 设置 Presenter
    }

    @Override
    public void onResume() {
        super.onResume();
        mPresenter.start();  // Presenter 生命周期开始
    }
    @Override
    public void onDestroy() {
        mPresenter.destroy(); // Presenter 生命周期结束
```

```
        super.onDestroy();
    }
}
```

在 Fragment 中加载页面的布局需要有两个输入框 EditText 控件，以提供输入日记标题和内容的区域，还需要两个 TextView 以显示输入框的介绍，并设置显示菜单，提供完成编辑的按钮。

这些 View 的定制逻辑都应该属于 View 本身的工作范畴，而数据逻辑更多是由 Presenter 负责设置。

```
    private TextView mTitle;       // 日记标题
    private TextView mDescription; // 日记详情
    @Nullable
    @Override
    public View onCreateView(LayoutInflater inflater, ViewGroup container,
                      Bundle savedInstanceState) {
        // 加载布局文件
        View root = inflater.inflate(R.layout.fragment_diary_edit, container, false);
        mTitle = root.findViewById(R.id.edit_title);              // 加载标题控件
        mDescription = root.findViewById(R.id.edit_description); // 加载详情控件
        setHasOptionsMenu(true);    // 开启页面的菜单功能
        return root;
    }
```

布局文件 fragment_diary_edit 最外层嵌套了 ScrollView 支持页面滚动，避免日记因内容过长而无法加载完整，其余控件放在 LinearLayout，以垂直线性布局，从上到下依次排列。

```
<?xml version="1.0" encoding="utf-8"?>
<ScrollView xmlns:android="http://schemas.android.com/apk/res/android"
    android:layout_width="match_parent"
    android:layout_height="match_parent">
    <!--线性布局-->
    <LinearLayout
        android:layout_width="match_parent"
        android:layout_height="wrap_content"
        android:orientation="vertical"
        android:paddingBottom="@dimen/activity_vertical_margin"
        android:paddingLeft="@dimen/activity_horizontal_margin"
        android:paddingRight="@dimen/activity_horizontal_margin"
        android:paddingTop="@dimen/activity_vertical_margin">
        <!--标题信息控件-->
        <TextView
            android:layout_width="wrap_content"
            android:layout_height="wrap_content"
            android:text="@string/title"
            android:textColor="@android:color/black"
            android:textSize="18sp"
            android:textStyle="bold" />
        <!--修改标题控件-->
        <EditText
```

```
            android:id="@+id/edit_title"
            android:layout_width="match_parent"
            android:layout_height="wrap_content"
            android:layout_marginTop="3dp"
            android:maxLines="1"
            android:textColor="@android:color/black"
            android:textSize="16sp" />
        <!--详情信息控件-->
        <TextView
            android:layout_width="wrap_content"
            android:layout_height="wrap_content"
            android:layout_marginTop="3dp"
            android:text="@string/desc"
            android:textColor="@android:color/black"
            android:textSize="18sp"
            android:textStyle="bold" />
        <!--修改详情控件-->
        <EditText
            android:id="@+id/edit_description"
            android:layout_width="match_parent"
            android:layout_height="200dp"
            android:layout_marginTop="3dp"
            android:gravity="top"
            android:textColor="@android:color/black"
            android:textSize="16sp" />
    </LinearLayout>
</ScrollView>
```

5.4.3 添加“完成”按钮

在 onCreateOptionsMenu 加载菜单的布局文件 menu_done，在 onOptionsItemSelected 处理菜单的点击事件，将页面中的修改信息作为参数传递给 Presenter，通过 Presenter 处理相应的业务逻辑。因为 Model 与 View 是分离的，所以在这里不会使用日记的 Model——Diary 对象。

```
    @Override
    public void onCreateOptionsMenu(Menu menu, MenuInflater inflater) {
        inflater.inflate(R.menu.menu_done, menu);              // 加载菜单的布局文件
    }
    @Override
    public boolean onOptionsItemSelected(MenuItem item) { // 菜单被点击时的回调方法
        switch (item.getItemId()) {                            // 获取按钮 id
            case R.id.menu_done:                               // 点击“完成”按钮
                mPresenter.saveDiary(mTitle.getText().toString(), mDescription.get
Text().toString());                                            // 保存日记信息
                return true;
        }
        return false;
    }
```

日记修改页面的菜单定义也很简单，是一个“完成”按钮，当点击时会触发

onOptionsItemSelected 事件，参数 item 的 id 即 menu_done。

```
<?xml version="1.0" encoding="utf-8"?    <?xml version="1.0" encoding="utf-8"?>
<menu xmlns:android="http://schemas.android.com/apk/res/android"
    xmlns:app="http://schemas.android.com/apk/res-auto">
    <item
        android:id="@+id/menu_done"
        android:title="@string/menu_done"
        android:icon="@drawable/yes"
        app:showAsAction="always" />
</menu>
```

日记修改页面顶部导航如图 5.3 所示，右侧为“完成”按钮。

图 5.3　日记修改页面顶部导航

5.4.4　创建日记修改 Presenter

创建日记修改 Presenter，在构造方法中需要接收从 Activity 中传进的日记 id 和 DiaryEditFragment 对象，并初始化数据仓库，以便后面更新内存缓存和持久化数据。

```
public class DiaryEditPresenter implements BasePresenter {    // 日记修改 Presenter
    private final DataSource<Diary> mDiariesRepository;        // 数据源
    private final DiaryEditFragment mView;                     // 视图
    private String mDiaryId;                                   // 日记 id
    public DiaryEditPresenter(@Nullable String diaryId, @NonNull DiaryEditFragment
addDiaryView) {
        mDiaryId = diaryId;                                    // 传入日记 id
        mDiariesRepository = DiariesRepository.getInstance(); // 获取数据仓库的实例
        mView = addDiaryView;                                  // 传入视图
    }

    @Override
    public void start() {
        ……
    }
    @Override
    public void destroy() {
    }
}
```

有了日记 id 信息，可以在 Presenter 生命周期 start 方法中请求获取日记数据，在日记数据获取成功后，在回调中解析日记数据并设置给 View 进行展示。

```
    @Override
    public void start() {
        requestDiary(); // 获取日记信息
    }
    @Override
    public void requestDiary() {
        if (isAddDiary()) { // 日记 id 为空则返回，只添加日记，不做查询处理
```

```
                return;
            }
            mDiariesRepository.get(mDiaryId, new DataCallback<Diary>() { // 获取日记信息
                @Override
                public void onSuccess(Diary diary) {                // 获取成功
                    if (!mView.isActive()) {                        // 若视图未被添加,则返回
                        return;
                    }
                    mView.setTitle(diary.getTitle());               // 设置视图标题
                    mView.setDescription(diary.getDescription()); // 设置视图详情
                }
                @Override
                public void onError() {                             // 获取失败
                    if (!mView.isActive()) {                        // 若视图未被添加,则返回
                        return;
                    }
                    mView.showError();                              // 弹出错误提示
                }
            });
        }
        private boolean isAddDiary() {                              // 是否为添加日记的操作
            return TextUtils.isEmpty(mDiaryId);                     // id为空则为添加日记操作
        }
```

接下来，我们在 Fragment 中添加标题信息展示、详情信息展示等处理逻辑。

```
    @Override
    public void showError() {
        Toast.makeText(getContext(), getString(R.string.error), Toast.LENGTH_SHORT).
show();                                                  // 显示错误提示
    }
    @Override
    public void setTitle(String title) {
        mTitle.setText(title);                          // 设置标题
    }
    @Override
    public void setDescription(String description) {
        mDescription.setText(description); // 设置详情
    }
    @Override
    public boolean isActive() {
        return isAdded();                               // 判断Fragment是否已经添加到Activity中
    }
```

5.4.5 日记操作处理

在 Presenter 中，还需要处理 Fragment 中“完成”按钮点击后的事件，其中包括添加日记和修改日记。

添加 saveDiary 方法，接收日记的标题和详情信息，通过私有方法 isAddDiary 判断构造方法中传入的 mDiaryId 是否为空，为空则调用创建日记的方法，不为空则进行修改日记的操作。

```
@Override
public void saveDiary(String title, String description) {
    if (isAddDiary()) {                    // 是否为添加日记的操作
        createDiary(title, description); // 创建日记
    } else {
        updateDiary(title, description); // 更新日记
    }
}
private boolean isAddDiary() {             // 是否为添加日记的操作
    return TextUtils.isEmpty(mDiaryId); // id 为空则为添加日记操作
}
```

修改日记和创建日记的操作类似，会创建一个日记对象并通过数据仓库进行更新，然后再通知 View 进行操作完成后的页面跳转，只是在修改日记的操作中，创建的日记对象会将 id 指定为要修改的日记 id。

```
private void createDiary(String title, String description) { // 创建日记
    Diary newDiary = new Diary(title, description);           // 创建日记对象
    mDiariesRepository.update(newDiary); // 通过数据仓库更新数据
    mView.showDiariesList();             // 显示日记列表
}
private void updateDiary(String title, String description) { // 更改日记
    Diary diary = new Diary(title, description, mDiaryId); // 创建指定 id 的日记对象
    mDiariesRepository.update(diary);   // 通过数据仓库更新数据
    mView.showDiariesList();            // 显示日记列表
}
```

5.4.6　页面跳转处理

在日记修改页面 DiaryEditActivity 处理完成后，可以返回 MainActivity，在 MainActivity 中也可以长按进入 DiaryEditActivity，页面跳转流程图如图 5.4 所示。

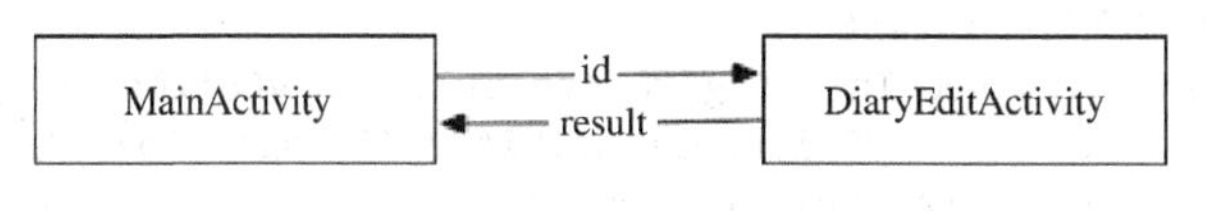

图 5.4　页面跳转流程图

在 Fragment 中添加 showDiariesList 方法，通知返回的页面处理结果为处理成功 Activity.RESULT_OK，并销毁当前页面。

```
@Override
public void showDiariesList() {                      // 显示日记列表
    getActivity().setResult(Activity.RESULT_OK); // 标记处理成功
    getActivity().finish();                      // 销毁当前页面
}
```

在日记修改页面 DiaryEditFragment 被销毁后，返回日记展示页面 DiariesFragment 中获取处理结果，重写父类 Fragment 中的 onActivityResult 方法，接收上一级页面 setResult 的参数，并通知 Presenter 处理。

```
@Override
public void onActivityResult(int requestCode, int resultCode, Intent data) {
    mPresenter.onResult(requestCode, resultCode); // 返回页面获取结果的信息
}
```

在 Presenter 中添加 onResult 方法，判断处理结果是否为成功，如果处理结果为成功，通知 View 进行相应的展示，反馈给用户处理信息。

```
@Override
public void onResult(int requestCode, int resultCode) { // 返回页面获取结果的信息
    if (Activity.RESULT_OK != resultCode) {            // 处理失败则返回
        return;
    }
    mView.showSuccess();                               // 弹出成功提示信息
}
```

在 View 中添加 showSuccess 方法，添加成功提示信息。

```
@Override
public void showSuccess() {
    showMessage(getString(R.string.success));          // 弹出成功提示信息
}
```

5.4.7 删除旧有的修改日记 UI

现在，已经完成了新的修改页面的对话框，可以用它来替代之前使用的长按输入框。

修改 DiariesFragment 中的 showInputDialog 方法为 gotoUpdateDiary，参数列表中只需传入日记 id 信息。在 gotoUpdateDiary 中构造跳转需要的 intent 信息，将传入的日记 id 添加到 intent 携带信息中，通过 startActivity 跳转到日记修改页面 DiaryEditActivity 中。

```
@Override
public void gotoUpdateDiary(String diaryId) { // 跳转到更新日记的页面
    // 构造跳转页面的 intent
    Intent intent = new Intent(getContext(), DiaryEditActivity.class);
    intent.putExtra(DiaryEditFragment.DIARY_ID, diaryId); // 设置跳转时携带的信息
    getContext().startActivity(intent);        // 通过 intent 的信息进行跳转
}
```

长按列表项后跳转到的日记信息展示效果如图 5.5 所示。

DiariesFragment 中的 gotoWriteDiary 方法也需要修改为跳转到新的页面，不再提示功能暂未开放的信息。

```
@Override
public void gotoWriteDiary() { // 跳转到添加日记的页面
    // 构造跳转页面的 intent
    Intent intent = new Intent(getContext(), DiaryEditActivity.class);
    startActivity(intent);    // 通过 intent 的信息进行跳转
}
```

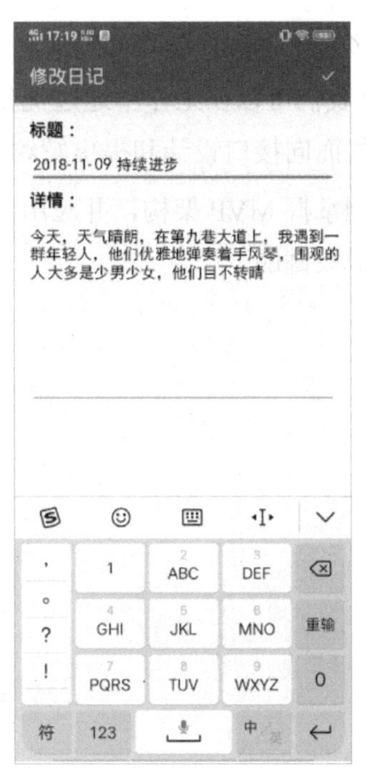

图 5.5　日记信息展示效果

5.4.8　修改为面向接口设计

构建 MVP 架构，最后一步操作才应该是面向接口设计，这样，我们在前面的工作过程中，完全不会受到接口的影响。

建立契约类，修改 DiaryEditFragment 和 DiaryEditPresenter 实现的接口为契约类中的接口，完成创建日记修改功能的最后操作。

```
public interface DiaryEditContract {                          // 修改日记协议层
    interface View extends BaseView<Presenter> {              // 修改日记的视图
        void showError();                                     // 弹出错误提示信息
        void showDiariesList();                               // 显示日记列表
        void setTitle(String title);                          // 设置标题
        void setDescription(String description);              // 设置详情
        boolean isActive(); // 判断 Fragment 是否已经添加到 Activity 中
    }
    interface Presenter extends BasePresenter {               // 修改日记的主持人
        void saveDiary(String title, String description); // 保存日记信息
        void requestDiary();                                  // 获取日记信息
    }
}
```

5.5　小结

本章，以日记 App 为例，我们实现了从 MVC 架构模式到 MVP 架构模式的重构，并

通过创建日记修改功能，了解了基于 MVP 架构的功能的、从 0 到 1 的开发流程。虽然 MVP 架构存在一些缺点，但是我们可以在工作中通过优化流程步骤，避免这些问题，以达到更高的效率，比如，可以将面向接口设计和提出契约类放在最后一步进行。

希望大家能够通过本章实例掌握 MVP 架构，并应用到实际工作中。当然，选择一个适合自己项目的架构模型才是最关键的。

第 6 章

MVVM 架构：双向绑定

前面的章节了解了移动开发中的两个经典架构模式——MVC 架构和 MVP 架构。本章将了解移动开发三大经典架构中的最后一种架构模式——MVVM 架构。

6.1 什么是 MVVM

MVVM 架构模式的全称为模型—视图—视图模型（Model-View-ViewModel）架构模式，其 ViewModel 和 MVP 架构中的 Presenter 很相似。该架构模式是一个经典的三层架构模式。

6.1.1 MVVM 架构的起源

2005 年，微软 WPF 与 Silverlight 的架构师 John Gossman 在博客上发表了一篇文章——*Introduction to Model/View/ViewModel pattern for building WPF apps*，即《使用模型/视图/视图模型的模式构建 WPF 应用的介绍》，MVVM 架构就此诞生。

最初的 MVVM 架构是应用于 WPF 的，WPF 的全称为 Windows Presentation Foundation，是微软公司推出的.NET Framework 3.0 及以后版本的组成部分之一，是一种基于 Windows 的用户界面框架。

MVVM 模式是从 MVC 模式演变而来的。John Gossman 认为，相比开发者，设计师更加关注 View 视图的展示形态，设计师经常使用 Dreamweaver、Flash 或声明式语言 HTML、XAML 等来表现这种视图展示形态。一个应用的 UI 部分可能会被各种不同的开发环境所影响。

John Gossman 还提出了双向绑定，即模型和视图直接绑定，模型变化，视图可以响应，而视图变化模型也可以跟随着变化。使用 MVVM 模式，UI 问题的处理效率会大幅度提高。

6.1.2 MVVM 的分层与职责

MVVM 架构由模型（Model）层、视图（View）层和视图模型（ViewModel）层构成。

- Model 层：模型层，负责数据处理，包括网络数据和持久化数据的获取、加工等，在 Android 中典型的实现一般为数据结构的定义类，与 MVC 和 MVP 中的 Model 层类似。
- View 层：视图层，负责处理界面绘制，向用户展示 Model 数据，在 Android 中典型的实现一般为 Activity/Fragment 等，与 MVC 中的 View 层类似。
- ViewModel 层：视图模型层，负责处理业务逻辑相关的数据操作，不会与 View 产生依赖关系，在 Android 中，可以通过官方提供的 DataBinding 库实现视图层和模型层数据的双向绑定而不需要 ViewModel 层通知 View 层相关的数据变化。

MVVM 架构模型图如图 6.1 所示。

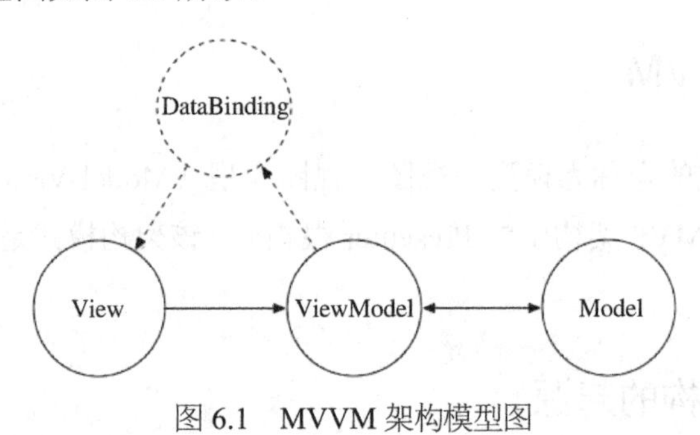

图 6.1　MVVM 架构模型图

6.2 MVVM 的核心思想

MVVM 的核心思想在于进一步解耦及基于观察者模式的数据驱动与双向绑定。

6.2.1 进一步解耦

不论是 MVC 的 Controller，还是 MVP 的 Presenter，它们都会与 View 发生直接或间接的依赖关系，通过 Controller/Presenter 来协调 View 和 Model 之间的交互，虽然 MVP 使用了面向接口编程实现了间接地将 Presenter 与 View 解耦，但这并不能解决本质问题，而且还带来了接口数量和复杂度的增长。

在 MVVM 中，ViewModel 不会持有 View 的引用，而是通过双向绑定机制来实现数据变化后的视图更新，它不再关心数据应该何时或如何展示在视图上，一切都由双向绑定机制来完成，所以，MVVM 在解耦程度上更进了一步，如图 6.2 所示。

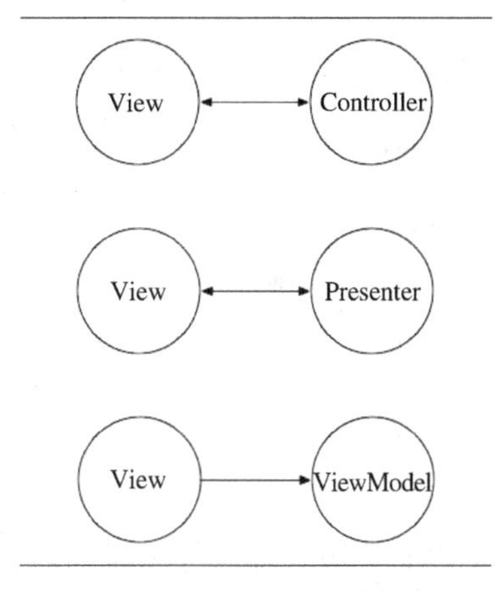

图 6.2　MVVM 进一步解耦

6.2.2　数据驱动

数据驱动编程是编程范式中的一种，它关注 Data 的变化，从 Data 中引发其他组件的变化，是一种基于事件的编程，其本质是观察者模式。

数据驱动可以阻止数据与功能之间产生耦合性，也可以从一种程度上提高开发效率，如图 6.3 所示。

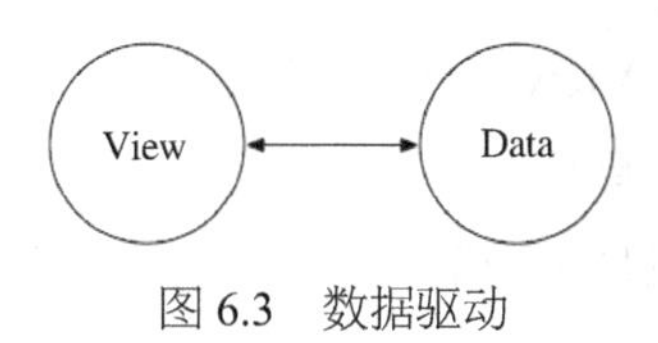

图 6.3　数据驱动

6.2.3　双向绑定

双向绑定是数据驱动的一种很好的表现方式，即通过观察者模式，实现 View 的变化能实时反馈到数据上，数据的变化也可以实时反馈到 View 上。双向绑定在单向绑定的基础上，还对 View 增加了事件状态改变的监听，通过监听来动态修改数据。

双向绑定也只是相对 View 而言的，非 View 的部分一般只存在单向绑定。单向绑定在代码追踪和事件追踪上比双向绑定更加具有优势，而双向绑定也具有解耦良好、开发效率高等优势。

单向绑定是 Data 的变化反馈到 View 上，双向绑定则是单向绑定与 View 的监听的共同协作，如图 6.4 所示。

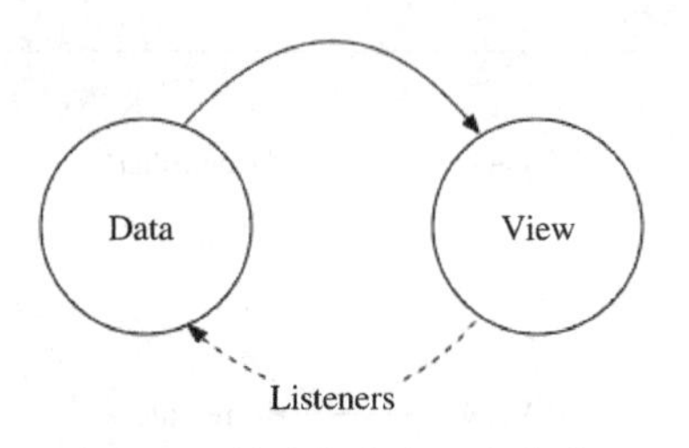

图 6.4　单向绑定和双向绑定

6.3　架构模式对比

我们经常会感到疑惑，MVVM 架构更合适什么样的软件系统？在前面的章节中已经提到了 MVC 架构和 MVP 架构，现在，我们来进行三种架构的对比吧。

6.3.1　MVC 与 MVVM

MVC 与 MVVM 的共同点是都实现了表现层分离，即 Model 与 View 组件分离。在 MVC 主动模式中，Model 修改不会影响 View 的状态；在 MVC 主动模式中，Model 与 View 实现了观察者模式。

对比 MVVM，MVC 模式具有以下优点：

- Controller 可以直接操作 View，更加灵活。
- 在调试跟踪上，MVC 更直观。
- 在架构理解上，MVC 更易于理解。

MVC 模式具有以下缺点：

- 架构组件耦合性大于 MVVM 架构。
- Controller 承担责任过重，更难维护。

对比 MVC，MVVM 模式具有以下优点：

- 一旦掌握了 MVVM 架构，开发效率更高。
- 解耦更加良好。

MVVM 模式具有以下缺点：

- 在小型项目上，会增加系统复杂度。
- 不易于理解。
- 更难以调试。

MVC 与 MVVM 对比如图 6.5 所示。

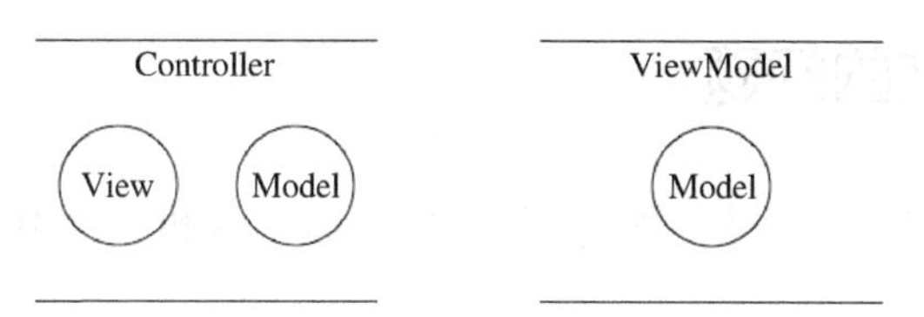

图 6.5　MVC 与 MVVM 对比

6.3.2　MVP 与 MVVM

MVP 与 MVVM 的共同点是都进一步进行了解耦，并且 Presenter 与 ViewModel 承担的责任更相似，都会负责处理业务逻辑，然后反馈到 UI 上，让 UI 自己处理展示逻辑，这符合德墨忒尔定律。

对比 MVVM，MVP 模式具有以下优点：

- 面向接口设计，修改更加直观清晰。
- 更利于测试，UI 与业务逻辑分离，通过接口交互。
- 学习成本更低。

MVP 模式具有以下缺点：

- 比 MVVM 架构具有更多的接口，需要更高的接口维护成本。
- Presenter 需要处理与 View 的交互，复杂度高。

对比 MVP，MVVM 模式具有以下优点：

- 不需要 ViewModel 与 View 频繁交互。
- 没有更多需要维护的接口。
- 处理业务逻辑的 ViewModel 的复杂度比 Presenter 更低。

MVVM 模式具有以下缺点：

- 学习成本更高。
- XML 定义的代码更难维护。
- 更难以调试。

MVP 与 MVVM 对比如图 6.6 所示。

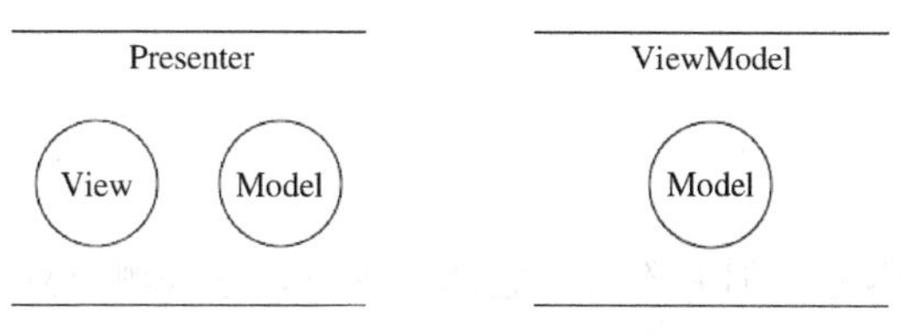

图 6.6　MVP 与 MVVM 对比

6.4 MVVM 存在的问题

MVVM 架构存在 ViewModel 难以复用、学习成本高和调试困难等问题。

6.4.1 ViewModel 难以复用

在 MVVM 中，ViewModel 与 View 虽然没有直接的依赖关系，但是 ViewModel 是为特定的 View 进行数据服务的，复用 ViewModel 于其他的 View 上会为系统带来更多的组件兼容问题。

当不同的 ViewModel 之间存在相同的业务逻辑时，会出现重复代码，而引入工具类处理也不是很好的解决方案，这和 Presenter 的复用问题同样棘手，如图 6.7 所示。

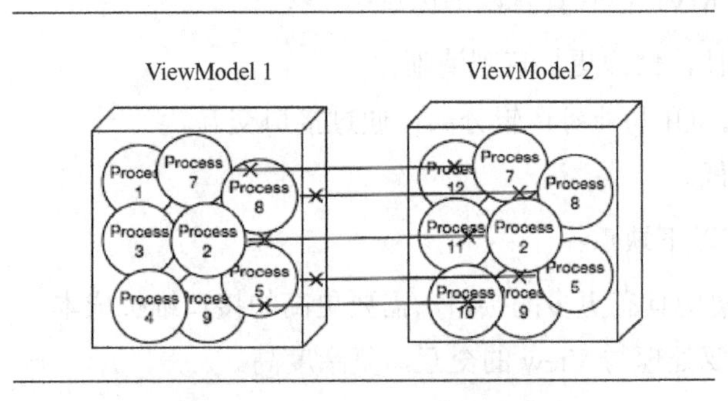

图 6.7　ViewModel 的复用问题

6.4.2 学习成本高

对于一个不熟悉双向绑定机制的开发者来说，学习 MVVM 架构是很困难的。首先，他需要了解双向绑定机制的编程思维。其次，他需要掌握观察者设计模式。

对于 View 与 ViewModel 之间的数据绑定，如果处理不好，会增加程序的维护成本。

在 Android 中，实现双向绑定还需要学习 DataBinding 等双向绑定框架，熟悉在 XML 中声明变量信息等。与传统的 Android 开发规则不同，这种设计需要使用新的思维方式来理解。

6.4.3 调试困难

MVVM 架构调试困难，但并不等于它测试困难，它在测试业务上仍然具有优势。因为 ViewModel 同 View 没有依赖关系，只是单纯地承担数据处理等责任，测试 ViewModel 更加简单。

而由于数据绑定机制，你的 Bug 通常很难进行代码跟踪和调试。界面的显示异常可能是 View 的错误导致的，也可能是 Data 的错误导致的，在双向绑定的情况下你无法很快确认问题源，如图 6.8 所示。

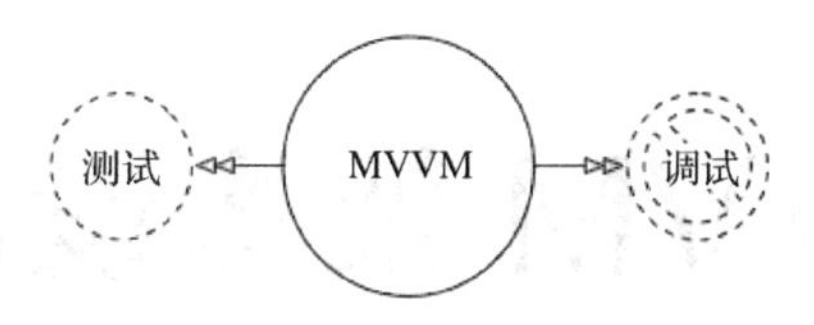

图 6.8　MVVM 测试与调试

6.5　小结

本章介绍了 MVVM 架构的起源和分层职责，分析了 MVVM 架构的核心思想，还对这三种架构进行了对比分析。最后，我们讨论了 MVVM 架构在现阶段存在的问题。

下一章将通过重构 MVP 架构为 MVVM 架构来了解 MVVM 架构的实现。

第 7 章

实战：MVVM 架构设计

本章将会改造基于 MVP 架构设计的日记 App，利用 Google 提供的数据绑定框架 DataBinding，使其成为 MVVM 架构模式。

7.1 什么是 DataBinding

DataBinding 是实现数据与 View 双向绑定的框架，是一个 Support 库，可以支持 Android 2.1（API 7+）以上的设备。

在 2015 年的 Google IO 大会上，Android UI Toolkit 团队的 George Mount 和 Yigit Boyar 带来了为 Android 开发的 DataBinding 框架。2016 年，在 Android 集成开发环境 Android Studio v2.0.0 上正式支持 DataBinding。

DataBinding 能够使开发者不用再写 findViewById、getText()、setText()等代码，减少“胶水代码”，即为了处理界面数据和状态同步的集合体。

DataBinding 允许你将变量通过表达式链接到布局的 View 属性中，你可以像下面这样定义布局：

```
<layout xmlns:android=http://schemas.android.com/apk/res/android
        xmlns:app="http://schemas.android.com/apk/res-auto">
    <data>
        <variable
            name="viewmodel"
            type="com.imuxuan.core.ViewModel" />
    </data>
    <!-- UI 定义 -->
    <LinearLayout... />
</layout>
```

7.2 重构：从 MVP 到 MVVM

本节我们将对 MVP 架构设计的日记 App 的日记列表功能进行重构，使其符合 MVVM 架构设计。

7.2.1　配置 DataBinding 支持

在项目 Module→main 下的 build.gradle 文件中增加 DataBinding 相关配置。build.gradle 文件位置如图 7.1 所示。

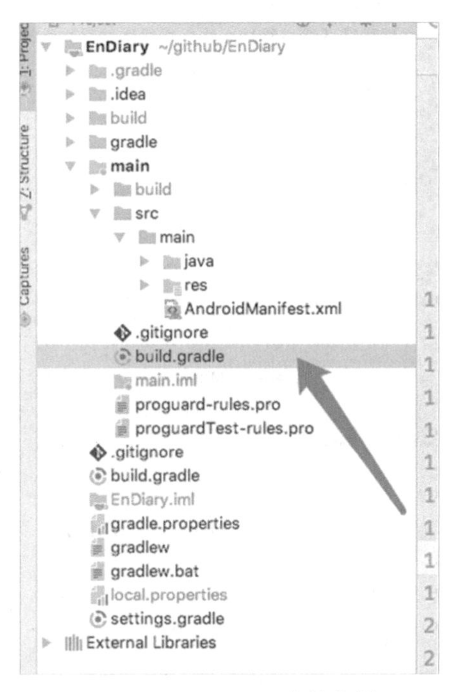

图 7.1　build.gradle 文件位置

在 build.gradle 的 android 下增加如下代码：

```
android {
    ...
    dataBinding {
        enabled = true
    }
}
```

7.2.2　修改 Presenter 为 ViewModel

MVP 中的 Presenter 与 MVVM 中的 ViewModel 都承担处理业务逻辑的责任，两者更为相似。可以直接通过 Android Studio 提供的重构工具，将 DiariesPresenter 重命名为 DiariesViewModel，如图 7.2 所示。

也可以在类名上直接通过快捷键进行修改，在 Mac 下的重命名快捷键为 Shift+F6，如图 7.3 所示。

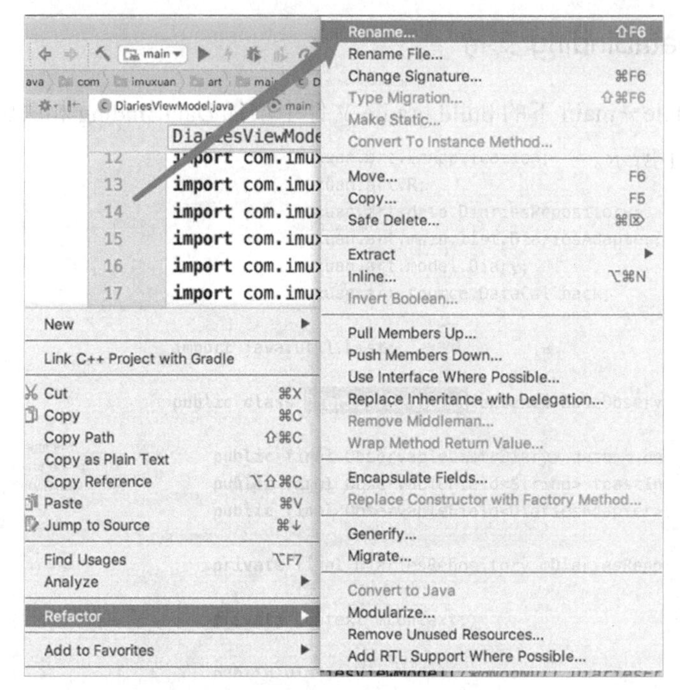

图 7.2　重命名为 DiariesViewModel

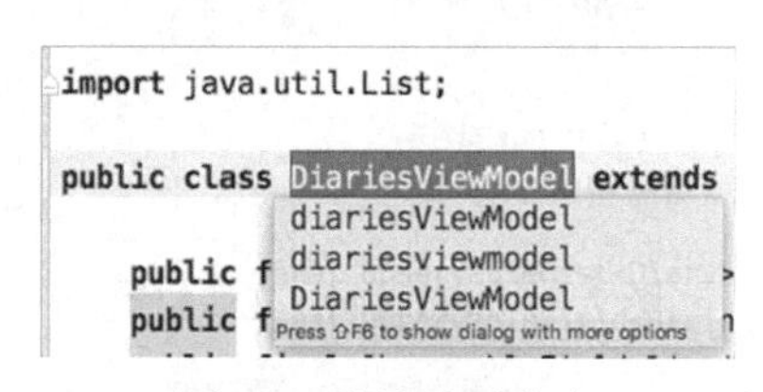

图 7.3　快捷键重命名

7.2.3　消除契约类

MVVM 不再需要 MVP 中定义的复杂的接口与契约类，通过重构工具，可以方便地消除这些接口。

在契约类 DiariesContract 中的 View 接口上，单击鼠标右键，在弹出的快捷菜单中选择 Refactor→Inline 命名，对接口进行内联操作，如图 7.4 所示。

弹出图 7.5 所示窗口，默认选择 As is 和 Inline all references and remove the class，单击“Refactor”按钮。

内联操作完成后，可以看到 DiariesFragment 已不再实现契约类中的 View 接口，而是替换成了 BaseView 接口，这是因为契约类中的 View 接口继承自 BaseView 接口，如图 7.6 所示。

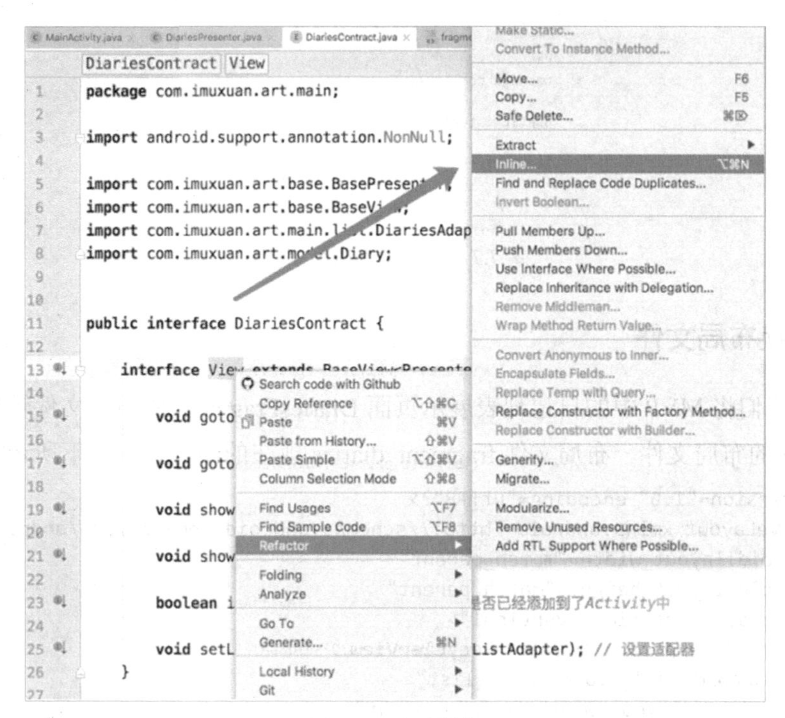

图 7.4　内联操作

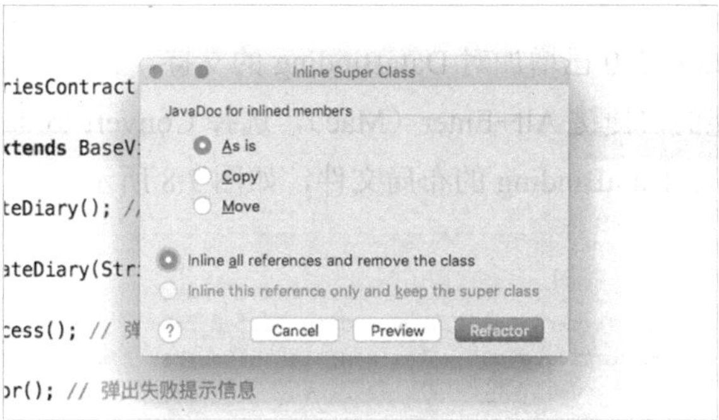

图 7.5　内联选项

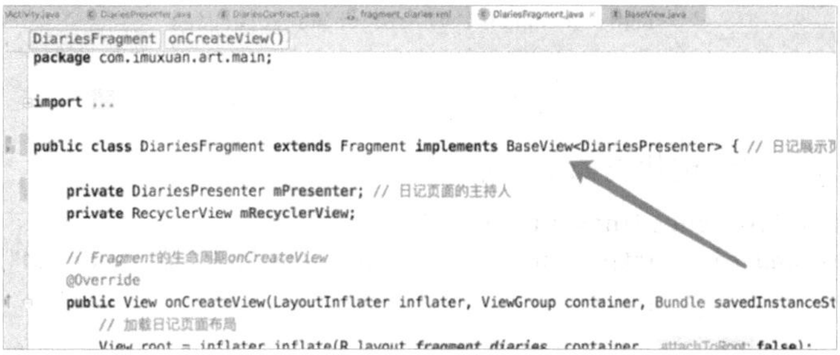

图 7.6　内联完成

对契约类的 Presenter 接口重复上述操作后，契约类变为空接口，并且不再被其他代码所引用，变为无用类，可以直接删除，如图 7.7 所示。

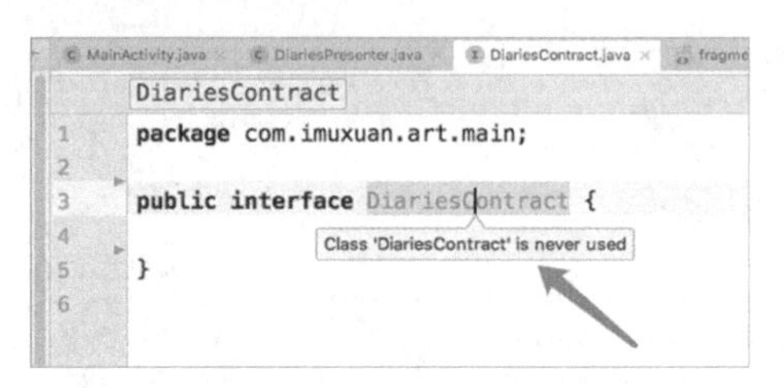

图 7.7　契约类不再被引用

7.2.4　转换布局文件

现在，我们将 MVP 中的日记列表展示页面 DiariesFragment 的布局文件转换为适用于 DataBinding 的布局文件。布局文件 fragment_diaries 现在的结构代码如下所示：

```
<?xml version="1.0" encoding="utf-8"?>
<RelativeLayout xmlns:android="http://schemas.android.com/apk/res/android"
    android:layout_width="match_parent"
    android:layout_height="match_parent"
    android:orientation="vertical">
    <android.support.v7.widget.RecyclerView
        android:id="@+id/diaries_list"
        android:layout_width="match_parent"
        android:layout_height="wrap_content" />
</RelativeLayout>
```

版本 Android Studio 3.0 已增加对 DataBinding 的支持，直接在布局文件中使用 Show Intention Actions 功能的快捷键 Alt+Enter（Mac），选择 Convert to data binding layout，将布局文件转换为适用于 DataBinding 的布局文件，如图 7.8 所示。

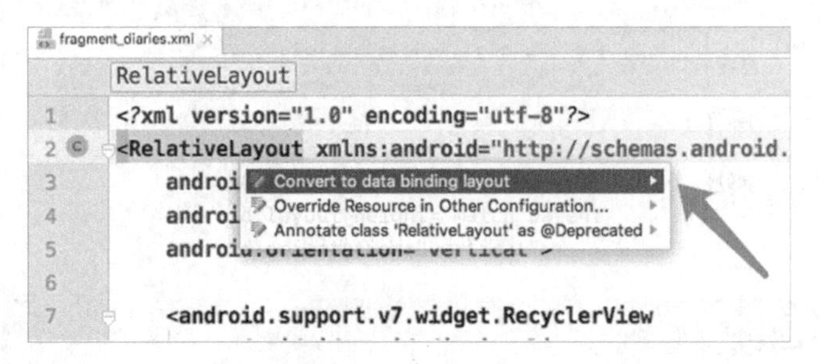

图 7.8　转换布局文件

转换后的布局文件结构代码如下所示：

```
<?xml version="1.0" encoding="utf-8"?>
<layout xmlns:android="http://schemas.android.com/apk/res/android">
    <data>
    </data>
    <RelativeLayout
        android:layout_width="match_parent"
        android:layout_height="match_parent"
        android:orientation="vertical">
        <android.support.v7.widget.RecyclerView
```

```
            android:id="@+id/diaries_list"
            android:layout_width="match_parent"
            android:layout_height="wrap_content" />
    </RelativeLayout>
</layout>
```

7.2.5　在布局中加入变量和表达式

在 DataBinding 布局中，以 layout 标记开头，后面跟随 data 标签和 view 相关元素。在 data 标签中定义可以在此布局中使用的变量信息。

我们将 RecyclerView 的 LinearLayoutManager 定义为变量 layoutManager，加入布局中，代码如下所示：

```
<!--DataBinding 的数据信息，其中只能有一对 data 标签-->
<data>
    <!--变量标签，在 data 标签中可以存在多个 variable 标签-->
    <variable
        name="layoutManager"
        type="android.support.v7.widget.LinearLayoutManager" />
</data>
```

也可以通过 import 标签将 LinearLayoutManager 导入，在 variable 标签中的 type 处直接引用 LinearLayoutManager。

```
<!--DataBinding 的数据信息，其中只能有一对 data 标签-->
<data>
    <!--导入包-->
    <import type="android.support.v7.widget.LinearLayoutManager" />
    <!--变量标签，在 data 标签中可以存在多个 variable 标签-->
    <variable
        name="layoutManager"
        type="LinearLayoutManager" />
</data>
```

使用“@{}”表达式可以将变量引用到控件的属性中，代码如下所示。设置 RecyclerView 的 layoutManager 属性为"@{layoutManager}"，引用前面定义的 layoutManager 变量。

```
<RelativeLayout
    android:layout_width="match_parent"
    android:layout_height="match_parent"
    android:orientation="vertical">
    <!--列表控件-->
    <android.support.v7.widget.RecyclerView
        android:id="@+id/diaries_list"
        android:layout_width="match_parent"
        android:layout_height="wrap_content"
        app:layoutManager="@{layoutManager}" />
</RelativeLayout>
```

7.2.6 ViewModel 继承 BaseObservable

将 DiariesViewModel 改为继承自 DataBinding 库提供的 BaseObservable，删除 Presenter 生命周期方法 destory。

```
public class DiariesViewModel extends BaseObservable {

    public void start() {
        initAdapter(); // 初始化适配器
        loadDiaries(); // 加载日记数据
    }
}
```

而 BaseObservable 类主要提供实现观察者模式的相关方法，如添加观察者、移除观察者、通知观察者属性发生变化等。

```
// 实现 Observable 接口，提供处理观察者模式方法的类
public class BaseObservable implements Observable {
    private transient PropertyChangeRegistry mCallbacks;
    public BaseObservable() {
    }
    // 添加事件监听器
    public void addOnPropertyChangedCallback(OnPropertyChangedCallback callback) {
        synchronized(this) {
            if(this.mCallbacks == null) {
                this.mCallbacks = new PropertyChangeRegistry();
            }
        }
        this.mCallbacks.add(callback);
    }
    // 移除事件监听器
    public void removeOnPropertyChangedCallback(OnPropertyChangedCallback callback) {
        synchronized(this) {
            if(this.mCallbacks == null) {
                return;
            }
        }
        this.mCallbacks.remove(callback);
    }
    public void notifyChange() { // 通知观察者，所有属性发生变化
        synchronized(this) {
            if(this.mCallbacks == null) {
                return;
            }
        }
        this.mCallbacks.notifyCallbacks(this, 0, (Object)null);
    }
    public void notifyPropertyChanged(int fieldId) { // 通知观察者，属性发生变化
        synchronized(this) {
            if(this.mCallbacks == null) {
                return;
            }
        }
```

```
        this.mCallbacks.notifyCallbacks(this, fieldId, (Object)null);
    }
}
```

Observable 接口定义的是一些实现观察者模式的相关方法声明。

```
public interface Observable {
    void addOnPropertyChangedCallback(Observable.OnPropertyChangedCallback var1);
    void removeOnPropertyChangedCallback(Observable.OnPropertyChangedCallback var1);
    public abstract static class OnPropertyChangedCallback {
        public OnPropertyChangedCallback() {
        }
        public abstract void onPropertyChanged(Observable var1, int var2);
    }
}
```

7.2.7　在 XML 布局文件中定义列表数据属性

在 XML 布局文件 fragment_diaries 中定义 RecyclerView 的列表数据属性。“app:data”属性是我们定义的列表数据属性，“app”是命名空间，在 layout 标签下通过“xmlns:app=http://schemas.android.com/apk/res-auto”引入代表应用中自定义的属性。

定义变量 viewModel 类型为日记列表视图模型 DiariesViewModel。通过表达式"@{viewModel.data}"引用 ViewModel 中的成员变量 data。

```
<?xml version="1.0" encoding="utf-8"?>
<layout xmlns:android="http://schemas.android.com/apk/res/android"
    xmlns:app="http://schemas.android.com/apk/res-auto">
    <!--DataBinding 的数据信息，其中只能有一对 data 标签-->
    <data>
        <!--导入包-->
        <import type="com.imuxuan.art.main.DiariesViewModel" />
        <import type="android.support.v7.widget.LinearLayoutManager" />
        <!--变量标签，在 data 标签中可以存在多个 variable 标签-->
        <variable
            name="viewModel"
            type="DiariesViewModel" />
        <variable
            name="layoutManager"
            type="LinearLayoutManager" />
    </data>
    <RelativeLayout
        android:layout_width="match_parent"
        android:layout_height="match_parent"
        android:orientation="vertical">
        <!--列表控件-->
        <android.support.v7.widget.RecyclerView
            android:id="@+id/diaries_list"
            android:layout_width="match_parent"
            android:layout_height="wrap_content"
            app:data="@{viewModel.data}"
            app:layoutManager="@{layoutManager}" />
```

```
    </RelativeLayout>
</layout>
```

data 定义在 ViewModel 中，为 DataBinding 库提供的 ObservableList 类型，其实现为 ObservableArrayList。

```
public final ObservableList<Diary> data = new ObservableArrayList<>();
```

ObservableList 接口中定义的是实现 List 更改监听的相关方法，可以帮助 RecyclerView，在项目增加、删除、修改、查询时，不需重新加载整个列表。

```
public interface ObservableList<T> extends List<T> {
    void addOnListChangedCallback(ObservableList.OnListChangedCallback<? extends
ObservableList<T>> var1); // 添加回调，当 List 被更改时将会收到通知
    void removeOnListChangedCallback(ObservableList.OnListChangedCallback<? extends
ObservableList<T>> var1); // 移除回调
    // 定义 List 被更改时的相关事件
    public abstract static class OnListChangedCallback<T extends ObservableList> {
        public OnListChangedCallback() {
        }
        public abstract void onChanged(T var1);
        public abstract void onItemRangeChanged(T var1, int var2, int var3);
        public abstract void onItemRangeInserted(T var1, int var2, int var3);
        public abstract void onItemRangeMoved(T var1, int var2, int var3, int var4);
        public abstract void onItemRangeRemoved(T var1, int var2, int var3);
    }
}
```

ObservableArrayList 是 ArrayList 的子类，实现 ObservableList 接口。ListChangeRegistry 是管理 ObservableList 回调的类。

```
public class ObservableArrayList<T> extends ArrayList<T> implements ObservableList<T> {
    // 管理 ObservableList 的回调
    private transient ListChangeRegistry mListeners = new ListChangeRegistry();
    @Override
    // 添加回调，当 List 被更改时将会收到通知
    public void addOnListChangedCallback(OnListChangedCallback listener) {
        if (mListeners == null) {
            mListeners = new ListChangeRegistry();
        }
        mListeners.add(listener);
    }
    // 移除回调
    @Override
    public void removeOnListChangedCallback(OnListChangedCallback listener) {
        if (mListeners != null) {
            mListeners.remove(listener);
        }
    }
    …
}
```

7.2.8　使用 BindingAdapter 处理自定义属性

BindingAdapter 绑定适配器是 DataBinding 库提供的用于处理自定义属性赋值的注解。它可以将自定义属性和方法绑定起来，当自定义属性赋值时，会调用被绑定的方法设置操作。

创建一个类 DiariesListBindings 来处理前面设置的 RecyclerView 自定义属性“app:data”的赋值操作。

BindingAdapter 注解可以标记在方法上，并且标记的方法第一个参数类型必须为 View 类型，也就是我们要操作的 View；第二个属性则是我们传入的数据。

创建 setData 方法，第一个参数为需要处理的 RecyclerView，第二个参数为填充列表的日记集合数据。

```
public class DiariesListBindings {
    @SuppressWarnings("unchecked")
    @BindingAdapter("data")
    public static void setData(RecyclerView recyclerView, List<Diary> data) {
        // 获取 Adapter
        DiariesAdapter adapter = (DiariesAdapter) recyclerView.getAdapter();
        if (adapter == null) {
            return;
        }
        adapter.update(data); // 更新 Adapter 中的数据
    }
}
```

在代码编译期间，会对 View 定义的属性进行扫描分析，如果自定义属性使用了 DataBinding 表达式“{@}”，就会去查找 BindingAdapter 注解标记的方法，并调用方法进行赋值。

你还需要注意一点，在 BindingAdapter 的 value 部分定义的属性不要携带命名空间前缀，不要像下面的代码这样，BindingAdapter 注解只关心命名空间后面的属性名称。

```
@BindingAdapter("app:data")
```

否则，你会收到编译器的警告“Application namespace for attribute app:data will be ignored”，App 仍然可以运行，但是这种提醒看起来总会让人觉得很奇怪，如图 7.9 所示。

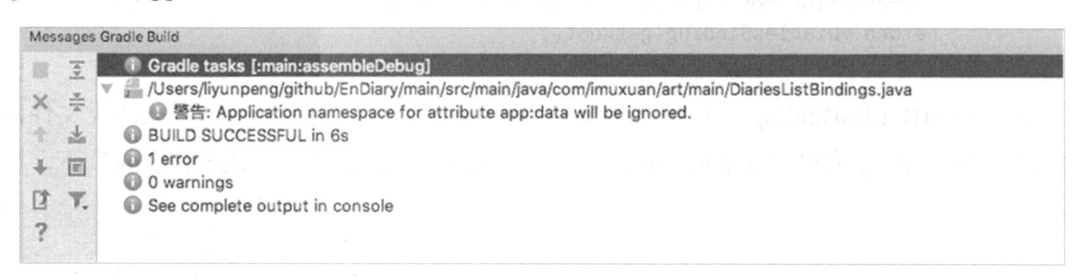

图 7.9　开发环境警告

7.2.9 绘制 View 布局

现在，将 View 部分改编为标准的 MVVM 架构模式中的 View。首先，需要改变 Activity 中 ViewModel 与 Fragment 绑定的部分，我们先在 Fragment 中重构掉之前的 setPresenter 方法，提供 ViewModel 的设置方法。

```
    private DiariesViewModel mViewModel;
//    private DiariesContract.Presenter mPresenter; // 日记页面的主持人
    public void setViewModel(DiariesViewModel viewModel) {
        mViewModel = viewModel;
    }
//    @Override
//    public void setPresenter(@NonNull DiariesViewModel presenter) {
//        mPresenter = presenter; // 设置主持人
//    }
```

在 MainActivity 中初始化 Fragment 时，传入 DiariesViewModel 的实例。

```
    private void initFragment() {
        ......
// 设置主持人
//        diariesFragment.setPresenter(new DiariesViewModel(diariesFragment));
        diariesFragment.setViewModel(new DiariesViewModel(this));
    }
```

接下来，我们修改 Fragment 设置布局的部分。在 onCreateView 方法中，我们不再需要使用 LayoutInflater 进行布局的设置，可以通过自动生成的 FragmentDiariesBinding 来完成布局的创建。

```
    private FragmentDiariesBinding mDiariesBinding;
    @Override
    public View onCreateView(LayoutInflater inflater, ViewGroup container, Bundle 
savedInstanceState) {
        // 加载日记页面的布局文件
//        View root = inflater.inflate(R.layout.fragment_diaries, container, false);
        mDiariesBinding = FragmentDiariesBinding.inflate(inflater, container, false);
        mDiariesBinding.setViewModel(mViewModel);
        mDiariesBinding.setLayoutManager(new LinearLayoutManager(getContext()));
//        this.mRecyclerView = root.findViewById(R.id.diaries_list);
        // 将日记列表控件传入控制器
        initDiariesList();
        setHasOptionsMenu(true); // 开启页面的菜单功能
        return mDiariesBinding.getRoot();
    }
```

FragmentDiariesBinding 是根据布局文件 fragment_diaries 的命名自动生成的类文件，被放在“'module 名称'/build/intermediates/classes/debug/'pakage 名称'+databinding”下，如图 7.10 所示。

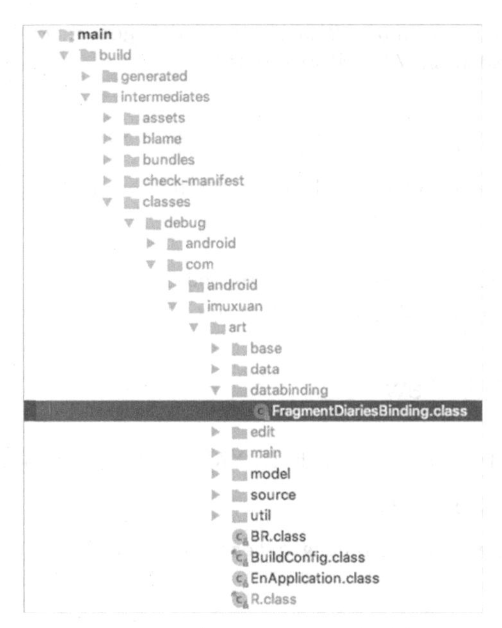

图 7.10　生成的 DataBinding 文件位置

7.2.10　为 View 属性赋值

FragmentDiariesBinding 类文件中已经默认生成了 XML 中定义的属性的 Setter 赋值器和 Getter 取值器，可以通过 FragmentDiariesBinding 对属性进行赋值操作。mDirtyFlags 是变量更新的标记，用来判断对象是否发生了变化。

```
    public void setLayoutManager(@Nullable android.support.v7.widget.LinearLayout
Manager LayoutManager) {
        this.mLayoutManager = LayoutManager;      // 设置 LayoutManager
        synchronized(this) {
            mDirtyFlags |= 0x4L;                  // 属性更新标记
        }
        notifyPropertyChanged(BR.layoutManager); // 通知属性被更新
        super.requestRebind();
    }
    @Nullable
    public android.support.v7.widget.LinearLayoutManager getLayoutManager() {
        return mLayoutManager;                    // 获取 LayoutManager
    }
    public void setViewModel(@Nullable com.imuxuan.art.main.DiariesViewModel View
Model) {
        updateRegistration(1, ViewModel);
        this.mViewModel = ViewModel;
        synchronized(this) {
            mDirtyFlags |= 0x2L;                  // 属性更新标记
        }
        notifyPropertyChanged(BR.viewModel);     // 通知属性被更新
        super.requestRebind();
    }
    @Nullable
```

```
public com.imuxuan.art.main.DiariesViewModel getViewModel() {
    return mViewModel; // 获取 ViewModel
}
```

通过调用 FragmentDiariesBinding 的赋值器，将 XML 定义的属性类型对应的实例传入，Setter 会调用 notifyPropertyChanged 方法来通知 View 属性发生变化，进行相应的更新操作。

```
mDiariesBinding.setViewModel(mViewModel);
mDiariesBinding.setLayoutManager(new LinearLayoutManager(getContext()));
```

7.2.11 找到 XML 中的 View

FragmentDiariesBinding 中会保存我们在 XML 中自定义的 View 对象，我们不需要再通过 findViewById 进行 View 查找。

```
public class FragmentDiariesBinding extends android.databinding.ViewDataBinding  {
    // views
    @NonNull
    public final android.support.v7.widget.RecyclerView diariesList;
}
```

调用 initDiariesList 方法进行 RecyclerView 的定制，通过 mDiariesBinding.diariesList 可以获取 mDiariesBinding 中保存的 RecyclerView 对象。

```
    public void initDiariesList() { // 配置日记列表
          // 设置日记列表为线性布局
//        mRecyclerView.setLayoutManager(new LinearLayoutManager(getContext()));
        mDiariesBinding.diariesList.addItemDecoration(
                // 为列表条目添加分割线
                new DividerItemDecoration(getContext(), DividerItemDecoration.VERTICAL)
        );
        // 设置列表默认动画
        mDiariesBinding.diariesList.setItemAnimator(new DefaultItemAnimator());
    }
```

在布局中设置属性使用表达式的 View，会通过 DataBinding 生成的 XML 设置 Tag，在 DataBinding 生成代码时，通过 Tag 找到这些 View，从而使得 View 能够一一对应。

7.2.12 ObservableField 原理

ObservableField 是一个对象包装类，继承自 BaseObservable，使包装对象支持观察者模式。创建 ObservableField 并不会创建一个新的被包装对象。

```
public class ObservableField<T> extends BaseObservable implements Serializable {
    static final long serialVersionUID = 1L;
    private T mValue;
    public ObservableField(T value) { // 包装对象
        mValue = value;
    }
    public ObservableField() {
```

```
    }
    public T get() {              // 返回保存的对象
        return mValue;
    }
    public void set(T value) { // 修改保存的对象
        if (value != mValue) {
            mValue = value;
            notifyChange();      // 通知对象发生变化
        }
    }
}
```

当通过 set 方法改变观察的对象时，会通过调用父类 BaseObservable 中的 notifyChange 方法通知相应的观察者：对象发生了变化，并进行相应操作。

```
public void notifyChange() {
    synchronized (this) {
        if (mCallbacks == null) {
            return;
        }
    }
    mCallbacks.notifyCallbacks(this, 0, null);
}
```

而观察者就是通过 addOnPropertyChangedCallback 注册进来的。

```
@Override
public void addOnPropertyChangedCallback(OnPropertyChangedCallback callback) {
    synchronized (this) {
        if (mCallbacks == null) {
            mCallbacks = new PropertyChangeRegistry();
        }
    }
    mCallbacks.add(callback);
}
```

ObservableField 用于观察对象，而前面提到的 ObservableList 用于观察集合，它们的原理是相同的。

7.2.13　使用 ObservableField

在 DiariesViewModel 中添加两个 ObservableField，用于初始化 Adapter 和弹出 Toast。

```
public final ObservableField<String> toastInfo = new ObservableField<>();
public final ObservableField<DiariesAdapter> listAdapter = new ObservableField<>();
```

在界面开始时初始化适配器 Adapter。

```
public void start() {
    initAdapter(); // 初始化适配器
    loadDiaries(); // 加载日记数据
}
```

通过调用 ObservableField 类型的 listAdapter 的 set 方法，发送 Adapter 初始化完成的

通知。

```
    private void initAdapter() { // 初始化适配器
        DiariesAdapter diariesAdapter = new DiariesAdapter();
        // 设置列表条目的长按事件的监听器
        diariesAdapter.setOnLongClickListener(new DiariesAdapter.OnLongClickListener
<Diary>() {
            @Override
            public boolean onLongClick(View v, Diary data) {
                updateDiary(data); // 更新日记
                return false;
            }
        });
//        mView.setListAdapter(diariesAdapter);
        listAdapter.set(diariesAdapter);
    }
```

在日记数据加载失败时，通过调用 toastInfo 的 set 方法，修改要弹出的 Toast 信息。

```
    public void loadDiaries() {             // 加载日记数据
        // 通过数据仓库获取数据
        mDiariesRepository.getAll(new DataCallback<List<Diary>>() {
            @Override
            public void onSuccess(List<Diary> diaryList) {
//                if (!mView.isActive()) { // 若视图未被添加，则返回
//                    return;
//                }
                updateDiaries(diaryList); // 数据获取成功，处理数据
            }
            @Override
            public void onError() {
//                if (!mView.isActive()) { // 若视图未被添加，则返回
//                    return;
//                }
//                mView.showError();       // 数据获取失败，弹出错误提示
                toastInfo.set(EnApplication.get().getString(R.string.error));
            }
        });
    }
```

在 DiariesFragment 中，初始化观察对象变化的监听。在 onActivityCreated 生命周期内初始化 RecyclerView 和 Toast。

```
    @Override
    public void onActivityCreated(@Nullable Bundle savedInstanceState) {
        super.onActivityCreated(savedInstanceState);
        initRecyclerView();
        initToast();
    }
```

在两个方法中，分别调用 addOnPropertyChangedCallback 监听属性变化事件，在调用 ViewModel 中的 listAdapter 和 toastInfo 的 set 方法时，通过 DataBinding 的 notifyChange 方法，就可以通知所有观察者属性发生变化，回调到 onPropertyChanged 中。通过 listAdapter

和 toastInfo 的 get 方法，可以获取变化后的数据，更新到显示界面上。

```
private void initRecyclerView() {
    mViewModel.listAdapter.addOnPropertyChangedCallback(new Observable.OnProperty
ChangedCallback() {
        @Override
        public void onPropertyChanged(Observable observable, int i) {
            setListAdapter(mViewModel.listAdapter.get());
        }
    });
}
private void initToast() {
    mViewModel.toastInfo.addOnPropertyChangedCallback(new Observable.OnProperty
ChangedCallback() {
        @Override
        public void onPropertyChanged(Observable observable, int i) {
            showMessage(mViewModel.toastInfo.get());
        }
    });
}
```

7.2.14　使用 ObservableList

在加载日记数据，数据获取成功后，我们需要更新日记数据，使其能显示在列表上。

```
public void loadDiaries() {            // 加载日记数据
    // 通过数据仓库获取数据
    mDiariesRepository.getAll(new DataCallback<List<Diary>>() {
        @Override
        public void onSuccess(List<Diary> diaryList) {
            ……
            updateDiaries(diaryList); // 数据获取成功，处理数据
        }
        @Override
        public void onError() {
            ……
        }
    });
}
```

updateDiaries 方法可以清空 ObservableList 包装的 List 中的数据，将获取的新数据填充到 ObservableList 中，并通知观察者数据发生变化。

```
    public final ObservableList<Diary> data = new ObservableArrayList<>();
    private void updateDiaries(List<Diary> diaries) {
//        mListAdapter.update(diaries); // 更新列表中的日记数据
        data.clear();
        data.addAll(diaries);
    }
```

DiariesListBindings 会通过 BindingAdapter 注解与 DataBinding 生成的代码，接收相应的事件变化，通知 Adapter 数据更新。

```
public class DiariesListBindings {
    @SuppressWarnings("unchecked")
    @BindingAdapter("data")
    public static void setData(RecyclerView recyclerView, List<Diary> data) {
        // 获取 Adapter
        DiariesAdapter adapter = (DiariesAdapter) recyclerView.getAdapter();
        if (adapter == null) {
            return;
        }
        adapter.update(data); // 更新 Adapter 中的数据
    }
}
```

而 Adapter 还像以往一样，处理 Holder 相关的工作，使数据正常展示在界面上。关于 Adapter 的实现，在前面的 MVC 和 MVP 架构实战中已经讨论过，在此不再赘述。

7.3 小结

看似神秘的 DataBinding，在我们逐层分析与讨论下，不知道你是否还觉得它十分神秘？

重构 MVP 架构为 MVVM 架构，我们只讲述了日记列表的操作步骤，而日记修改页面的操作步骤也是大同小异，所以本章不会再展开重复讨论，相信你一定可以举一反三。

在此小结通过 DataBinding 实现 MVVM 架构的操作步骤：

（1）配置 Gradle 支持 DataBinding。

（2）创建 View 和布局文件。

（3）创建 ViewModel，继承 BaseObservable。

（4）转换布局文件为适用于 DataBinding 的布局文件。

（5）创建 View 和 ViewModel 关联关系。

（6）加载 Fragment 的布局，设置 XML 布局文件中声明的变量信息。

（7）创建可观察的对象、集合等。

（8）设置对象变化的监听等。

除了以上步骤，还有一些业务逻辑的处理。一旦掌握了 MVVM 架构模式，相信你会因为它代码的简洁和开发效率的提升而对它爱不释手的，纵然它也存在一些缺点。

第 8 章 依赖注入：Dagger2 锋利的“匕首”

依赖注入在后端领域开发中是一项非常流行的设计模式，在 Google 接手了 Dagger 的开发工作后，依赖注入在移动端也日趋火热。本章我们在前面介绍的 MVP 架构的基础上，通过讲解 Dagger2 来使读者了解依赖注入框架的使用方法，并将其应用在“我的日记”App 中。

8.1 什么是 Dagger

Dagger 是一个适用于 Java 和 Android 开发的编译时注解解析依赖注入框架，最早是由 Square 公司——美国的一家移动支付公司开源的，后来由 Google 进行维护。Dagger2 是在 Dagger1 基础上开发的一个新版本，与 Dagger1 有很多的相似之处，在 API 上，Dagger2 进行了较多变更。要认识这一设计模式，首先，我们需要了解什么是依赖注入。

8.1.1 依赖注入

2004 年 1 月，英国著名软件工程师 Martion Fowler 发表了一篇针对 Java 社群掀起的轻量级容器热潮的讨论文章——*Inversion of Control Containers and the Dependency Injection pattern*，人们将这个模式称为控制反转（Inversion of Control，IoC），他在与多位 IoC 的爱好者讨论后，给这个模式起了一个新的名字——依赖注入。

依赖注入（Dependency Injection，DI），由一个装配器来创建对象，并将对象的实例传递给需要依赖的对象，其目的在于降低对象之间的耦合性。

在 Java 中，有几种常见的场景，可以确定对象 1 和对象 2 具有依赖关系：

- 对象 1 是对象 2 方法中的参数。
- 对象 1 是对象 2 的成员变量。

- 对象 1 是对象 2 方法中的局部变量。
- 对象 1 的静态方法被对象 2 调用。

可以将对象 1 与对象 2 具有依赖关系简单地理解为对象 1 被对象 2 使用。

代码耦合性是衡量类与类或模块与模块之间的依赖关系的标准之一，利用依赖注入的方式，开发者无须创建对象，而是依靠装配器将对象的依赖注入。对象之间的依赖关系处理，在没有使用依赖注入前，如图 8.1 所示。

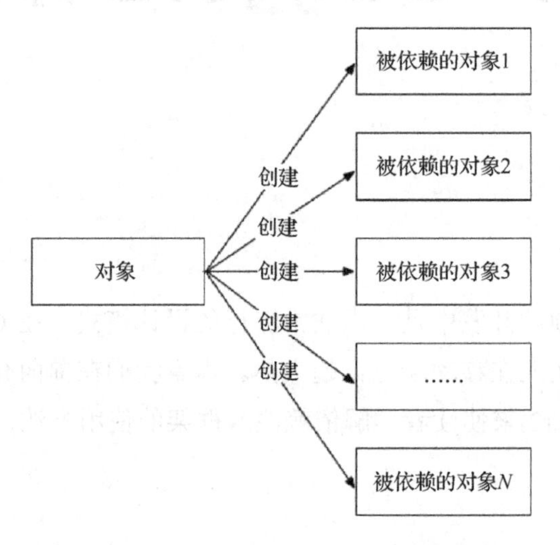

图 8.1　对象之间的依赖关系的处理

使用依赖注入后，对象的创建由装配器来完成，而对象使用被依赖的对象，则需要请求装配器，由装配器将被依赖对象的实体注入发起请求的对象中，如图 8.2 所示。

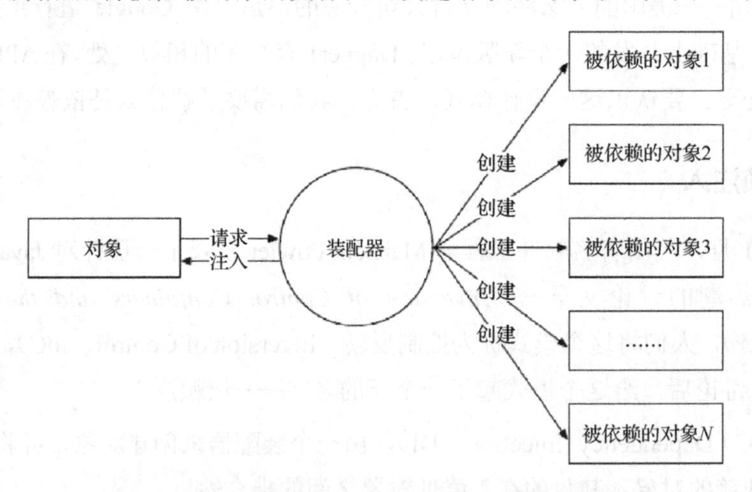

图 8.2　依赖注入管理的对象依赖关系

依赖注入和控制反转描述的是相似的概念，控制反转历史更悠久，范围更广一些，而在移动开发领域中，依赖注入更为流行。

可以简单地将 Dagger 理解为这样的一个框架：基于编译时注解解析，可以创建对象与对象之间依赖关系的容器与被依赖对象的实例，并将依赖关系注入所需的对象中的框架。那么，什么又是编译时注解解析呢？

8.1.2　编译时注解解析

传统的依赖注入框架 Spring IoC 和 Google Guice 都是利用 Java 的反射机制来实现依赖注入的，反射机制可以允许程序在运行时获取和修改自身信息的行为，但同样也会导致 Java 虚拟机的部分优化行为无法作用，并且动态加载会更耗时，所以，反射机制会损耗程序性能，如图 8.3 所示。

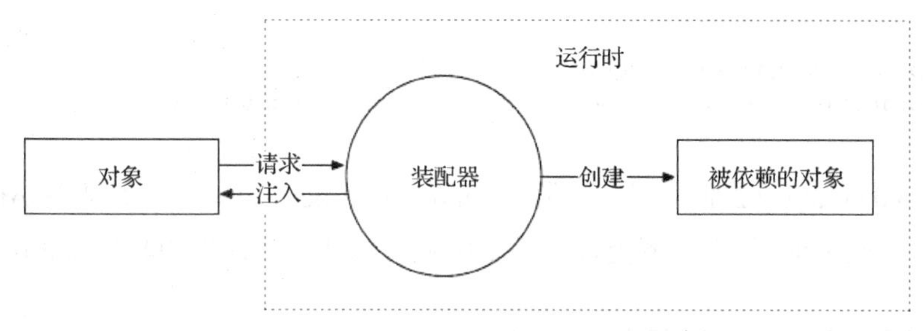

图 8.3　传统依赖注入框架实现

而 Dagger2 是基于编译时注解解析，在编译期间进行依赖注入的框架，它并没有像传统的依赖注入框架那样使用反射机制，在性能上具有优势。

注解是 Java 代码中的一种特殊扩展标记，可以在编译或运行期间被读取，提供一些标记信息。注解处理器（Annotation Processor Tool，APT）是 Javac 的一个工具，用于编译时处理注解，生成 Java 文件。Dagger2 就是利用注解处理器，在编译期间解析注解，生成相应的装配器等，完成依赖注入，如图 8.4 所示。

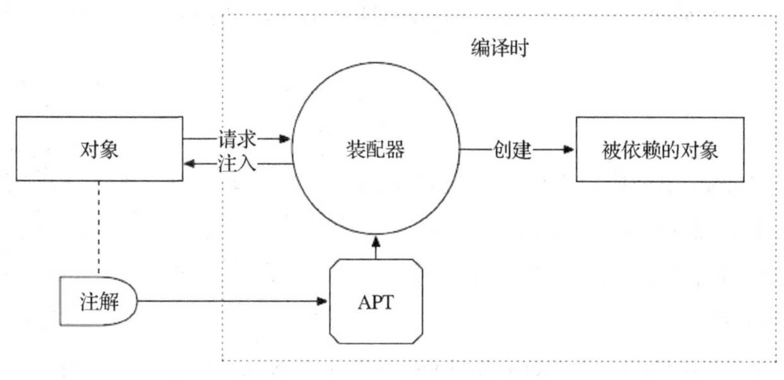

图 8.4　Dagger 依赖注入实现

8.2 实现：将Dagger2加入MVP

本节将在基于MVP流行架构设计的“我的日记”App中加入Dagger2支持，以实现依赖注入。

8.2.1 配置Dagger2

首先，需要在项目中引入Dagger2，在本实例中使用的Dagger版本为2.16，在日记main module下的build.gradle文件的dependencies中加入如下配置。其中annotation Processor是注解处理器的一种。

```
dependencies {
    ......
    compile 'com.google.dagger:dagger:2.16'
    annotationProcessor 'com.google.dagger:dagger-compiler:2.16'
}
```

在Android Gradle 2.2版本后，提供了annotationProcessor功能，以支持Android中的注解处理器，在此之前，使用注解处理器需要单独引入开发者提供的其他android-apt工具。

8.2.2 确定数据仓库改造目标

在前面已经对Dagger实现依赖注入做了简单的介绍，在“我的日记”App项目中，数据仓库是一个较为独立的整体部分，MVP-Dagger2改造先从数据仓库入手。

原有的数据仓库使用方式代码如下所示，通过DiariesRepository提供的getInstance方法获取DiariesRepository的实例。

```
public class DiariesPresenter implements DiariesContract.Presenter {
    private final DiariesRepository mDiariesRepository; // 数据仓库
    public DiariesPresenter(......) {                    // 控制日记显示的Controller
        mDiariesRepository = DiariesRepository.getInstance(); // 获取数据仓库的实例
        ......
    }
    ......
}
```

在DiariesRepository中，不仅需要处理单例模式的双重检查，保证线程安全，还需要在构造方法中完成数据源的创建，这在一定程度上违背了单一职责原则；如果在getInstance方法中衍生需求，需要传入参数，就要修改所有调用getInstance的地方，这违背了开放封闭原则。

```
public class DiariesRepository implements DataSource<Diary> { // 数据仓库
    private static volatile DiariesRepository mInstance;      // 数据仓库实例
    private final DataSource<Diary> mLocalDataSource;         // 本地数据源
    private DiariesRepository() {
        ......
```

```
        mLocalDataSource = DiariesLocalDataSource.get(); // 获取本地数据源单例
    }
    public static DiariesRepository getInstance() {      // 获取数据仓库单例
        if (mInstance == null) {
            synchronized (DiariesRepository.class) {
                if (mInstance == null) {
                    mInstance = new DiariesRepository();
                }
            }
        }
        return mInstance;
    }
    ……
}
```

我们要达到的目标是：

- 通过装配器来帮助我们创建数据仓库。
- 创建单例模式，不需要我们再写这些单例模式的模板代码，减少重复工作。
- 在构造方法修改时，不需要修改构造方法现有的调用处。
- 数据仓库模块的依赖由一个控制类来管理，依赖关系清晰明确。

8.2.3　改造数据仓库

在 Dagger2 中，通过 Inject 注解配合其他组件，可以帮助我们完成类实例的创建，通过 Singleton 注解配合其他组件，可以帮助我们完成单例模式，包括双重检查模式的创建。在 Dagger2 的协助下，重构后的数据仓库代码如下所示：

```
@Singleton
public class DiariesRepository implements DataSource<Diary> { // 数据仓库
//    private static volatile DiariesRepository mInstance;    // 数据仓库实例
    private DataSource<Diary> mLocalDataSource;               // 本地数据源
    @Inject
    DiariesRepository(DataSource<Diary> localDataSource) {
        ……
        mLocalDataSource = localDataSource;
//        mLocalDataSource = DiariesLocalDataSource.get(); // 获取本地数据源单例
    }
//    public static DiariesRepository getInstance() {      // 获取数据仓库单例
//        if (mInstance == null) {
//            synchronized (DiariesRepository.class) {
//                if (mInstance == null) {
//                    mInstance = new DiariesRepository();
//                }
//            }
//        }
//        return mInstance;
//    }
    ……
}
```

重构后的本地数据源代码如下所示：

```
@Singleton
public class DiariesLocalDataSource implements DataSource<Diary> { // 日记本地数据源
    ......
//    private static volatile DiariesLocalDataSource mInstance;     // 本地数据源
    public DiariesLocalDataSource() {
        ......
    }
    // 获取日记本地数据源类的单例
//    public static DiariesLocalDataSource get() {
//        if (mInstance == null) { // 线程安全的单例模式
//            synchronized (DiariesLocalDataSource.class) {
//                if (mInstance == null) {
//                    mInstance = new DiariesLocalDataSource();
//                }
//            }
//        }
//        return mInstance;
//    }
}
```

在获取数据源的实例时，通过 Inject 注解标注，Dagger2 可以帮我们完成单例模式的相关工作，而不再需要手动调用 getInstance 方法。

```
public class DiariesPresenter implements DiariesContract.Presenter {
    private DiariesRepository mDiariesRepository; // 数据仓库
    private final DiariesContract.View mView;  // 日记列表视图
    ......
    @Inject
    DiariesPresenter(DiariesRepository diariesRepository, @NonNull DiariesContract.
View diariesFragment) { // 控制日记显示的 Controller
//        mDiariesRepository = DiariesRepository.getInstance(); // 获取数据仓库的实例
        mDiariesRepository = diariesRepository;             // 获取数据仓库的实例
        mView = diariesFragment; // 将页面对象传入，赋值给日记的成员变量
    }
    ......
}
```

下面，我们会介绍 Inject、Component 等注解的工作方式和 Dagger2 的实现原理。

8.2.4 Inject 注解

Inject 注解是 javax 包（Java API 扩展包）提供的一个用于依赖注入的注解，是 Java 依赖注入规范（JSR330 Java Specification Requests 330——Dependency Injection for Java）提供的标准注解之一。其源码如下所示。Target 注解是一个元注解（负责“标记注解”的注解），指明注解的作用目标，或注解的标注范围；METHOD、CONSTRUCTOR、FIELD 表明 Inject 可用于标注方法、构造方法和字段。

```
@Target({ METHOD, CONSTRUCTOR, FIELD }) // 作用目标为方法、构造方法、字段
@Retention(RUNTIME)
```

```
@Documented
public @interface Inject {}
```

当 Inject 注解标注构造方法时，可指示 Dagger2 用来创建对象实例的构造方法，当 Dagger2 创建对象时，将调用 Inject 注解标注的构造方法。如果一个类没有标注 Inject 注解，它将无法通过 Dagger2 实例化。当 Inject 注解标注构造方法时，也将指示 Dagger2 构造方法中声明的参数需要被注入依赖关系（由 Dagger2 创建实例）。

```
@Inject
DiariesRepository(DataSource<Diary> localDataSource) {……} // 有参数的构造方法
```

Inject 注解不能标注同一个类的多个构造方法，否则会出现以下错误提示信息。需要使用多个构造方法时，可以通过 Qualifier 限定符注解协助完成。

```
Types may only contain one @Inject constructor
```

当 Inject 注解标注字段时，可指示 Dagger2 该字段需要被注入依赖关系（由 Dagger2 创建实例）。

```
@Inject
DiariesPresenter mDiariesPresenter;
```

Inject 注解也可以标注方法，但在 Dagger2 中，通常并不使用方法注入。Inject 注解标注的字段和构造方法的访问权限不能为私有，否则编译时会提示错误，如图 8.5 所示。

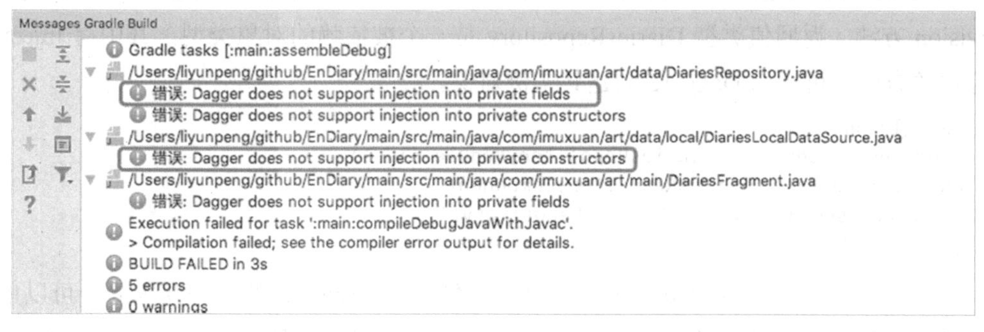

图 8.5　Inject 标注的字段私有导致编译错误

Inject 注解只指示 Dagger 哪些字段的实例需要被注入，创建对象时需要调用哪个构造方法，却没有指示这些依赖应该什么时候被注入，实例应该什么时候被创建。Inject 指示了 What，却没有指示 When，这时候，我们就需要使用 Component 注解来协助完成依赖注入。

8.2.5　Component 注解

Component 是 dagger 包提供的注解，主要用于标注接口，其实现类由 Dagger 注解解析生成，通过实现类可以建立起请求依赖的对象和被依赖对象之间的关联关系，或向外提供依赖。Component 注解标注的接口可以理解为程序中显式的装配器，而隐式的装配器就是 Dagger 通过编译时注解解析自动生成的工厂实现类。

Component 注解的源码如下所示，其中，modules 和 dependencies 是注解的属性（成员变量）。modules 是声明提供依赖的组件，dependencies 是声明 Component 的依赖组件，后面我们会一一介绍。

```
@Retention(RUNTIME)
@Target(TYPE) // 注解作用目标是类、接口等类型，主要标注接口
@Documented
public @interface Component {
  Class<?>[] modules() default {};      // 与 module 组装
  Class<?>[] dependencies() default {}; // 声明的依赖部分
  @Target(TYPE)
  @Documented
  @interface Builder {}                  // 用于自定义 Builder 类
}
```

Component 注解至少包含一个抽象的 Component 方法。Component 方法有两种类型：

- 依赖注入 inject 方法，有参数但无返回值，将被依赖对象注入请求对象中。
- 提供依赖实例的无参数 Provision 方法，与取值器 Getter 类似，返回一个被依赖对象类型。

Component 在数据仓库中的使用案例代码如下所示，getDiariesRepository 方法是一种 Provision 方法，返回值类型 DiariesRepository 是一个被依赖的对象类型，其中有 Inject 注解标注的方法，可指示 Dagger2 创建其实例对象。

```
@Singleton
@Component(modules = DiariesRepositoryModule.class)
public interface DiariesRepositoryComponent {
    DiariesRepository getDiariesRepository();
}
```

在定义了 Component 注解，并且确认该注解符合 Dagger2 的注解要求后，可以单击 Android Studio 的 Build 中的 Make Project 编译项目，如图 8.6 所示。

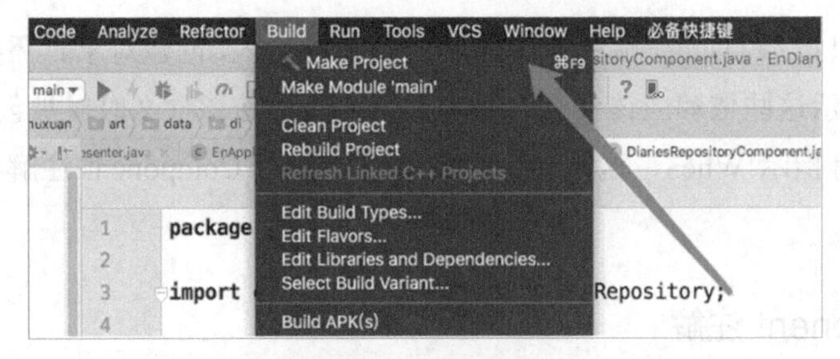

图 8.6　编译项目

或者也可以单击工具栏中的编译快捷图标，如图 8.7 所示。

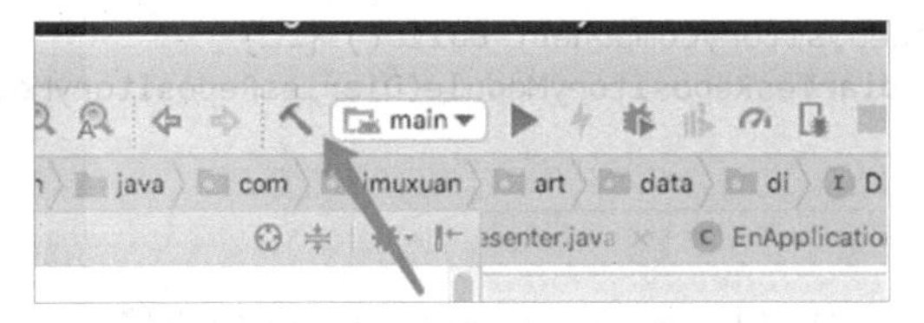

图 8.7　工具栏中的编译快捷图标

Dagger2 会通过注解解析器自动生成该 Component 接口的工厂实现类 DaggerDiaries RepositoryComponent，是一种隐式的装配器，其命名规则为“Dagger+Component 注解标记的接口名称”，如果 Component 为内部接口，则命名规则为“Dagger+类名_Component 注解标记的接口名称”，在“'module 名称'/build/generated/source/apt/debug/'Component 包名'”目录下，如图 8.8 所示。

图 8.8　自动生成的 Component 目录

Component 实现类使用了 Builder 模式。

```
public final class DaggerDiariesRepositoryComponent implements DiariesRepository
Component {
  ......
  private DaggerDiariesRepositoryComponent(Builder builder) {......}
  public static Builder builder() {
    return new Builder();
  }
  public static DiariesRepositoryComponent create() {
    return new Builder().build();
  }
  @Override
  public DiariesRepository getDiariesRepository() {......}
  public static final class Builder {
    ......
```

```
    public DiariesRepositoryComponent build() {……}
    public Builder diariesRepositoryModule(DiariesRepositoryModule diariesRepository
Module) {……}
  }
}
```

在使用时，可以通过 Builder 构建 Component，进行依赖注入，其中包括向外提供依赖和对类的依赖注入。

```
    DaggerDiariesRepositoryComponent.builder()
            .diariesRepositoryModule(new DiariesRepositoryModule())
            .build();
```

8.2.6 Module 注解

Module 是 dagger 包提供的注解，主要标注类，用于提供依赖的实例，其源码如下所示。Module 的 includes 属性可以引入其他 Module 以便 Module 复用，subcomponents 与 Subcomponent 注解配合使用，可以将一个 Component 划分为多个子 Component。

```
@Retention(RetentionPolicy.RUNTIME)
@Target(ElementType.TYPE)                // 注解作用目标是类、接口等类型，主要标注类
public @interface Module {
  Class<?>[] includes() default {};      // 引入其他 Module
  @Beta
  Class<?>[] subcomponents() default {}; // 协同划分 Component
}
```

在 Dagger2 中，Inject 注解不能作用于接口，因为接口没有构造方法，Dagger2 无法识别其实现类；Inject 注解也不能作用于第三方的类，Module 注解可以协助在这几种场景中提供依赖的实例。在数据仓库的构造方法中需要本地数据源的实例，其声明的类型为 DataSource。

```
    @Inject
    DiariesRepository(DataSource<Diary> localDataSource) {……}
```

而 DataSource 是一个接口，Inject 注解不能创建接口的实例，也不能识别接口对应的实现类是哪一个，接口也可能存在多个实现类，这时候，Module 注解可以提供接口对应的实现类，即 DiariesRepository 依赖的本地数据源的实例。

```
public interface DataSource<T> {
    // 获取所有数据 T
    void getAll(@NonNull DataCallback<List<T>> callback);
    // 获取某个数据 T
    void get(@NonNull String id, @NonNull DataCallback<T> callback);
    ……
}
```

定义 DiariesRepositoryModule 类如下所示，标注 Module 接口，通过 Provides 注解标注的 provideDiariesLocalDataSource 方法提供本地数据源的实例，Provides 注解我们将在后面进行介绍。

```
@Module
public class DiariesRepositoryModule {
    @Singleton // 单例注解
    @Provides  // 标注提供依赖实例的方法
    DataSource<Diary> provideDiariesLocalDataSource() {
        return new DiariesLocalDataSource();
    }
}
```

在 Component 注解的 modules 属性中引入自定义的 Module。

```
@Singleton
@Component(modules = DiariesRepositoryModule.class)
public interface DiariesRepositoryComponent {……}
```

在生成隐式的装配器 DaggerDiariesRepositoryComponent 时，会相应地生成 modules 的赋值器，以便向自定义 Module 传入参数。

```
public final class DaggerDiariesRepositoryComponent implements DiariesRepository
Component {
    ……
    public static final class Builder
        ……
        private DiariesRepositoryModule diariesRepositoryModule;

        public DiariesRepositoryComponent build() {……}
        public Builder diariesRepositoryModule(DiariesRepositoryModule diariesRepository
Module) {
          this.diariesRepositoryModule = Preconditions.checkNotNull(diariesRepository
Module);
          return this;
        }
      }
    }
}
```

在使用时，通过赋值器的 DiariesRepositoryModule 方法，传入 Module 的实例，完成 Component 与 Module 的关联。在创建数据仓库的实例时，Component 会将 DiariesRepositoryModule 提供的本地数据源的实例注入数据仓库的构造方法中，并通过数据仓库标记的 Inject 方法，完成数据源的创建。

```
DaggerDiariesRepositoryComponent.builder()
        .diariesRepositoryModule(new DiariesRepositoryModule())
        .build();
```

8.2.7 Provides 注解

Provides 是 dagger 包提供的注解，其源码比较简单，标记的注解作用目标为方法，用于提供依赖的实例。Dagger2 要求 Provides 注解只能出现在有 Module 注解标注的类中，Module 注解标注的类管理 Provides 注解标注的方法。

```
@Documented
@Target(METHOD) // 作用目标为方法
@Retention(RUNTIME)
public @interface Provides {
}
```

使用案例如下代码所示，在前面我们提到过 Provides 注解。

```
@Module
public class DiariesRepositoryModule {
    ......
    @Provides // 标注提供依赖实例的方法
    DataSource<Diary> provideDiariesLocalDataSource() {
        return new DiariesLocalDataSource();
    }
}
```

在项目编译后，会在“'module 名称'/build/generated/source/apt/debug/'Component 包名'”目录下生成相应的 Module 工厂类，工厂类通过引用 Module 类的 Provides 注解标注的方法，获得依赖的实例。

在实例中，DiariesRepositoryModule 编译后，通过 Dagger2 自动生成的工厂类 DiariesRepositoryModule_ProvideDiariesLocalDataSourceFactory 来操作；其中通过 Builder 的赋值器传入 DiariesRepositoryModule 实例，通过 DiariesRepositoryModule_ProvideDiariesLocalDataSourceFactory 的 get 方法调用 provideInstance 方法，再调用 proxyProvideDiariesLocalDataSource 方法，通过 module 调用 Provides 注解标注的 provideDiariesLocalDataSource 方法，获得一个非空的依赖的对象实例——本地数据源对象实例。

```
public final class DiariesRepositoryModule_ProvideDiariesLocalDataSourceFactory
    implements Factory<DataSource<Diary>> {
  private final DiariesRepositoryModule module;
  public DiariesRepositoryModule_ProvideDiariesLocalDataSourceFactory(
      DiariesRepositoryModule module) {
    this.module = module; // 通过 Component 的 Builder 传入 Module 对象
  }
  @Override
  public DataSource<Diary> get() {
    return provideInstance(module); // 获得实例
  }
  public static DataSource<Diary> provideInstance(DiariesRepositoryModule module) {
    return proxyProvideDiariesLocalDataSource(module); // 获得本地数据源实例
  }
  public static DiariesRepositoryModule_ProvideDiariesLocalDataSourceFactory create(
      DiariesRepositoryModule module) {
    // 创建自身的实例
    return new DiariesRepositoryModule_ProvideDiariesLocalDataSourceFactory(module);
  }
  public static DataSource<Diary> proxyProvideDiariesLocalDataSource(
      DiariesRepositoryModule instance) {
    return Preconditions.checkNotNull(
        // 调用 Provides 标注方法，获得本地数据源实例
```

```
        instance.provideDiariesLocalDataSource(),
        "Cannot return null from a non-@Nullable @Provides method");
  }
}
```

以上是关于 Module、Component 和 Inject 注解协同完成数据仓库实例的介绍。现在，我们将分析如何通过 Singleton 注解，让 Dagger2 帮我们实现单例模式及双重检查。

在介绍 Singleton 注解之前，需要先了解 Scope 注解。

8.2.8　Scope 注解

javax 提供的 Scope 注解，作用目标是注解，用于标注作用范围，标注作用范围有以下两点作用：

- 标识和区分不同的实例的作用域。
- 指示 Dagger2，相同作用域的某对象使用同一个实例。

Scope 注解的源码如下所示：

```
@Target(ANNOTATION_TYPE) // 作用目标是注解
@Retention(RUNTIME)
@Documented
public @interface Scope {}
```

当一个 Component 注解依赖另一个 Component 时，标注两个 Component 注解的 Scope 注解不可以相同，这一限制可以帮助开发者区分 Component 注解之间的不同依赖层级关系，提升代码可读性。

8.2.9　Singleton 注解

javax 提供的 Singleton 注解，其本质是一个自定义注解，与其他 Scope 标注的注解没有本质的区别，只是可以区分不同的依赖层级。其源码如下所示，被 Scope 注解所标记。

```
@Scope // Scope 注解标记，作用域注解
@Documented
@Retention(RUNTIME)
public @interface Singleton {}
```

所以，请不要错误地理解为标注了 Singleton 的对象，Dagger2 就可以自动完成其单例模式的创建。在实例中，Singleton 只是声明了对象是一个单例的作用域，如下所示。

```
@Singleton
public class DiariesRepository implements DataSource<Diary> { // 数据仓库
    ……
}
```

在获取仓库的实例时，我们需要通过 Component 的 Provision 类型方法 getDiariesRepositoryComponent 方法，如下所示，在 MainActivity 中通过调用 EnApplication.get().getDiariesRepositoryComponent()注入数据仓库的依赖。

```
public class MainActivity extends AppCompatActivity {

    protected void onCreate(Bundle savedInstanceState) {
        ......
        DaggerDiariesComponent.builder()
                .diariesRepositoryComponent(EnApplication.get().getDiariesRepository
Component())
                .diariesPresenterModule(new DiariesPresenterModule(diariesFragment))
                .build().inject(this);
        diariesFragment.setPresenter(mDiariesPresenter); // 设置主持人
    }
}
```

而数据仓库和本地数据源的 Component 对象是保存在 Application 中的，代码如下所示。因为 mDiariesRepositoryComponent 对象的生命周期与 Application 相同，而 Singleton 注解是一种 Scope 注解，Scope 注解能够保证相同作用范围内的同一 Scope 标注的对象使用同一实例，故能实现 App 生命周期内只有一个实例，进而实现单例模式。

```
public class EnApplication extends Application{
    private static EnApplication INSTANCE;
    private DiariesRepositoryComponent mDiariesRepositoryComponent;
    @Override
    public void onCreate() {
        super.onCreate();
        INSTANCE = this;
        mDiariesRepositoryComponent = DaggerDiariesRepositoryComponent.builder()
                .diariesRepositoryModule(new DiariesRepositoryModule())
                .build();
    }
    public static EnApplication get() {
        return INSTANCE;
    }
    public DiariesRepositoryComponent getDiariesRepositoryComponent() {
        return mDiariesRepositoryComponent;
    }
}
```

8.2.10 Scope 注解和 Singleton 注解的实现原理

Scope 注解和 Singleton 注解是如何保证在同一 Scope 作用域标注的对象使用同一实例呢？数据仓库标注了 Singleton 注解，前面已经提到过 Singleton 注解实际上也是一种 Scope 注解，与其他自定义注解没有本质区别。

```
@Singleton
public class DiariesRepository implements DataSource<Diary> { // 数据仓库
    ......
}
```

Component 的工厂类 DaggerDiariesRepositoryComponent 是隐式的依赖装配器，可以管理依赖关系。DaggerDiariesRepositoryComponent 是 Dagger2 通过 APT 自动生成的隐式

Component 工厂类，在它的初始化方法 initialize 中，可以发现，负责提供数据仓库实例的 Provider 对象，在创建时被 DoubleCheck 对象包装了一层。如果没有标记 Scope 注解，Provider 对象不会被 DoubleCheck 包装。

```
public final class DaggerDiariesRepositoryComponent implements DiariesRepository
Component {

    private Provider<DiariesRepository> diariesRepositoryProvider;
    @SuppressWarnings("unchecked")
    private void initialize(final Builder builder) {
    this.diariesRepositoryProvider =
        DoubleCheck.provider(
            DiariesRepository_Factory.create(provideDiariesLocalDataSourceProvider));
    }
    ……
}
```

DoubleCheck 的 provider 方法主要负责校验和包装传入的对象，避免对象被二次包装。

```
public final class DoubleCheck<T> implements Provider<T>, Lazy<T> {
    ……
    public static <P extends Provider<T>, T> Provider<T> provider(P delegate) {
      checkNotNull(delegate);
      if (delegate instanceof DoubleCheck) {
        return delegate;
      }
      return new DoubleCheck<T>(delegate);
    }
}
```

而 DaggerDiariesRepositoryComponent 在获取数据仓库对象实例的时候，是通过 Provider 的 get 方法实现的。

```
    @Override
    public DiariesRepository getDiariesRepository() {
      return diariesRepositoryProvider.get();
    }
```

而 Provider 被 DoubleCheck 对象所包装，需要通过 DoubleCheck 的 get 方法获取实例。当我们看到 DoubleCheck 的 get 方法时，一切真相都浮出水面，DoubleCheck 的 get 方法实现了双重检查，保证 provider 是线程安全的，而 Component 保存在了 Application 中，从而实现了单例模式。

```
    @Override
    public T get() {
        Object result = instance;
        if (result == UNINITIALIZED) {
        synchronized (this) {
            result = instance;
            if (result == UNINITIALIZED) {
                result = provider.get();
                instance = reentrantCheck(instance, result);
                provider = null;
```

```
            }
        }
    }
    return (T) result;
}
```

8.2.11 日记列表模块依赖关系分析

通过运用 Inject 注解、Component 注解、Module 注解、Provides 注解、Scope 注解和 Singleton 注解，我们已经完成了数据仓库的依赖管理和单例模式的创建，或许你会觉得，这样操作不如直接动手写模板代码效率更高。其实，在小的项目中，Dagger2 的优势不会那么明显，但是这样的依赖管理可以帮助我们降低模块之间的耦合度，并且可以让程序管理对象实例的创建一劳永逸。

现在，我们将讨论如何对日记列表模块进行改造，以完成列表模块的依赖管理。通过前面章节的学习，相信你在阅读后面的内容时会觉得更加轻松简单。

如图 8.9 所示，可以描述日记列表模块存在的依赖关系，MainActivity 创建 Fragment 和 Presenter，并将 Presenter 注入 Fragment 中，而 Presenter 需要操作数据仓库的实例 DiariesRepository 进行数据管理，数据仓库依赖于数据源 DataSource 实现增加、删除、修改、查询等功能，数据源接口的实现是本地数据源 DiariesLocalDataSource。

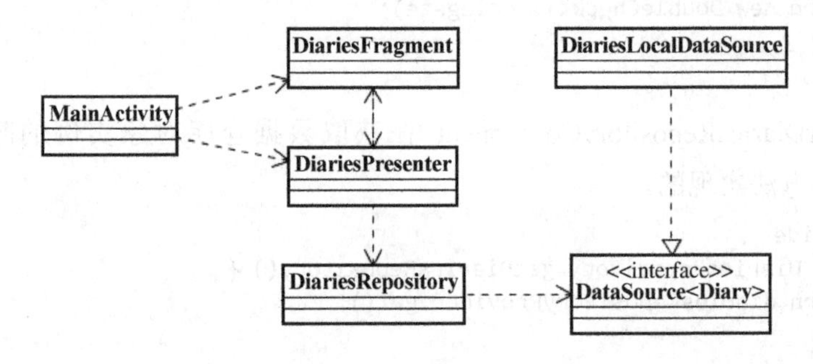

图 8.9 日记列表模块类图（依赖关系分析）

8.2.12 创建日记列表模块 Component

首先，在 MainActivity 中，将 DiariesPresenter 提取为成员变量，标记为非私有访问权限，添加 Inject 注解，获得 Dagger2 支持，让 Dagger2 帮我们完成 DiariesPresenter 的依赖注入（创建实例并注入 MainActivity 中）。

```
public class MainActivity extends AppCompatActivity {
    @Inject
    DiariesPresenter mDiariesPresenter;
}
```

因为 Inject 注解为智能标记注入，Dagger2 并不知道我们是在 Activity attach 的时候创建实例，还是在 create 的时候创建实例，所以，需要主动调用 Component 的装配器，在合适的时机注入依赖。

而 Component 的装配器需要通过 Component 注解标记的接口，指示 Dagger2 创建。创建 DiariesComponent 接口，在其中声明 inject 方法，其参数为要被注入依赖的对象 MainActivity。

```
@Component
public interface DiariesComponent {
    void inject(MainActivity activity);
}
```

而 Component 接口必须标注 Scope 作用域，以区分不同的依赖层级关系。我们创建一个 FragmentScoped，标记为 Fragment 作用域（与 Scope 注解和 Singleton 注解作用相似，用来区分不同作用域）。

```
@Documented
@Scope
@Retention(RetentionPolicy.RUNTIME)
public @interface FragmentScoped {
}

@FragmentScoped
@Component
public interface DiariesComponent {
    void inject(MainActivity activity);
}
```

8.2.13　创建日记列表 Presenter Module

前面我们创建了日记列表的 Component，由 Component 负责管理依赖关系，创建 Presenter。创建被依赖对象 Presenter 的实例需要通过 Inject 注解标注对象的构造方法，通过查看 DiariesPresenter 类，我们发现，它依赖于 DiariesRepository 对象和 DiariesContract.View 对象。

在前面的内容中，我们创建了 DiariesRepositoryComponent，它可以帮我们处理单例模式，所以这里不需要 DiariesRepository.getInstance 来获取数据仓库的对象实例，可以直接通过 DiariesRepositoryComponent 传递依赖。

```
public class DiariesPresenter implements DiariesContract.Presenter {
    private DiariesRepository mDiariesRepository; // 数据仓库
    private final DiariesContract.View mView;     // 日记列表视图
    @Inject
    DiariesPresenter(DiariesRepository diariesRepository, @NonNull DiariesContract.
View diariesFragment) { // 控制日记显示的 Controller
//        mDiariesRepository = DiariesRepository.getInstance(); // 获取数据仓库的实例
       mDiariesRepository = diariesRepository; // 获取数据仓库的实例
       mView = diariesFragment;                // 将页面对象传入，赋值给日记的成员变量
    }
}
```

而 DiariesPresenter 构造方法的第二个参数——DiariesContract.View 是一个接口，接口不能被 Inject 标记构造方法，所以需要一个 Module 用以提供 DiariesContract.View 的实例。

创建 DiariesPresenterModule，标注 Module 注解，并提供 Provides 注解标注的方法，用以提供 DiariesContract.View 的实例。在本实例中，没有使用 Dagger2 的机制来创建 DiariesFragment，而是通过传递参数的形式提供 DiariesFragment 实例，由 MainActivity 管理 DiariesFragment，目的在于介绍 Module 的参数传递形式，以及它为什么需要开发者手动创建实例，并传递给 Component。

```
@Module
public class DiariesPresenterModule {
    private final DiariesContract.View mView;
    public DiariesPresenterModule(DiariesContract.View view) {
        mView = view;
    }
    @Provides
    DiariesContract.View provideDiariesContractView() {
        return mView;
    }
}
```

在 MainActivity 中，创建 DiariesFragment 实例，调用自动生成的 diariesPresenterModule 赋值方法，传入创建的 DiariesPresenterModule 实例，并通过 DiariesPresenterModule 的构造方法，传入 DiariesFragment 实例。

如果 DiariesPresenterModule 由 Dagger2 创建实例，则难以传入参数。

```
public class MainActivity extends AppCompatActivity {
    @Inject
    DiariesPresenter mDiariesPresenter;
    @Override
    protected void onCreate(Bundle savedInstanceState) {
        ……
        initFragment(); // 初始化 Fragment
    }
    private void initFragment() {
        DiariesFragment diariesFragment = getDiariesFragment(); // 初始化 Fragment
        // 查找是否已经创建了日记的 Fragment
        if (diariesFragment == null) {
            diariesFragment = new DiariesFragment(); // 创建日记 Fragment
            // 将日记 Fragment 添加到 Activity 显示
            ActivityUtils.addFragmentToActivity(getSupportFragmentManager(), diaries
Fragment, R.id.content);
        }
        DaggerDiariesComponent.builder()
                .diariesPresenterModule(new DiariesPresenterModule(diariesFragment))
                .build().inject(this);
        diariesFragment.setPresenter(mDiariesPresenter); // 设置主持人
    }
    ……
}
```

调用 build 完成 Component 的创建，调用 inject 方法可以注入 Presenter 的依赖。但是，当我们运行时，发现编译器会提示错误，无法成功编译。

8.2.14　Component 的 dependencies 属性

在前面调用 DaggerDiariesComponent 进行依赖注入后，我们发现编译器提示错误，无法成功编译，如图 8.10 所示。

错误提示“com.imuxuan.art.source.DataSource<com.imuxuan.art.model.Diary> cannot be provided without an @Provides-annotated method.”，表示 DataSource 在创建时不能没有 Provides 注解标注的方法。

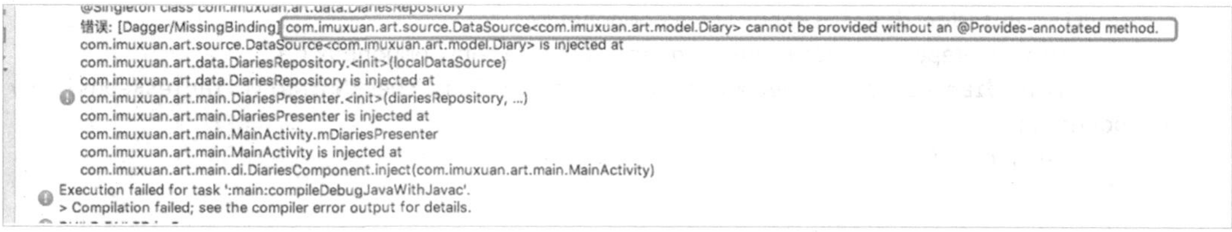

```
@Singleton class com.imuxuan.art.data.DiariesRepository
错误: [Dagger/MissingBinding] com.imuxuan.art.source.DataSource<com.imuxuan.art.model.Diary> cannot be provided without an @Provides-annotated method.
com.imuxuan.art.source.DataSource<com.imuxuan.art.model.Diary> is injected at
com.imuxuan.art.data.DiariesRepository.<init>(localDataSource)
com.imuxuan.art.data.DiariesRepository is injected at
com.imuxuan.art.main.DiariesPresenter.<init>(diariesRepository, ...)
com.imuxuan.art.main.DiariesPresenter is injected at
com.imuxuan.art.main.MainActivity.mDiariesPresenter
com.imuxuan.art.main.MainActivity is injected at
com.imuxuan.art.main.di.DiariesComponent.inject(com.imuxuan.art.main.MainActivity)
Execution failed for task ':main:compileDebugJavaWithJavac'.
> Compilation failed; see the compiler error output for details.
```

图 8.10　编译器提示错误

DataSource 是数据仓库依赖的对象，其实例是本地数据源，因为是接口，所以必须由 Module 提供依赖，这个错误告诉我们，在 MainActivity 进行依赖注入时，创建 Presenter 需要注入数据仓库实例，而创建数据仓库的实例时无法创建 DataSource 实例。

之前创建的 DiariesRepositoryComponent 声明了 Provision 类型方法 getDiariesRepository，可以提供依赖对象的实例，所以，在这里可以直接让 DiariesRepositoryComponent 来提供数据仓库的实例，那么，如何能将 DiariesRepositoryComponent 与日记列表的 DiariesComponent 创建关联，使 DiariesComponent 在创建数据仓库实例时，可以通过 DiariesRepositoryComponent 的 Provision 类型方法 getDiariesRepository 获取呢？

```
@Singleton
@Component(modules = DiariesRepositoryModule.class)
public interface DiariesRepositoryComponent {
    DiariesRepository getDiariesRepository();
}
```

这时候，Component 注解的 dependencies 属性就登场了，通过 dependencies 属性，可以让 DiariesComponent 依赖于 DiariesRepositoryComponent 获取数据仓库的实例。

```
public @interface Component {
  ......
    Class<?>[] dependencies() default {};
}
```

在 DiariesComponent 的 Component 属性 dependencies 中引入 DiariesRepositoryComponent 类，声明依赖关系并编译。

```
@FragmentScoped
@Component(dependencies = DiariesRepositoryComponent.class, modules = DiariesPresenter
Module.class)
public interface DiariesComponent {
    void inject(MainActivity activity);

}
```

DaggerDiariesComponent 的 Builder 会自动创建 DiariesRepositoryComponent 的赋值方法 diariesRepositoryComponent。

```
public final class DaggerDiariesComponent implements DiariesComponent {
    ……
    public static final class Builder {
    ……
    private DiariesRepositoryComponent diariesRepositoryComponent;
    public Builder diariesRepositoryComponent(
        DiariesRepositoryComponent diariesRepositoryComponent) {
        this.diariesRepositoryComponent = Preconditions.checkNotNull(diariesRepository
Component);
        return this;
    }
    }
}
```

在 MainActivity 中，调用 Builder 的 diariesRepositoryComponent，通过 Application 获得 DiariesRepositoryComponent 的全局实例，传入 DaggerDiariesComponent 中，完成依赖关系的创建。

```
public class MainActivity extends AppCompatActivity {
    ……
    private void initFragment() {
        ……
        DaggerDiariesComponent.builder()
                .diariesRepositoryComponent(EnApplication.get().getDiariesRepository
Component())
                .diariesPresenterModule(new DiariesPresenterModule(diariesFragment))
                .build().inject(this);
        diariesFragment.setPresenter(mDiariesPresenter); // 设置主持人
    }
}
```

单击“编译”按钮，编译通过，如图 8.11 所示。

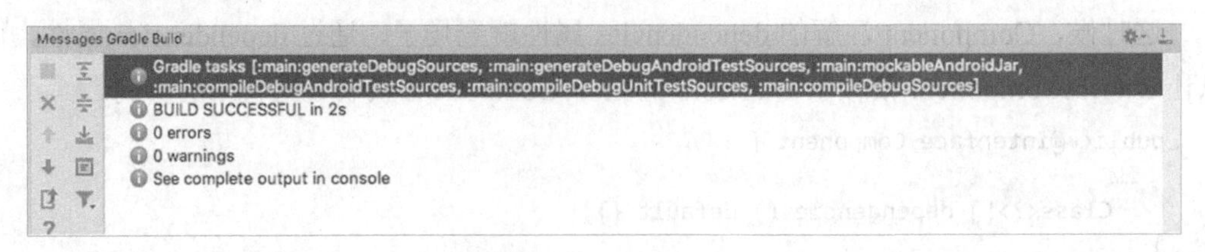

图 8.11　项目编译通过

运行 App，界面功能正常。

8.3　存在的问题

Dagger2 是依赖注入框架中的一把双刃剑。虽然它能帮我们很好地管理对象之间的依赖关系，但是同时也具有很多为开发者所诟病的问题，其中包括：学习成本极高、短期内开发效率低和灵活性不良好等。

8.3.1　学习成本极高

“Dagger2 是比较难学的框架之一”我觉得这种说法并不过分。学习 Dagger2 的门槛非常高，需要掌握很多注解的使用方法，并不是简简单单地看一个 Dagger2 的案例就可以。在实际开发中使用 Dagger2 需要一段时间适应，这主要是由于以下几点：

- Dagger2 通过 APT 生成代码，很多开发者需要先对 APT 有一定了解。
- Dagger2 生成的工厂类，方法调用关系看起来很复杂，代码比较复杂。
- Dagger2 的注解类型太多，而且一些注解带有非常强大的“迷惑性”，如 Singleton 注解。
- Dagger2 的约定太多，对于开发者来说，需要很长时间的“踩坑”实践。
- 依赖注入在移动开发领域并不是非常流行，Dagger2 对于移动开发者有“依赖注入”的学习门槛。

上面列举的可能只是 Dagger2 的一部分造成学习成本极高的原因，想必一些学习过 Dagger2 的开发者，还能总结出更多的原因。

Dagger2 的学习成本虽然极高，但是其实现原理还是比较清晰明了的，一旦掌握了 Dagger2，后续的使用会变得如鱼得水，不会再觉得 Dagger2 有多么高深莫测了。

8.3.2　短期内开发效率低

使用 Dagger2 需要先投入一段较长的学习时间，在变化快速的业务迭代中，这样会降低开发效率。

短期内，使用 Dagger2，编码量也会比以前多，以往创建对象的实例只需新建关键字即可，引入 Dagger2 后，创建对象的实例，需要进行依赖关系分析，还需要建立 Component 进行依赖关系管理，需要编写更多的类。

在编写 Dagger2 众多的类的过程中，会遇到非常多的因违反 Dagger2 约定，而产生的编译和运行问题，短期内，调试这些问题的时间，有非常高的概率会超过业务迭代实现某个业务需求的时间。

若将模块任务交接给不熟悉 Dagger2 的新同事，新同事的维护成本也将变得极高。

Dagger2 利用注解处理器，在编译期间生成类的方式，也会降低编译器的编译速度，增加编译时间，这在大中型移动端项目中表现得会更加明显。

但是，一旦 Dagger2 的模式被团队接纳并掌握，在项目使用依赖注入并迭代一段时间后，使用者会逐渐发现 Dagger2 依赖管理的优势与其带来的效率上的增长，所以说，开发效率低也可能只是时间的问题。

8.3.3 灵活性不良好

Dagger2 是通过编译时注解解析实现依赖注入，而不是反射机制。反射机制的优点在于它的动态机制，动态生成对象，没有反射机制的 Dagger2 其灵活性有所下降。

Dagger2 在实现依赖注入时需要遵守非常多的约定，在开发中也丧失了编码的灵活性。

Dagger2 还有一个分支，是 Dagger-Android，它可以使开发者不必创建那么多的 Component 和 Module，简化 Dagger2 的约定内容，完成依赖注入，有兴趣的朋友可以了解一下相关知识。

8.4 小结

通过改造基于 MVP 的日记 App，我们了解了 Dagger2 的一些基础用法和高级用法，在此小结使用 Dagger2 进行依赖注入的基本操作步骤。

（1）在项目最后引入 Dagger2 支持。

（2）分析模块的依赖关系，确定 Dagger2 管理的目标对象。

（3）使用 Inject 注解标记需要 Dagger2 依赖注入的字段和 Dagger2 创建实例的对象的构造方法。

（4）使用 Component 注解标注装配器的接口。

（5）分析 Inject 注解标注的字段和构造方法，在 Inject 注解无法作用的部分创建 Module，提供依赖实例。

（6）编译工程。

（7）调用生成的隐式装配器进行依赖注入。

（8）测试并运行 App。

第 9 章 函数响应式框架：优雅的 RxJava2

在单任务 CPU 时代，任务只能串联执行，上一个任务没有执行完，下一个任务就只能等待，这样的任务处理效率极低；后来，多任务盛行起来，多个任务可以并行处理，带来了效率的提升；再后来，多任务的模式被运用到每个任务中，一个任务可以被拆分成多个线程执行，每个线程可以并行处理，多线程的时代到来了，它开启了并发，也开启了响应式编程。本章将利用 RxJava2 实现函数响应式框架的设计。

9.1 什么是 RxJava

在移动开发领域中，用户通过用户界面输入信息，应用程序处理 UI 与数据之间的交互非常频繁，传统的编程方式和代码形态并不擅长形象地表达这种事件流，而 RxJava 践行函数响应式编程，正是解决这一问题的利器。

在 20 世纪 70 年代，有研究人员利用多线程处理器来解决内存访问产生的延迟问题，在同一时代，有人提出了响应式编程，但在当时，响应式编程并不是很流行。

直到 2009 年，践行响应式编程的、服务于.NET 开发领域的 Reactive Extensions for .NET（Rx.NET）库被发表；不久，Reactive Extensions 还被移植到了微软开发的手机操作系统 Windows Phone 上，并逐渐被应用到更多语言的开发中；2012 年 11 月，Reactive Extensions 宣布开源。

Reactive Extensions 简称 ReactiveX，或 Rx，由微软架构师 Erik Meijer 和他的团队共同开发。Rx 是一个函数库，提供操作符等工具帮助开发者编写异步和基于事件流的程序。

RxJava 就是 Reactive Extensions 在 Java 虚拟机 JVM（Java Virtual Machine）上的实现，是一个轻量级的开发框架。RxJava 践行了函数响应式编程，并对多线程、并发等进行了抽象，它基于观察者模式和生产者消费者模式，通过组合、转换等运算符进行扩展。

RxJava 是成熟的开源库，它在移动端的使用非常流行。而 RxJava2 是 RxJava 的升级，能够更好地解决事件堵塞等问题。RxJava 属于 Reactive X 库。Reactive X 库如图 9.1 所示。

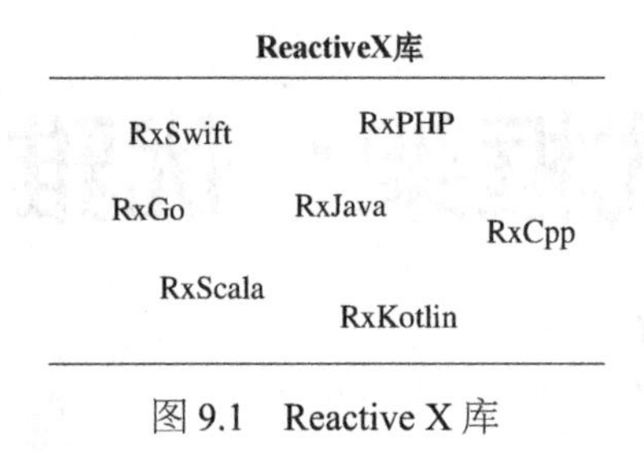

图 9.1　Reactive X 库

9.2　RxJava2 的核心思想

RxJava2 的核心思想即函数响应式编程，但解决事件阻塞的背压和使其代码简洁优雅地链式调用，亦是其核心思想所在。

9.2.1　函数响应式编程

函数响应式编程 = 函数式编程 + 响应式编程

函数式编程（Functional Programming，FP），是一种编程范式，将计算机的数据运算处理为函数运算。函数式编程中的“函数”可以理解为数学中的函数，即两种事物间的一种对应关系，而函数式编程关注的就是“关系”两个字。函数式编程的优势在于数据的不可变性，可以避免并发可能带来的线程不安全问题。函数式编程如图 9.2 所示。

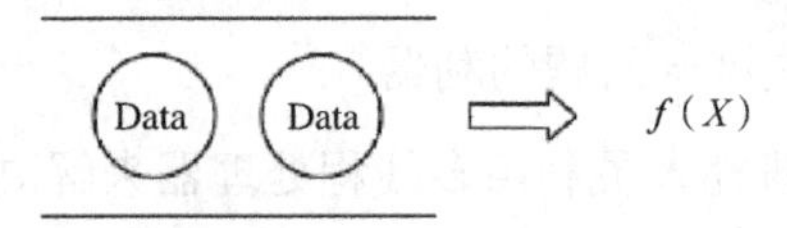

图 9.2　函数式编程

在 RxJava2 中用于事件转换的操作符 map 是函数式编程的体现，利用 map 操作符，可以将某一数据类型转换为其他数据类型，并继续在事件流中传递。

响应式编程（Reactive Programming，RP），是一种基于数据流与事件变化的编程范式。遵循响应式编程的设计，事件将会像流水线加工一样，被层层传递处理。响应式编程如图 9.3 所示。

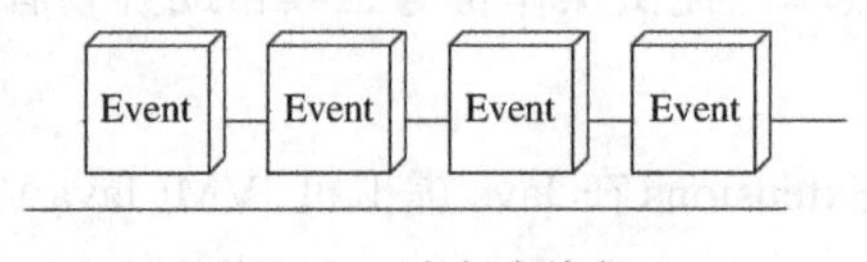

图 9.3　响应式编程

在 RxJava2 中，通过生产者消费者模式，由生产者负责发送事件，消费者通过观察者模式接收事件并进行消费。

函数式编程和响应式编程都是一种编程范式，即一种编程风格或模式。

函数响应式编程（Functional Reactive Programming，FRP），是结合了函数式编程和响应式编程的优点而形成的一种编程范式，利用函数式编程的特点，对数据进行高级封装，利用响应式编程的特点处理事件流，呈现简洁和统一的编程风格。函数响应式编程在处理并发、异步问题上具有优势。函数响应式编程如图 9.4 所示。

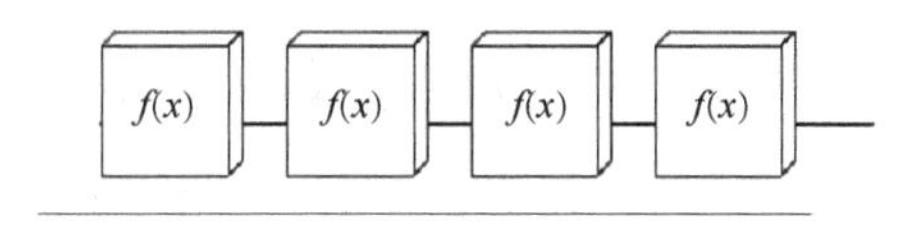

图 9.4　函数响应式编程

9.2.2　背压

背压（Backpressure）最初被应用于流体力学领域，用来描述管道中的流体，因为管道两端产生的压力差，而产生流动值少于期望值的现象。

在 RxJava2 中，背压被用于表示生产者（被观察者）发送事件的速度超过消费者（观察者）处理事件的速度，而产生事件积累堵塞的现象，如图 9.5 所示。

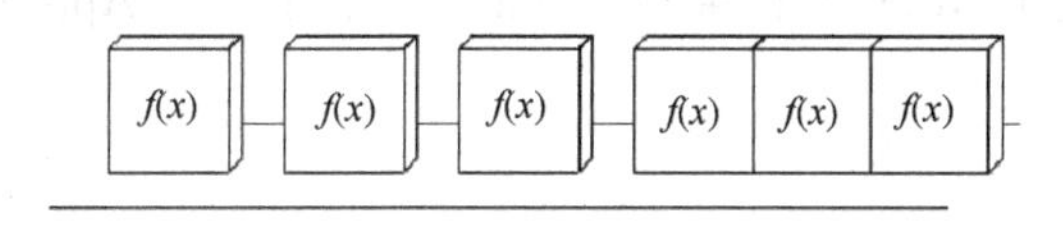

图 9.5　背压

在 RxJava1 中，Observable（被观察者）支持背压，但由于背压的事件缓存池过小，RxJava1 的背压只能支持小事件流传递。

在 RxJava2 中，新增了 Flowable（被观察者）支持背压，用来支持更大的事件流传递，同时，Observable 不再支持背压。

9.2.3　链式调用

链式调用又称方法链（Method Chaining），是指在面向对象程序设计中，使多个方法返回同一个对象，并将其进行链接调用，以消除可能产生的中间变量的方式。下面是一段普通的代码：

```
NRStandardDialog.Builder nrStandardDialogBuilder = NRDialog.standard();
nrStandardDialogBuilder.setTitle("Test");
nrStandardDialogBuilder.setMessage("Test");
nrStandardDialogBuilder.setNegativeTitle("Test");
```

```
nrStandardDialogBuilder.setPositiveTitle("Test");
nrStandardDialogBuilder.setNeutralTitle("Test");
nrStandardDialogBuilder.show(this);
```

改为链式调用的形式后，消除了中间变量 nrStandardDialogBuilder，代码如下所示：

```
NRDialog.standard()
        .setTitle("Test")
        .setMessage("Test")
        .setNegativeTitle("Test")
        .setPositiveTitle("Test")
        .setNeutralTitle("Test")
        .show(this);
```

链式调用可以提升代码的整洁性和可读性，RxJava2 利用链式调用，将事件流传递和线程调度处理得高度统一。

```
Disposable disposable = mDiariesRepository
        .getAll()
        .flatMap(Flowable::fromIterable)
        .toList()
        .subscribeOn(Schedulers.io())
        .observeOn(AndroidSchedulers.mainThread())
        .subscribe(this::updateDiaries, throwable -> mView.showError());
```

9.3 实战：将 RxJava2 加入 MVP

下面，我们将在基于 MVP 流行架构设计的“我的日记” App 中，加入 RxJava2 的支持，以实现函数项。

9.3.1 配置 RxJava2

由于我们是基于 Android 系统演示的 RxJava2 的使用，在涉及线程切换时，有时会有切换到主线程以处理 UI 的情况，这时候，需要 RxAndroid 的介入，以获得 Android 平台更好的支持。

在 build.gradle 文件中加入如下配置，引入 RxJava2 和 RxAndroid。

```
implementation "io.reactivex.rxjava2:rxjava:2.1.3"
implementation "io.reactivex.rxjava2:rxandroid:2.0.1"
```

Lambda 表达式是 Java 8 中比较重要的新特性之一，也可称为闭包。Lambda 可以将方法作为参数传递给方法，提升代码的简洁性。以下是一段普通的代码，开始一个子线程，打印一段信息。

```
new Thread(new Runnable() {
    @Override
    public void run() {
        Log.i("Test", "test");
    }
}).start();
```

在使用 Lambda 表达式后，它可以省略 Runnable 接口匿名内部类的实现，代码如下所示。

```
new Thread(() -> Log.i("Test", "test")).start();
```

为了进一步提升 RxJava2 代码的整洁性，我们在 build.gradle 中进行配置，使 module 支持 Java1.8。

```
compileOptions {
    sourceCompatibility JavaVersion.VERSION_1_8
    targetCompatibility JavaVersion.VERSION_1_8
}
```

9.3.2 Flowable

在 RxJava1 中，Observable 可以解决背压问题，但是由于事件缓冲区只有 16 个元素的容量，并不能很好地支持更大的事件流传递。

在 RxJava2 中，增加了 Flowable，可以更好地解决背压问题，其源码如下所示，BUFFER_SIZE 为默认的缓冲区大小，默认为 128 个元素的容量，也可以通过覆盖 rx2.buffer-size 参数，修改默认的缓冲区大小。

```
public abstract class Flowable<T> implements Publisher<T> {
    /** The default buffer size. */
    static final int BUFFER_SIZE;
    static {
        BUFFER_SIZE = Math.max(1, Integer.getInteger("rx2.buffer-size", 128));
    }
    ……
}
```

我们来看 Flowable 的基本使用，代码如下所示。

```
Flowable.create((FlowableOnSubscribe<Integer>) e -> {
    e.onNext(1);
    e.onNext(2);
    e.onComplete();
// 背压策略，保留最新的 onNext 的值，如果观察者消费跟不上，就覆盖前面的值
}, BackpressureStrategy.LATEST)
        .subscribeOn(Schedulers.io())              // 被观察者运行在 I/O 线程
        .observeOn(AndroidSchedulers.mainThread()) // 观察者运行在主线程
        .subscribe(new Subscriber<Integer>() {
            @Override
            public void onSubscribe(Subscription s) {
                // 通知观察者能消费多少事件，推荐使用 Long.MAX_VALUE
                s.request(Long.MAX_VALUE);
            }
            @Override
            public void onNext(Integer integer) {
                ……
            }
            @Override
```

```
            public void onError(Throwable t) {
                ......
            }
            @Override
            public void onComplete() {
                ......
            }
        });
```

通过调用 Flowable 的 create 方法可以创建一个 Flowable，FlowableOnSubscribe 接口可以接收 FlowableEmitter 的实例，我们利用 Lambda 表达式简化了代码，e 表示 FlowableEmitter 类型的参数，FlowableEmitter 可以发送事件。

BackpressureStrategy.LATEST 表示背压策略，会取最新的 onNext 传递的数据，如果出现背压情况，就会覆盖前面的数据。

subscribeOn 指定了被观察者所运行的线程环境，而 observeOn 指定了观察者所运行的环境，这里涉及了 RxJava2 的线程切换。Schedulers.io()代表 I/O 线程，而 AndroidSchedulers.mainThread()代表主线程，AndroidSchedulers 由 RxAndroid 提供。

subscribe 订阅以接收被观察者发送的事件。这里的 Subscriber 接口不能通过 Lambda 表示，因为 Lambda 只能表示实现接口的一个方法，如果接口有多个方法实现，那么无法使用 Lambda 表达式进行表示。FlowableOnSubscribe 接口只有一个方法实现，可以通过 FlowableOnSubscribe 表示，而 Subscriber 接口实现了 onSubscribe、onNext、onError 和 onComplete，不能使用 Lambda 表达式进行表示。

s.request(Long.MAX_VALUE);代表通知观察者被观察者可以消费多少事件，推荐使用 Long.MAX_VALUE，代表长整型最大值。

通过 Subscription 的 request 方法调用实现背压的这种机制，叫作响应式拉取。

9.3.3 响应式拉取

响应式拉取（Reactive Pull）与传统的生产者消费者模型和观察者模式不同。

在传统的生产者消费者模式和观察者模式中，生产者（被观察者）制造事件，向观察者发送，消费者（观察者）被动接收事件，当消费者处理速度无法达到生产者发送事件的速度时，就会产生事件阻塞现象，也就是背压。

而响应式拉取是指消费者（观察者）会主动向生产者（被观察者）请求事件进行消费，而生产者（被观察者）会被动地等待消费者（观察者）进行事件请求。响应式拉取如图 9.6 所示。

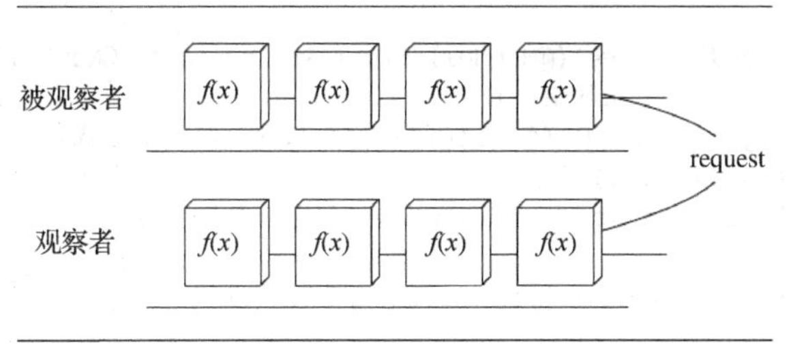

图 9.6　响应式拉取

9.3.4　修改数据源接口

现在开始使用 RxJava2 的函数响应式编程，来对“我的日记”App 的 MVP 项目工程进行改造。

首先需要修改数据源接口，我们以往的获取数据的方式是在 get 方法中传入一个 callback（回调），在数据获取成功后，通过 callback 将数据信息传递过来。

使用响应式编程后，可以基于 RxJava2 的封装来处理事件流，消除 DataCallback 接口。

```
//public interface DataCallback<T> { // 定义数据操作结果的回调接口
//
//    void onSuccess(T data);          // 通知成功
//
//    void onError();                   // 通知失败
//
//}
```

将 DataSource 的获取数据相关方法 getAll 和 get 的返回值类型改为被观察者 Flowable，通过被观察者获取想要得到的数据信息。

```
public interface DataSource<T> {
    // 获取所有数据 T
//    void getAll(@NonNull DataCallback<List<T>> callback);
    Flowable<List<Diary>> getAll();
    // 获取某个数据 T
//    void get(@NonNull String id, @NonNull DataCallback<T> callback);
    Flowable<Diary> get(@NonNull String id/*, @NonNull DataCallback<T> callback*/);
    // 更新某个数据 T
    void update(@NonNull T diary);
    // 清空所有数据 T
    void clear();
    // 删除某个数据 T
    void delete(@NonNull String id);
}
```

9.3.5　修改本地数据源

接下来，我们对本地数据源的获取数据相关方法进行修改。修改后的 get 方法如下所示，这里用到了 just 操作符和 empty 操作符，用于创建 Flowable 对象。

```
    @Override
    public Flowable<Diary> get(@NonNull final String id/*, @NonNull final DataCallback
<Diary> callback*/) { // 获取某个日记数据
        Diary diary = LOCAL_DATA.get(id); // 从内存数据中查找日记信息
//        if (diary != null) {
//            callback.onSuccess(diary);  // 通知查找成功
//        } else {
//            callback.onError();          // 通知查找失败
//        }
        if (diary != null) {
            return Flowable.just(diary);  // 发送 diary 数据
        } else {
            return Flowable.empty();      // 发送空数据
        }
    }
```

修改后的 getAll 方法如下所示，通过 fromIterable 等操作符转换数据，并创建对象。

```
    @Override
    public Flowable<List<Diary>> getAll(/*@NonNull final DataCallback<List<Diary>>
callback*/) {                              // 获取所有日记数据
//        if (LOCAL_DATA.isEmpty()) { // 内存缓存是否为空
//            callback.onError();      // 通知查询错误
//        } else {
//            callback.onSuccess(new ArrayList<>(LOCAL_DATA.values())); // 通知查询成功
//        }
        // 对象转换
        return Flowable.fromIterable(LOCAL_DATA.values()).toList().toFlowable();
    }
```

下面，我们将对这些操作符进行介绍。

9.3.6 Just 操作符

Just 操作符可以将传入的数据直接发送出去，支持传入多个数据，等于按顺序发送 onNext 事件，最后发送 onComplete 事件表示结束。Just 操作符的一个简单实例如下：

```
        Flowable.just(1, 2, 3)                          // 发送数据
                .subscribe(new Subscriber<Integer>() { // 对事件进行监听
                    @Override
                    public void onSubscribe(Subscription s) {
                        System.out.println("onSubscribe");
                        s.request(Long.MAX_VALUE);
                    }
                    @Override
                    public void onNext(Integer integer) {
                        System.out.println("onNext:" + integer);
                    }
                    @Override
                    public void onError(Throwable t) {
                        System.out.println("onError");
                    }
                    @Override
                    public void onComplete() {
```

```
                    System.out.println("onComplete");
                }
            });
```

控制台打印信息如下：

```
onSubscribe
onNext:1
onNext:2
onNext:3
onComplete
```

9.3.7 Empty 操作符

Empty 操作符不会发送任何数据，会正常发送 onComplete 事件表示终止。Empty 操作符的一个简单实例如下：

```
Flowable.empty()
        .subscribe(new Subscriber<Object>() { // 对事件进行监听
            @Override
            public void onSubscribe(Subscription s) {
                System.out.println("onSubscribe");
                s.request(Long.MAX_VALUE);
            }
            @Override
            public void onNext(Object object) {
                System.out.println("onNext:" + object);
            }
            @Override
            public void onError(Throwable t) {
                System.out.println("onError");
            }
            @Override
            public void onComplete() {
                System.out.println("onComplete");
            }
        });
```

控制台打印信息如下：

```
onSubscribe
onComplete
```

9.3.8 FromIterable 操作符

FromIterable 操作符可以用来遍历集合中的数据，逐一发送 onNext 事件，最后调用 onComplete 事件表示结束。FromIterable 操作符的一个简单实例如下：

```
List<Integer> list = new ArrayList<>();
list.add(1);
list.add(2);
list.add(3);
Flowable.fromIterable(list)
```

```
        .subscribe(new Subscriber<Object>() { // 对事件进行监听
            @Override
            public void onSubscribe(Subscription s) {
                System.out.println("onSubscribe");
                s.request(Long.MAX_VALUE);
            }
            @Override
            public void onNext(Object object) {
                System.out.println("onNext:" + object);
            }
            @Override
            public void onError(Throwable t) {
                System.out.println("onError");
            }
            @Override
            public void onComplete() {
                System.out.println("onComplete");
            }
        });
```

控制台打印信息如下：

```
onSubscribe
onNext:1
onNext:2
onNext:3
onComplete
```

9.3.9 To 操作符

To 操作符可以将被观察者转换为其他的对象或数据结构，其中包括 toIterable 将被观察者转换为 Iterable，toList 将被观察者转换为列表，toMap 将被观察者转换为映射等。

To 操作符一个实例 toList 代码如下所示，这里使用 Consumer 代替 Subscriber，代表只关心 onNext 事件。

```
Flowable.just(1, 2, 3)
        .toList()
        .subscribe(new Consumer<List<Integer>>() { // 对事件进行监听
            @Override
            public void accept(List<Integer> integers) throws Exception {
                System.out.println(integers.toString());
            }
        });
```

也可以使用 Lambda 表达式，将上面的代码写成如下风格：

```
Flowable.just(1, 2, 3)
        .toList()
        .subscribe(integers -> System.out.println(integers.toString()));
```

控制台打印信息如下：

```
[1, 2, 3]
```

9.3.10　Subscriber 和事件流

前面我们介绍了一些 RxJava2 中的常用操作符，多次使用了 Subscriber 接口，其源码如下所示。

```
public interface Subscriber<T> {
    public void onSubscribe(Subscription s);
    public void onNext(T t);
    public void onError(Throwable t);
    public void onComplete();
}
```

Subscriber 可以接收由被观察者发送的事件。RxJava2 中的事件回调方法定义一般为如下所示的几种。

- onSubscribe：在订阅时被调用，一般代表事件开始。
- onNext：被观察者调用 onNext 发送数据，可能会被多次调用。
- onError：当被观察者遇到错误时会调用 onError，结束事件队列，不会再调用 onComplete。
- onComplete：代表没有遇到错误而正常终止，一般在 onNext 调用结束后调用 onComplete。

RxJava2 事件流如图 9.7 所示。

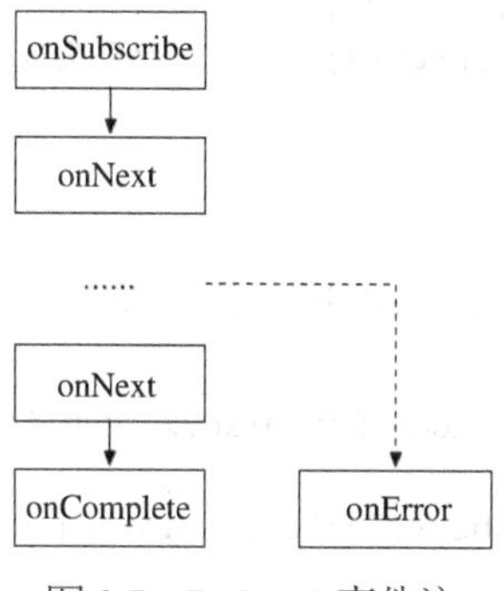

图 9.7　RxJava2 事件流

9.3.11　修改数据仓库

下面，我们对数据仓库中的获取数据的方法进行修改。不再使用 DataCallback 监听数据获取，并且引入了 RxJava2 中的 Flowable，不能再使用旧有的方式处理数据仓库。

getAll 方法是获取全部数据的方法。如果 mMemoryCache 不为空，则代表数据已经被获取，直接使用内存缓存数据；如果 mMemoryCache 为空，则要通过本地数据源获取数据。

通过 mLocalDataSource.getAll()方法获取 Flowable<List>对象，这里引入了新的操作符

FlatMap，它可以将数据转换为新的被观察者发送。通过 FromIterable 操作符遍历集合，doOnNext 方法可以在观察者接收事件前进行一些准备工作，将日记信息保存在内存缓存中。最后，将数据转换为被观察者，返回给 FlatMap 接收的 Function。

```
    @Override
    public Flowable<List<Diary>> getAll(/*@NonNull final DataCallback<List<Diary>>
callback*/) { // 获取所有日记数据
        if (!CollectionUtils.isEmpty(mMemoryCache)) {
            // 内存数据获取成功
//          callback.onSuccess(new ArrayList<>(mMemoryCache.values()));
//          return;
           return Flowable.fromIterable(mMemoryCache.values()).toList().toFlowable();
        }
        return mLocalDataSource.getAll()
                .flatMap(diaries -> Flowable.fromIterable(diaries)
                        .doOnNext(diary -> mMemoryCache.put(diary.getId(), diary))
                        .toList()
                        .toFlowable());
//        mLocalDataSource.getAll(new DataCallback<List<Diary>>() { // 本地数据获取成功
//            @Override
//            public void onSuccess(List<Diary> diaries) {
//                updateMemoryCache(diaries); // 更新内存缓存数据
//                callback.onSuccess(new ArrayList<>(mMemoryCache.values())); // 通知成功
//            }
//
//            @Override
//            public void onError() {
//                callback.onError(); // 数据获取失败
//            }
//        });
    }
```

FlatMap 接收的 Function，去掉 Lambda 表达式后，代码如下：

```
    mLocalDataSource.getAll()
            .flatMap(new Function<List<Diary>, Publisher<? extends List<Diary>>>() {
                @Override
                public Publisher<? extends List<Diary>> apply(List<Diary> diaries)
throws Exception {
                    return Flowable.fromIterable(diaries)
                            .doOnNext(diary -> mMemoryCache.put(diary.getId(), diary))
                            .toList()
                            .toFlowable();
                }
            });
```

FlatMap 接收的 Function 是一个接口，代表一种函数变换，就是将传入的参数类型转变为另一种类型的数据。apply 方法接收泛型 T 的参数，并将其变换为另一种泛型 R 的值。

```
public interface Function<T, R> {
    R apply(@NonNull T t) throws Exception;
}
```

在 get 方法中，getDiaryByIdFromMemory 为从内存缓存中获取数据，如果内存缓存中存在数据，则直接将其转换为被观察者类型，发送数据并返回给被观察者 Flowable；如果内存缓存中没有数据，则从本地数据源获取数据。

mLocalDataSource.get(id)为从本地数据源获取被观察者 Flowable，通过 doOnNext 操作符，将其保存到内存缓存中。

```
    @Override
    public Flowable<Diary> get(@NonNull final String id/*, @NonNull final DataCallback
<Diary> callback*/) {                                        // 获得某个日记数据
        Diary cachedDiary = getDiaryByIdFromMemory(id); // 从内存缓存获取数据
        if (cachedDiary != null) {
//              callback.onSuccess(cachedDiary);         // 内存缓存获取成功
//              return;
            return Flowable.just(cachedDiary);
        }
        return mLocalDataSource.get(id)
                .doOnNext(diary -> {
                    if (diary != null) {
                        mMemoryCache.put(diary.getId(), diary); // 更新内存缓存数据
                    }
                });
//          mLocalDataSource.get(id, new DataCallback<Diary>() { // 本地数据获取成功
//              @Override
//              public void onSuccess(Diary diary) {
//                  mMemoryCache.put(diary.getId(), diary);       // 更新内存缓存数据
//                  callback.onSuccess(diary);                    // 通知成功
//              }
//
//              @Override
//              public void onError() {
//                  callback.onError();                           // 数据获取失败
//              }
//          });
    }
    @Nullable
    private Diary getDiaryByIdFromMemory(@NonNull String id) { // 获取某个日记数据
        if (CollectionUtils.isEmpty(mMemoryCache)) {
            return null;
        } else {
            return mMemoryCache.get(id);                      // 从内存缓存获取数据
        }
    }
```

下面，我们介绍 FlatMap 操作符。

9.3.12　FlatMap 操作符

FlatMap 操作符可以将被观察者发送的每一个数据进行变换操作，再合并为新的被观察者，按顺序发送出去。

FlatMap 接收 Function 接口，在 Function 的 apply 方法中对数据进行变换操作，FlatMap

操作符的一个简单实例如下，其中 FlatMap 方法接收的 Function 接口通过 Lambda 表达式进行了简化。

```
Flowable.just(1, 2, 3)
        .flatMap(integer -> Flowable.just("test",integer))
        .subscribe(new Subscriber<Serializable>() {
            @Override
            public void onSubscribe(Subscription s) {
                System.out.println("onSubscribe");
                s.request(Long.MAX_VALUE);
            }
            @Override
            public void onNext(Serializable object) {
                System.out.println("onNext:" + object);
            }
            @Override
            public void onError(Throwable t) {
                System.out.println("onError");
            }
            @Override
            public void onComplete() {
                System.out.println("onComplete");
            }
        });
```

控制台打印信息如下：

```
onSubscribe
onNext:test
onNext:1
onNext:test
onNext:2
onNext:test
onNext:3
onComplete
```

与 FlatMap 操作符类似的 Map 操作符也是一个重要的操作符。

9.3.13 Map 操作符

Map 操作符可以将被观察者发送的每一个数据进行变换操作，按顺序发送出去。FlatMap 操作符会将元素转换为子被观察者，而 Map 操作符不会。

Map 操作符的一个简单实例如下：

```
Flowable.just(1, 2, 3)
        .map(integer -> "test " + integer)
        .subscribe(new Subscriber<String>() {
            @Override
            public void onSubscribe(Subscription s) {
                System.out.println("onSubscribe");
                s.request(Long.MAX_VALUE);
            }
```

```
            @Override
            public void onNext(String object) {
                System.out.println("onNext:" + object);
            }
            @Override
            public void onError(Throwable t) {
                System.out.println("onError");
            }
            @Override
            public void onComplete() {
                System.out.println("onComplete");
            }
        });
```

控制台打印信息如下：

```
onSubscribe
onNext:test 1
onNext:test 2
onNext:test 3
onComplete
```

9.3.14　修改 Presenter

对数据仓库和本地数据源的改造已经完成了，接下来就是对 Presenter 进行修改。

在 DiariesPresenter 中，我们通过 RxJava2，使用新的编程范式来处理数据获取，在 loadDiaries 方法中加载数据。这里涉及 CompositeDisposable 和 Disposable，主要用于利用生命周期来避免内存泄漏等问题，这一点在后面会展开讲解。

mDiariesRepository.getAll 获取被观察者 Flowable<List>对象，flatMap 和 toList 是两次类型变换操作，subscribeOn 指定被观察者在 I/O 线程中处理，observeOn 指定观察者在主线程中处理。

在 subscribe 方法中传入事件监听，其中只关心 onNext 和 onError 事件，在 onNext 中处理日记更新，在 onError 中通知 View 展示。

```
public class DiariesPresenter implements DiariesContract.Presenter {
    ……
    private CompositeDisposable mCompositeDisposable;
    // 控制日记显示的 Controller
    public DiariesPresenter(@NonNull DiariesContract.View diariesFragment) {
        mDiariesRepository = DiariesRepository.getInstance(); // 获取数据仓库的实例
        mView = diariesFragment; // 将页面对象传入，赋值给日记的成员变量
        mCompositeDisposable = new CompositeDisposable();
    }
    ……
    @Override
    public void loadDiaries() { // 加载日记数据
            // 通过数据仓库获取数据
//          mDiariesRepository.getAll(new DataCallback<List<Diary>>() {
```

```
//            @Override
//            public void onSuccess(List<Diary> diaryList) {
//                if (!mView.isActive()) {  // 若视图未被添加，则返回
//                    return;
//                }
//                updateDiaries(diaryList); // 数据获取成功，处理数据
//            }
//
//            @Override
//            public void onError() {
//                if (!mView.isActive()) {  // 若视图未被添加，则返回
//                    return;
//                }
//                mView.showError();        // 数据获取失败，弹出错误提示
//            }
//        });
        mCompositeDisposable.clear();
        // 数据获取成功，处理数据
        Disposable disposable = mDiariesRepository
                .getAll()
                .flatMap(Flowable::fromIterable)
                .toList()
                .subscribeOn(Schedulers.io())
                .observeOn(AndroidSchedulers.mainThread())
                .subscribe(
                        // onNext
                        this::updateDiaries,
                        // onError
                        throwable -> mView.showError()); // 数据获取失败，弹出错误提示
        mCompositeDisposable.add(disposable);
    }
}
```

subscribe 方法传入的参数，在这里使用了 Lambda 表达式的方法引用“::”双冒号操作符。

这里的“this::updateDiaries”也可以表示为“diaries -> updateDiaries(diaries)”，“this::updateDiaries”代表调用 Presenter 实例中的 updateDiaries 方法。

9.3.15 CompositeDisposable 和 Disposable

Disposable 代表一次性资源，其源码如下，Disposable 可以用来取消订阅。

```
public interface Disposable {
    void dispose();         // 取消订阅
    boolean isDisposed(); // 是否已经取消
}
```

CompositeDisposable 是用来管理 Disposable 的容器，在 CompositeDisposable 中可以放入多个 Disposable，以复杂度 O 操作 Disposable 进行添加或删除。通过 CompositeDisposable 的 add 方法，可以将 Disposable 加入 CompositeDisposable，如果当前 CompositeDisposable 已

经被丢弃，则不再加入。通过 clear 方法可以清空容器，清除之前放入的 Disposable，它的使用实例如下所示：

```
mCompositeDisposable.clear();
Disposable disposable;
……
mCompositeDisposable.add(disposable);
```

通过 CompositeDisposable 管理事件订阅创建的 Disposable，在页面生命周期销毁时清空 CompositeDisposable，可以防止因页面对象的长期持有而导致的内存泄漏。

9.3.16　Presenter 生命周期

由于使用了 RxJava2，并引入了 CompositeDisposable，Presenter 生命周期定义为开始和销毁已经不合适了，在此通过重构工具对 Presenter 的生命周期定义进行修改，重命名 BasePresenter 中的方法，如图 9.8 所示。

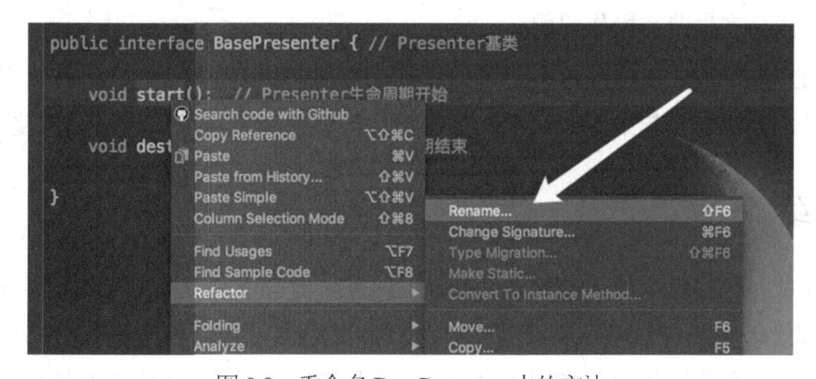

图 9.8　重命名 BasePresenter 中的方法

将 Presenter 接口中的 start 修改为 subscribe，destroy 修改为 unSubscribe，代码如下所示：

```
public interface BasePresenter { // Presenter 基类
//    void start();              // Presenter 生命周期开始
    void subscribe();
//    void destroy();            // Presenter 生命周期结束
    void unSubscribe();
}
```

在 Presenter 的 unSubscribe 方法中清空 CompositeDisposable，避免内存泄漏。

```
public class DiariesPresenter implements DiariesContract.Presenter {
    ……
    private CompositeDisposable mCompositeDisposable;
    @Override
    public void subscribe() {
        ……
    }
    @Override
    public void unSubscribe() {
```

```
        mCompositeDisposable.clear();
    }
```

运行 App，界面功能正常。

9.4 存在的问题

使用 RxJava2，你需要适应函数响应式编程的编程方式，同时，你也需要深刻理解这种编程思维，如此，才能将 RxJava2 运用得灵活和统一。一旦你真正理解了 RxJava2 的精髓，你的编程水平将会得到很大程度的提高。

RxJava2 虽然让代码变得更加清晰、简洁，但是对于新的、不熟悉函数响应式编程与 RxJava2 的开发者来说，阅读这种“简洁”“优雅”的代码，真的不是一件简单的事情。

RxJava2 提供了非常丰富的操作符，这些操作符能够帮助你纵横在数据类型之间，让你操作起来游刃有余，但如果使用不当，也会带来负面的效果，比如类型之间不恰当地反复转换，可能会产生荣誉操作问题。

RxJava2 可以很大程度地提高代码的“威力”，提升编程人员的代码被直观查阅的认可度。但是，无论它看起来多么优雅，都希望你能够在有所需求的情况下再使用它。

9.5 小结

本章通过介绍函数响应式编程范式开始，逐渐过渡到 RxJava2 的学习，并通过对基于 MVP 架构的“我的日记”App 项目进行改造，加入 RxJava2 支持，为大家介绍了 RxJava2 的相关知识。如果你还想深入了解 RxJava2，推荐通过 ReactiveX 官方文档，深入探究，全面具体地进行学习。

RxJava2 并没有详细的使用步骤，除了一些依赖配置，它的应用场景非常多，所以，在使用 RxJava2 之前，你需要一个对它的适用范围有一个全面了解，这样，在使用时，才能更加得心应手。

当然，更重要的还是掌握函数响应式编程思维。

第 10 章 AAC：搭建生命周期感知架构

本章将要介绍的是Android官方推荐的系列架构组件Android Architecture Components，其中包括生命周期感知组件、LiveData、ViewModel 和 Room 数据库的使用等。

10.1 什么是 AAC

AAC 是 Android Architecture Components 的简称，是一套可以用来搭建具有生命周期感知架构的系列组件，于 2017 年在 Google I/O 大会上发布。Android Architecture Components 是 Android Jetpack 组件中的一部分。Jetpack 是 Android 官方推荐的，是用于提升代码可读性、提供样板代码编写等功能的一套组件库。

Jetpack 包含基础组件、行为组件、界面组件和架构组件。基础组件是 Android 系统的核心组件，其中包括 Android 的版本兼容库、Android 的测试框架和 Kotlin 支持库等；行为组件是应用可能用到的一些 Android 功能库组件，其中包括 Android 通知栏消息、应用权限和多媒体相关库等；界面组件是 Android 的系列界面库，其中包括普通动画和过渡动画、布局和 TV 等支持库；而架构组件是我们在本章中主要讲解的部分，架构组件包括实现双向绑定的 DataBinding 库、实现生命周期管理的 Lifecycle-Aware 组件、基于观察者模式的数据包装类 LiveData、关注生命周期的数据管理者 ViewModel 和数据库操作框架 Room 等。Jetpack 如图 10.1 所示。

Jetpack 的架构组件——Android Architecture Components 有助于开发者搭建测试友好的、具有鲁棒性的框架，即系统在面对变化时，仍能较好地保持现有行为的特性。

我们会在后续内容中特别介绍 Android Architecture Components 的以下部分。

- Lifecycle：主要协助管理 Activity 和 Fragment 生命周期，避免内存泄漏等问题。
- LiveData：通过 LiveData 包装的对象，可以实现观察者模式，还可以和 Room 配合使用。
- ViewModel：管理数据和与 UI 相关的对象。

- Room：基于 SQLite 的数据库，通过 Room 可以避免写重复的模板代码。

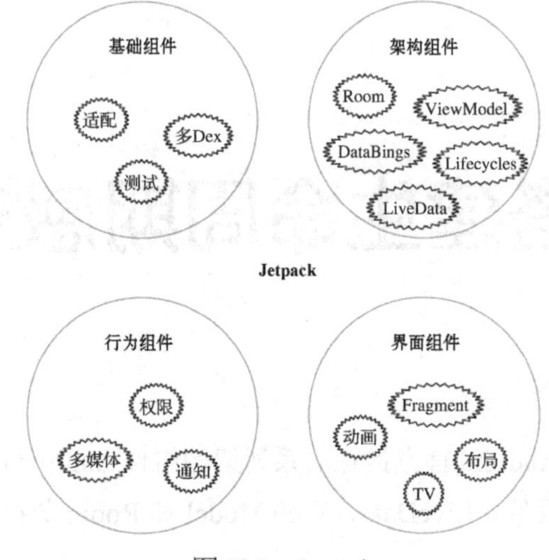

图 10.1　Jetpack

架构组件 AAC 部分组件组成如图 10.2 所示。

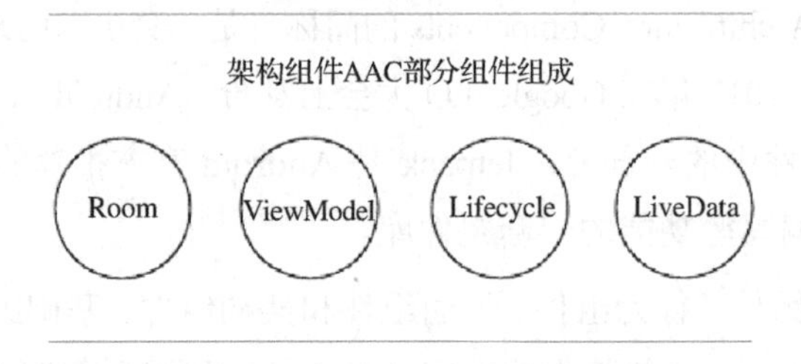

图 10.2　架构组件 AAC 部分组件组成

10.2　AAC 的核心思想

架构组件 AAC 推荐搭建的架构，其核心思想在于解决应用在运行过程中，可能被各种意外情况所打断，导致数据发生异常状况的问题。其倾向的架构原则为关注点分离和模型驱动界面。

10.2.1　关注点分离

关注点分离（Separation of concerns，SOC）是指将复杂系统的不同的关注范围进行分离，分而治之，通过操作部分关注范围进行问题处理的原则和方法。关注点分离被广泛应用在各种软件架构的实现中，以达到高内聚、低耦合的目标。

在 MVC 和 MVP 等流行架构模式中，都曾使用关注点分离的原则，将数据与表现层进行分离，当数据发生变化的时候，不会影响到表现层，这样降低了模块之间的耦合性，也增强了数据部分的可复用性。关注点分离如图 10.3 所示。

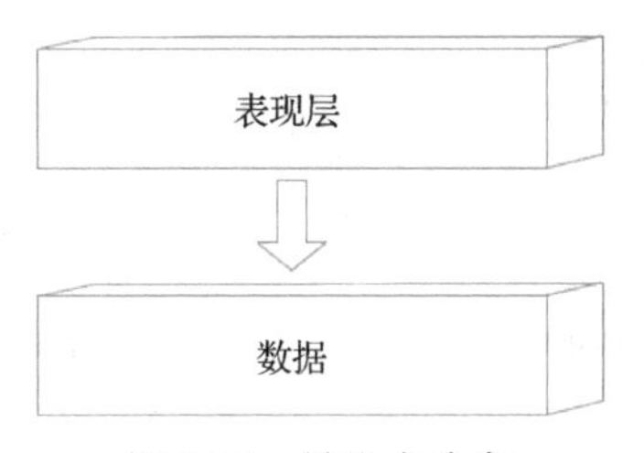

图 10.3　关注点分离

在 AAC 推荐的架构中，界面处理的类，如 Android 的 Activity、Fragment 和自定义 View，其中只应该包括界面处理和环境交互的代码，任何与数据相关的处理逻辑都应尽量不要定义在界面处理类中。这些界面处理类都是依赖 Android 操作系统而生存的，它们的生命周期与操作系统相关性强，如果数据处理的逻辑留在其中，很可能会受到生命周期的影响。AAC 关注点分离如图 10.4 所示。

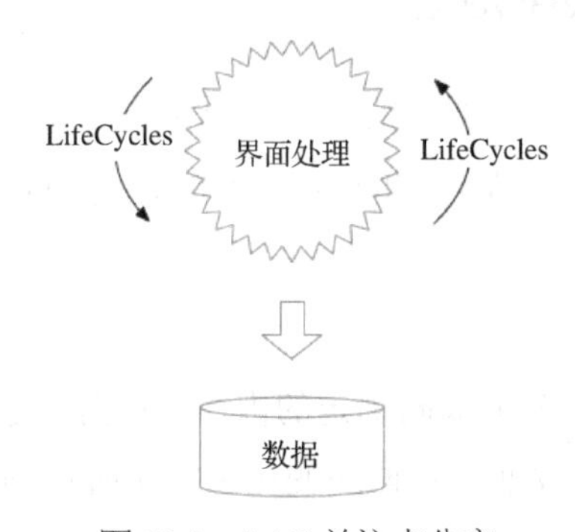

图 10.4　AAC 关注点分离

关注点分离还能够帮助类设计得更加精简短小，不同关注点的逻辑在不同类中分散处理，而不是拥挤在界面类中处理，这样可以提升代码整洁性、可读性与可维护性。

10.2.2　模型驱动界面

模型驱动界面（Drive UI from a model）是指模型独立于界面存在，它具有平台无关性，不会受到操作系统作用于界面的生命周期而带来的进一步影响。模型驱动界面的系统具有可测试性良好、一致性高等特点。模型驱动界面如图 10.5 所示。

AAC 推荐的架构、更希望模型是可持久性的模型，即在操作系统因为内存不足而将移动应用“杀死”，以释放更多内存时，移动应用不会因此而发生数据丢失、数据异常等情况。可持久性的模型也不会受到网络环境的干扰，在网络环境终端的状态下，具备可持久性的模型可以帮助 App 进行离线作业。

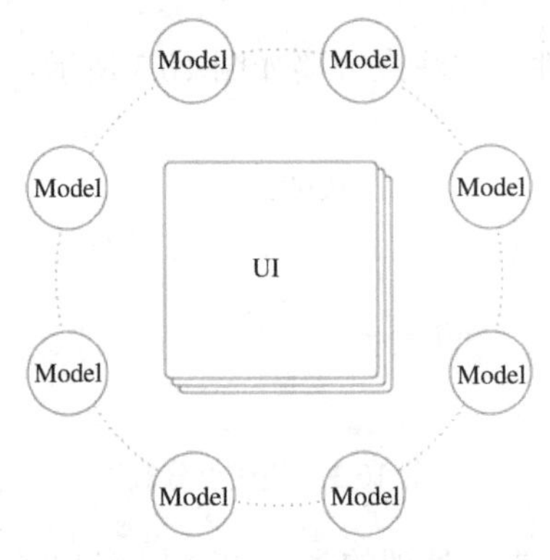

图 10.5　模型驱动界面

模型驱动界面同样践行关注点分离的原则，二者相辅相成，指导搭建 AAC 推荐的架构模型。

10.3　ViewModel+LiveData

从本节开始将进行 AAC 设计架构的实战。以下内容是在 MVVM 架构设计的“我的日记”App 的基础上进行重构，加入 ViewModel 和 LiveData 的支持。

10.3.1　DataBinding

在第 6 章中，我们介绍了关于双向绑定的内容：双向绑定是一种通过观察者模式，实现 View 的变化能实时反馈给数据，数据的变化也能实时反馈给 View 的模式和方法。

双向绑定是在单向绑定——数据的变化能实时反馈给 View 的基础上，加入了监听器，进而实现 View 的变化也能实时反馈给数据，如图 10.6 所示。

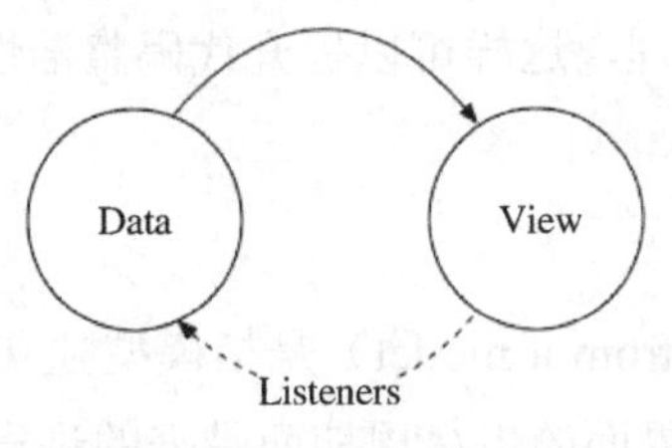

图 10.6　双向绑定

在第 7 章中，我们介绍了 DataBinding，并通过一些案例，演示了 DataBinding 的使用方法。DataBinding 数据绑定库也属于 Android Jetpack 的架构组件 AAC 的一部分。

DataBinding 允许开发者使用声明的方式将数据和移动应用的 UI 组件进行绑定，DataBinding 是实现双向绑定的一个工具，这里我们不再具体介绍，有兴趣的读者可以回看第 6 章和第 7 章中关于双向绑定和 DataBinding 的内容。

10.3.2　Gradle 依赖配置

首先，在基于 MVVM 架构设计的“我的日记”App 项目中加入 AAC 相关的依赖。在项目的 build.gradle 文件中，配置谷歌仓库，以获取 AAC 的依赖。

```
allprojects {
    repositories {
        google()
        jcenter()
    }
}
```

在项目中的主 Module 的 build.gradle 文件的 dependencies 中加入 ViewModel 和 LiveData 的依赖配置，代码如下所示：

```
dependencies {
    ……
    // ViewModel & LiveData
    implementation "android.arch.lifecycle:extensions:1.1.1"
    annotationProcessor "android.arch.lifecycle:compiler:1.1.1"
}
```

DataBinding 的依赖无须在 dependencies 中配置，可以直接在 android 下通过配置 dataBinding，增加 DataBinding 支持。

```
android {
    ...
    dataBinding {
        enabled = true
    }
}
```

10.3.3　AAC 中的 ViewModel

首先，在项目中加入 ViewModel。AAC 中的 ViewModel 和 MVVM 架构中的 ViewModel 并不是同一种定义，AAC 中的 ViewModel 被设计用于存储和界面相关的数据，并将这些数据提供给界面进行展现。

ViewModel 的主要优点之一是可以在屏幕旋转时保持数据不发生变化。当屏幕旋转时，Activity 会经历销毁和重建的阶段，而 ViewModel 并不会因此受到影响，在 ViewModel 中保存的数据也会维持正常状态。屏幕旋转时 Activity 的生命周期变化如图 10.7 所示。

依赖于 ViewModel 的生命周期感知能力，ViewModel 还可以在同一个 Activity 中，不同的 Fragment 之间实现数据共享。Fragment 之间通过 ViewModel 来读取设置数据，一个 Fragment 不需要因为数据交互而关注另一个 Fragment，两个 Fragment 也不会因为不同的生命周期而受到影响。ViewModel 数据共享如图 10.8 所示。

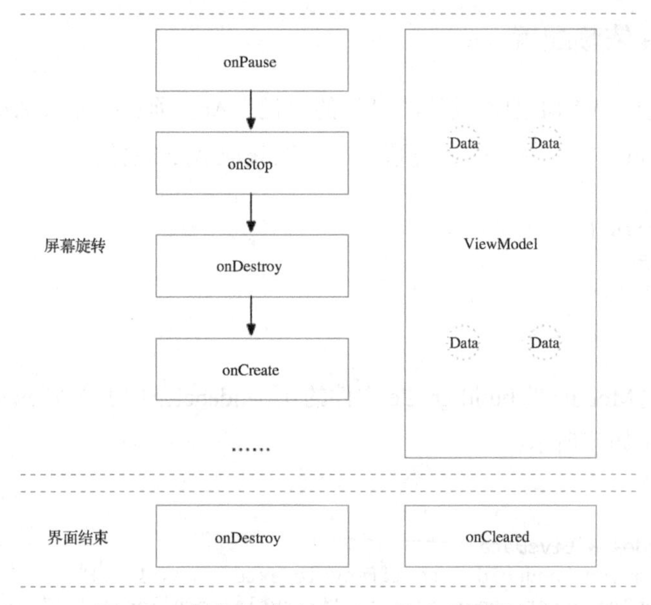

图 10.7　屏幕旋转时 Activity 的生命周期变化

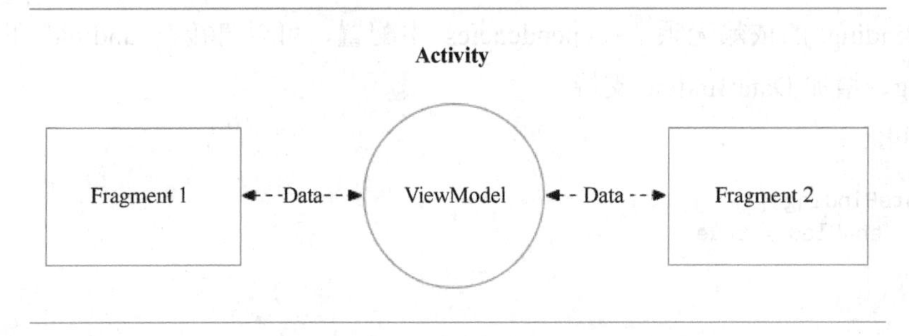

图 10.8　ViewModel 数据共享

10.3.4　使用 ViewModel

AAC 中的 ViewModel 与 MVVM 中的 ViewModel 虽然并不是同一种定义，但是它们的功能有相同之处，即保存界面相关的数据。我们基于 MVVM 的 ViewModel 进行改造，将 DiariesViewModel 的父类由 BaseObservable 修改为 ViewModel。

```
//public class DiariesViewModel extends BaseObservable {
public class DiariesViewModel extends ViewModel {
    ……
    public DiariesViewModel() { // 控制日记显示的 Controller
        mDiariesRepository = DiariesRepository.getInstance(); // 获取数据仓库的实例
    }
}
```

ViewModel 是一个简单的抽象类，其中定义的 onCleared 方法在 ViewModel 销毁时被调用，可以用来处理订阅者，以避免内存泄漏。

```
public abstract class ViewModel {
    protected void onCleared() {
    }
}
```

ViewModel 还有一个子类 AndroidViewModel，可以提供全局的 Context。

```
public class AndroidViewModel extends ViewModel {
    private Application mApplication;
    public AndroidViewModel(@NonNull Application application) {
        mApplication = application;
    }
    @SuppressWarnings("TypeParameterUnusedInFormals")
    @NonNull
    public <T extends Application> T getApplication() {
        //noinspection unchecked
        return (T) mApplication;
    }
}
```

DiariesViewModel 也可以选择继承自 AndroidViewModel，好处是在构造方法中可以接收 Application 的 Context。在 ViewModelProvider 创建 AndroidViewModel 时，会传入 Application。

```
//public class DiariesViewModel extends BaseObservable {
public class DiariesViewModel extends AndroidViewModel {
    ……
    public DiariesViewModel(Application context) { // 控制日记显示的 Controller
        super(context);
        mDiariesRepository = DiariesRepository.getInstance(); // 获取数据仓库的实例
    }
}
```

但是，AndroidViewModel 也存在一个缺点，就是它强制要求子类提供一个带有 Application 参数的构造方法，引入 Context 的依赖会降低单元测试的可测试性。

在项目中，通过继承 Application 类，提供静态方法 get，也可以获取 Application Context。

```
public class EnApplication extends Application {
    private static EnApplication INSTANCE;
    @Override
    public void onCreate() {
        super.onCreate();
        INSTANCE = this;
    }
    public static EnApplication get() {
        return INSTANCE;
    }
}
```

10.3.5　使用 ViewModelProviders 创建 ViewModel

在 Activity 中，修改 ViewModel 的创建方式，ViewModelProviders 是 ViewModel 实

例的提供者。

```
public class MainActivity extends AppCompatActivity {
    ......
    private void initFragment() {
        ......
//        diariesFragment.setViewModel(new DiariesViewModel());
        diariesFragment.setViewModel(ViewModelProviders.of(this).get(DiariesView
Model.class));
    }
}
```

ViewModelProviders 的 of 方法可以提供一个 ViewModelProvider 的实例。

```
    @NonNull
    @MainThread
    public static ViewModelProvider of(@NonNull FragmentActivity activity,
            @Nullable Factory factory) {
        Application application = checkApplication(activity);
        if (factory == null) {
            factory = ViewModelProvider.AndroidViewModelFactory.getInstance(application);
        }
        return new ViewModelProvider(ViewModelStores.of(activity), factory);
    }
```

在 ViewModelProviders 中通过 get 方法，传入一个 Class 对象，可以创建 ViewModel 的实例，其具体创建过程，我们将在后续有关 ViewModel 的原理的讲解中详细介绍。

```
    @NonNull
    @MainThread
    public <T extends ViewModel> T get(@NonNull String key, @NonNull Class<T> model
Class) {
        ViewModel viewModel = mViewModelStore.get(key);
        if (modelClass.isInstance(viewModel)) {
            //noinspection unchecked
            return (T) viewModel;
        } else {
            //noinspection StatementWithEmptyBody
            if (viewModel != null) {
                // TODO: log a warning.
            }
        }
        viewModel = mFactory.create(modelClass);
        mViewModelStore.put(key, viewModel);
        //noinspection unchecked
        return (T) viewModel;
    }
```

以上就是 ViewModel 的使用方法，下面将介绍 LiveData 的相关知识。

10.3.6 什么是 LiveData

LiveData 是一种基于观察者模式的数据包装类，具有生命周期感知的特性。LiveData

只在生命周期为活跃态时更新。LiveData 活跃态和非活跃态如图 10.9 所示。

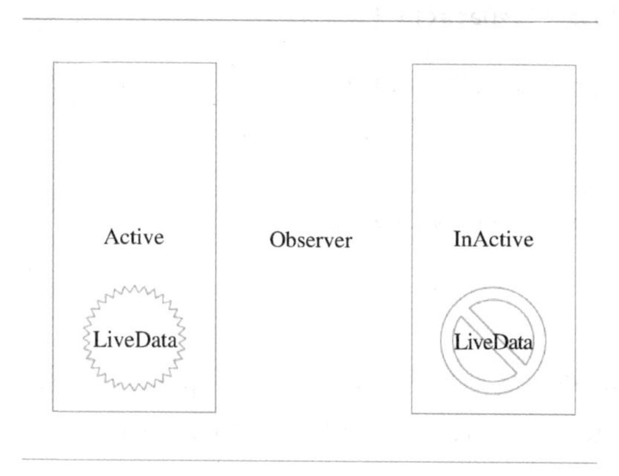

图 10.9　LiveData 活跃态和非活跃态

LiveData 定义，当观察者的生命周期处于 STARTED 或 RESUME 状态时，观察者处于活跃态。对于 Activity 来说，在 onStart 生命周期后，onPause 生命周期之前，这一阶段被定义为 STARTED 状态；在 Activity 的 onResume 方法被调用后，Activity 处于 RESUME 状态。LiveData 生命周期如图 10.10 所示。关于生命周期的具体内容，我们将会在后面进行讲解。

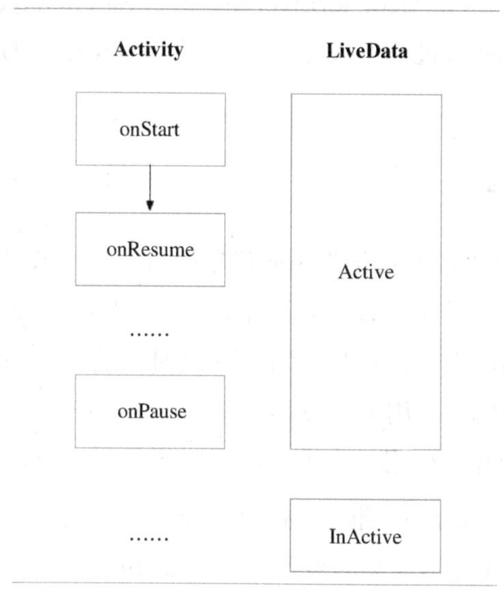

图 10.10　LiveData 生命周期

10.3.7　MutableLiveData

MutableLiveData 是 LiveData 的子类。LiveData 是个抽象类，而 MutableLiveData 是 LiveData 的实现类。postValue 和 setValue 方法是 protected 访问级别的，对于包和子类可

以访问。

```
public abstract class LiveData<T> {
    ……
    protected void postValue(T value) {
        ……
    }
    @MainThread
    protected void setValue(T value) {
        ……
    }
}
```

而 MutableLiveData 并不是抽象类，而且开放了 postValue 和 setValue 方法。

```
public class MutableLiveData<T> extends LiveData<T> {

    @Override
    public void postValue(T value) {
        super.postValue(value);
    }
    @Override
    public void setValue(T value) {
        super.setValue(value);
    }
}
```

LiveData 还有一个子类，是 MediatorLiveData，通过 SafeIterableMap 保存多个 LiveData，SafeIterableMap 可以在遍历过程中删除元素。MediatorLiveData 可以用于监听多个 LiveData，在此不再详述。

10.3.8 创建 LiveData

现在使用 LiveData 对“我的日记”App 进行改进。在“我的日记”App 中，Toast 是一个提示信息，当界面处于活跃态时，可以对用户的交互产生反馈，但是当界面处于非活跃态时，用户焦点并不表现在该非活跃态界面上，这时候的 Toast 提示信息对于用户来说，是超出预期的，也是反感的。使用 LiveData 观察并弹出 Toast 提示信息，可以保证只在界面处于活跃态时提示用户相应信息，在非活跃态时不再弹出提示信息。

首先，创建一个类 ToastInfo，继承 MutableLiveData，在收到变化时，通过 CallBack 可以通知观察者弹出 Toast 提示信息的展示，而 ToastInfo 只是一个提示信息数据中转类。

ToastObserver 可以监听变化，通过 observe 传入一个 ToastObserver，在 onNewMessage 方法中可以接收因数据变化而弹出的相应的 Toast 提示信息。

```
public class ToastInfo extends MutableLiveData<String> {
    public void observe(LifecycleOwner owner, final ToastObserver observer) {
        super.observe(owner, new Observer<String>() {
            @Override
            public void onChanged(@Nullable String t) {
```

```
                if (t == null) {
                    return;
                }
                observer.onNewMessage(t);      // 收到变化，通知回调
            }
        });
    }
    public interface ToastObserver {
        void onNewMessage(String toastInfo); // 监听变化事件的回调方法
    }
}
```

修改 ViewModel 中的 ToastInfo 类型，不再使用 DataBinding 中的 ObservableField 来绑定数据监听变化，修改为继承自 LiveData 的 ToastInfo，进行有感知的数据变化监听。

```
public class DiariesViewModel extends ViewModel {
    ……
//     public final ObservableField<String> toastInfo = new ObservableField<>();
    private final ToastInfo mToastInfo = new ToastInfo();
    public ToastInfo getToastInfo() {
        return mToastInfo;
    }
}
```

10.3.9　LiveData 更新

创建 LiveData 后，需要修改旧有的 DataBinding 中的 ObservableField 通知数据更新的方法。LiveData 与 ObservableField 通知数据更新的原理很相似，它们在方法名上有所区分。

旧有的 ObservableField 通知数据更新的方式是调用 set 方法，而 LiveData 是通过调用 MutableLiveData 开放的 setValue 方法。修改后的代码，如下所示：

```
public class DiariesViewModel extends ViewModel {
    ……
    public void loadDiaries() {                                          // 加载日记数据
        // 通过数据仓库获取数据
        mDiariesRepository.getAll(new DataCallback<List<Diary>>() {
            @Override
            public void onSuccess(List<Diary> diaryList) {
                updateDiaries(diaryList); // 数据获取成功，处理数据
            }
            @Override
            public void onError() {
//                   toastInfo.set(EnApplication.get().getString(R.string.error));
                mToastInfo.setValue(EnApplication.get().getString(R.string.error));
            }
        });
    }
    public void addDiary() {
//         toastInfo.set(EnApplication.get().getString(R.string.developing));
        mToastInfo.setValue(EnApplication.get().getString(R.string.developing));
```

```
    }
    public void updateDiary(@NonNull Diary diary) {
//        toastInfo.set(EnApplication.get().getString(R.string.developing));
        mToastInfo.setValue(EnApplication.get().getString(R.string.developing));
    }
}
```

10.3.10 LiveData 接收变化

在接收数据更新的变化上，DataBinding 中的 ObservableField 和 LiveData 也很相似。

ObservableField 通过调用 toastInfo 的 addOnPropertyChangedCallback 方法，创建一个 OnPropertyChangedCallback，在数据变化时，onPropertyChanged 可以收到更新。

而 LiveData 是通过 getter 获取 toastInfo 后，调用 LiveData 的 observe 方法，传入我们自定义的 ToastObserver，也可以是 Observer 接口。

```
public interface Observer<T> {
    void onChanged(@Nullable T t);
}
```

在 ToastObserver 的 onNewMessage 中接收数据更新，直接调用 showMessage 方法弹出文字提示信息，代码如下所示：

```
public class DiariesFragment extends Fragment { // 日记展示页面
    ……
    private void initToast() {
//        mViewModel.toastInfo.addOnPropertyChangedCallback(new Observable.OnProperty
ChangedCallback() {
//            @Override
//            public void onPropertyChanged(Observable observable, int i) {
//                showMessage(mViewModel.toastInfo.get());
//            }
//        });
        mViewModel.getToastInfo().observe(this, new ToastInfo.ToastObserver() {
            @Override
            public void onNewMessage(String toastInfo) {
                showMessage(toastInfo);
            }
        });
    }
    private void showMessage(String message) {
        // 弹出文字提示信息
        Toast.makeText(getContext(), message, Toast.LENGTH_SHORT).show();
    }
}
```

10.4 LifeCycle

AAC 提供的 LifeCycle 组件，支持生命周期相关的功能处理。它的功能之一，是可以用于使其他依赖于 Activity 或 Fragment 生命周期的组件脱离对于 Activity 或 Fragment 的依赖，在自己的类中处理生命周期相关事件。

10.4.1　生命周期

LifeCycle 类中定义了两个重要的枚举类型，State 和 Event。State 定义的是生命周期状态，这一状态对应 Activity 和 Fragment 的生命周期状态，Event 定义的是生命周期改变的事件。State 和 Event 即生命周期的状态与事件。

```
public abstract class Lifecycle {
    ......
    public enum Event {
        ON_CREATE,

        ON_START,

        ON_RESUME,

        ON_PAUSE,

        ON_STOP,

        ON_DESTROY,

        ON_ANY
    }

    public enum State {
        DESTROYED,
        INITIALIZED,
        CREATED,
        STARTED,
        RESUMED;
        public boolean isAtLeast(@NonNull State state) {
            return compareTo(state) >= 0;
        }
    }
}
```

State 各个状态与 Activity 生命周期相关方法的关系如下所示。

- INITIALIZED 状态：对于一个 Activity 来说，是在 Activity 的 onCreate 调用之前达到的。
- DESTROYED 状态：对于一个 Activity 来说，是在 Activity 的 onDestroy 调用之前达到的。
- CREATED 状态：对于一个 Activity 来说，是在 Activity 的 onCreate 调用之后，onStop 调用之前达到的。
- STARTED 状态：对于一个 Activity 来说，是在 Activity 的 onStart 调用之后，onPause

调用之前达到的。

- RESUMED 状态：对于一个 Activity 来说，是在 Activity 的 onResume 调用之后达到的。

LifeCycle 的 State 和 Event 之间的关系如图 10.11 所示。

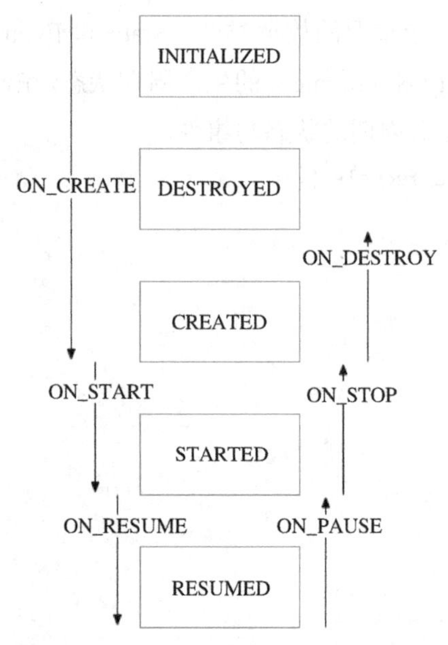

图 10.11　LifeCycle 的 State 和 Event 之间的关系

10.4.2　LifecycleObserver

Lifecycle 中还有处理观察者模式的方法 addObserver 和 removeObserver，通过传入一个 LifecycleObserver，可以监听实现了 LifecycleOwner 接口的具有生命周期的对象。

```
public abstract class Lifecycle {
    ......
    @MainThread
    public abstract void addObserver(@NonNull LifecycleObserver observer);
    @MainThread
    public abstract void removeObserver(@NonNull LifecycleObserver observer);
}
```

LifecycleObserver 是一个接口，用于区分观察者对象。

```
public interface LifecycleObserver {
}
```

一个简单的实现类实例如下，OnLifecycleEvent 注解可以标注方法观察的生命周期事件，在达到相应生命周期状态时，会回调相应的生命周期事件，调用 LifecycleObserver 中注解标注的方法，实现观察者模式。

```
public class Test implements LifecycleObserver {
    @OnLifecycleEvent(Lifecycle.Event.ON_START)
    public void start() {
    }
    @OnLifecycleEvent(Lifecycle.Event.ON_DESTROY)
    public void destroy() {
    }
}
```

10.4.3　LifecycleOwner

LifecycleOwner 是一个简单的接口，其中定义了 getLifecycle 方法，实现了 LifecycleOwner 接口的类意味着是一个可能具有生命周期定义的类。

```
public interface LifecycleOwner {
    @NonNull
    Lifecycle getLifecycle();
}
```

Android 中的 Activity 和 Fragment 在 Support Library 26.1.0 和以后的版本实现了 LifecycleOwner 接口，在项目中，定义在 module 的 build.gradle 中的 Support Library 版本号是 26.1.0。

```
dependencies {
    compile 'com.android.support:appcompat-v7:26.1.0'
    ......
}
```

SupportActivity 的部分源码如下所示，实现了 LifecycleOwner 接口，getLifecycle 返回 LifecycleRegistry 的实例。

```
public class SupportActivity extends Activity implements LifecycleOwner {
    ......
    private LifecycleRegistry mLifecycleRegistry = new LifecycleRegistry(this);
    @Override
    public Lifecycle getLifecycle() {
        return mLifecycleRegistry;
    }
}
```

LifecycleRegistry 是抽象类 Lifecycle 的一个实现类，在构造方法中接收一个 LifecycleOwner，实现了观察者模式相关的 addObserver 和 removeObserver。

```
public class LifecycleRegistry extends Lifecycle {

    private final WeakReference<LifecycleOwner> mLifecycleOwner;

    public LifecycleRegistry(@NonNull LifecycleOwner provider) {
        mLifecycleOwner = new WeakReference<>(provider);
        ......
    }
    ......
    @Override
```

```
    public void addObserver(@NonNull LifecycleObserver observer) {
        ......
    }

    @Override
    public void removeObserver(@NonNull LifecycleObserver observer) {
        ......
    }
}
```

Fragment 中同样实现了 LifecycleOwner 接口，其处理方法与 SupportActivity 类似。

```
public class Fragment implements ComponentCallbacks, OnCreateContextMenuListener,
LifecycleOwner {
    ......
    LifecycleRegistry mLifecycleRegistry = new LifecycleRegistry(this);
    @Override
    public Lifecycle getLifecycle() {
        return mLifecycleRegistry;
    }
}
```

可以通过一个 LifecycleOwner 的 getLifecycle 方法，获得 Lifecycle，调用 addObserver，传入一个 LifecycleObserver，标注 OnLifecycleEvent 注解，监听这个 LifecycleOwner 的生命周期事件。在 Activity 中的一个使用实例代码如下所示：

```
public class MainActivity extends AppCompatActivity {
    ......
    @Override
    protected void test(){
        ......
        getLifecycle().addObserver(new LifecycleObserver() {
            @OnLifecycleEvent(Lifecycle.Event.ON_START)
            public void start() {
            ......
            }
        });
    }
}
```

10.5 Room

Room 是一个基于 Android 轻量级数据库 SQLite 的数据库操作框架。传统的 SQLite 可以实现数据库的基本功能，但是学习和维护成本较大，并不是很利于开发者使用。Room 可以帮助开发者避免通过编写大量样板代码操作数据库，也可以帮助 App 实现数据持久化，进而实现离线环境。

10.5.1 Room 的组成

接下来将介绍采用 Room 实现数据持久化涉及的项目中相关组成部分，以及它们各自起到的作用。使用 Room 框架，一般涉及四种组件。

- 实体（Entity）：一个实体一般对应一张数据库表。
- 数据访问对象（DAO）：DAO 是 Data Access Object 的简称，定义数据库操作的相关方法。
- 数据库 SQLite：Room 中数据库的底层实现。
- 数据仓库：负责管理数据源。

Room 是基于编译时注解解析，生成辅助操作类的框架，它的工作原理如图 10.12 所示。数据仓库通过 DAO 操作数据库与实体，DAO 中生成 SQL 语句与方法的映射，Room 通过注解处理器（Annotation Processor Tool）生成数据库操作类，操作 SQLite 数据库。

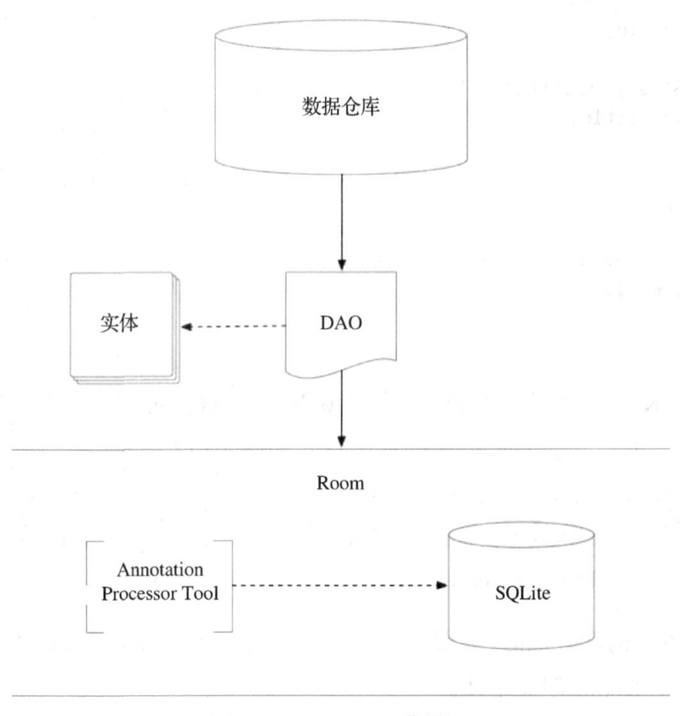

图 10.12　Room 工作原理

下面，我们将详细介绍 Room 中的实体和数据访问对象 DAO。

10.5.2　实体

实体（Entity），一般指 POJO 类，即简单的 Java 对象，带有取值器 Getter 和赋值器 Setter，定义数据结构。Room 中的一个实体一般对应一张数据库表，通过 Entity 注解标注，实体中还包含 Room 的各种注解，实体中的每个属性将被存储到数据库中，除非使用 Ignore 注解标记忽略字段。

实体的一个实例代码如下所示，Entity 代表数据库中的一张表，表名默认是类名，声明 tableName 可以特殊指定数据库表名；每个实体类必须有一个属性标注 PrimaryKey 注解，标记为主键；ColumnInfo 注解可以修改属性对应的数据库字段名称。

```
@Entity(tableName = "diary")
public class Diary { // 日记 Model
    @PrimaryKey
    @NonNull
    @ColumnInfo(name = "diaryId")
    private String id;    // 日记唯一标识
    private String title; // 日记标题

        /**
     * Getter
     */
    public String getId() {
        return id;
    }
    public String getTitle() {
        return title;
    }
    /**
     * Setter
     */
    public void setTitle(String title) {
        this.title = title;
    }
}
```

标注 PrimaryKey 的字段，也必须标注 NonNull 注解，提示该字段不能为空，如果没有 NonNull 注解，编译器会显示错误提示信息，如图 10.13 所示。

位置: 类 DiariesFragment
/Users/liyunpeng/github/EnDiary/main/src/main/java/com/imuxuan/art/model/Diary.java
错误: You must annotate primary keys with @NonNull. "id" is nullable. SQLite considers this a bug and Room does not allow it. See SQLite docs for details: https://www.sqlite.org/lang_createtable.html
/Users/liyunpeng/github/EnDiary/main/src/main/java/com/imuxuan/art/data/local/DiaryDao.java

图 10.13　PrimaryKey 没有 NonNull 注解的错误提示信息

当Diary有多个构造方法时，需要使用Ignore注解标注不需要Room关注的构造方法，留一个构造方法供 Room 创建实体。

```
@Entity(tableName = "diary")
public class Diary { // 日记 Model
    ......
    @Ignore
    public Diary(@Nullable String title, @Nullable String description) {
        this(title, description, UUID.randomUUID().toString()); // 通过 UUID 生成唯一标识
    }
    public Diary(@Nullable String title, @Nullable String description,
                 @NonNull String id) { // 构造方法
        this.id = id;
        this.title = title;
        this.description = description;
    }
}
```

如果有多个构造方法，编译器会显示以下错误提示信息，如图 10.14 所示。

```
▼ /Users/liyunpeng/github/EnDiary/main/src/main/java/com/imuxuan/art/model/Diary.java
    错误: Room cannot pick a constructor since multiple constructors are suitable. Try to annotate unwanted constructors with @Ignore.
    错误: Room cannot pick a constructor since multiple constructors are suitable. Try to annotate unwanted constructors with @Ignore.
    错误: Cannot find setter for field.
```

图 10.14　创建实体时有多个构造方法的错误提示信息

10.5.3　数据访问对象 DAO

数据访问对象 DAO 是一个通过注解来标记方法，声明 SQL 的映射信息的数据库操作类。

DAO 应该定义为一个接口或者抽象类，其中的方法应在子线程中执行，它的一个样例代码如下所示。

```
@Dao
public interface DiaryDao { // 数据库操作类
    // 获得所有数据
    @Query("SELECT * FROM Diary")
    List<Diary> getAll();
    // 获取某个数据
    @Query("SELECT * FROM Diary WHERE diaryId = :id")
    Diary get(String id);
    // 更新某个数据
    @Update
    int update(Diary diary);
    @Insert(onConflict = OnConflictStrategy.REPLACE)
    void add(Diary diary);
    @Delete
    void delete(Diary diary);
}
```

DiaryDao 是一个接口，其中涉及了以下几种注解。

- Dao 注解：声明类是一个数据访问对象 Dao 类。
- Query 注解：定义数据库查询操作，传入的 value 可以自定义查询语句；如果需要使用方法中传入的参数，可以使用绑定参数符“：”加参数名获取。
- Update 注解：可以通过定义的主键查询，用于数据库更新操作，返回值代表操作影响到的表行数。
- Insert 注解：标注数据库添加操作的方法，可以通过 onConflict 属性声明当插入操作产生冲突时的解决策略。
- Delete 注解：标注数据库删除操作的方法。

OnConflictStrategy 包括以下几种冲突解决策略。

- Replace：覆盖旧的数据。
- Rollback：回滚数据库事务。

- Abort：数据库事务中止。
- Fail：数据库事务失败。
- Ignore：忽略冲突。

比较常用的解决策略是 Replace 和 Ignore。

10.5.4 Room 依赖配置

接下来，在项目中加入 Room 代替 SharedPreferences 来实现数据持久化。在 main 中的 build.gradle 加入数据库框架 Room 的配置。

```
dependencies {
    ......
    // Room
    implementation "android.arch.persistence.room:runtime:1.1.1"
    annotationProcessor "android.arch.persistence.room:compiler:1.1.1"
}
```

annotationProcessor 配置 Room 定义的注解处理器。

10.5.5 定义实体

需要定义一个数据库实体，代表数据库中的日记信息表，通过 Entity 注解标注 Diary，通过 tableName 标注自定义数据库表名为 diary。

定义 id 为日记信息表的唯一标识主键，主键需要标注 NonNull 注解，表示该属性不为空。

通过 ColumnInfo 注解可以修改字段的一些命名，我们在这里使用 ColumnInfo 注解主要是为了演示该注解的使用方法。

由于该实体有两个构造方法，需要使用 Ignore 注解标注需要忽略的构造方法，将没有 Ignore 注解标注的构造方法提供给 Room 使用。

该实体中的 Getter 和 Setter 保持原样，不做改动。

```
@Entity(tableName = "diary")
public class Diary { // 日记 Model
    @PrimaryKey
    @NonNull
    @ColumnInfo(name = "diaryId")
    private String id;     // 日记唯一标识
    private String title; // 日记标题
    @ColumnInfo(name = "desc")
    private String description; // 日记内容
    @Ignore
    public Diary(@Nullable String title, @Nullable String description) {
        this(title, description, UUID.randomUUID().toString()); // 通过 UUID 生成唯一标识
    }
```

```
    public Diary(@Nullable String title, @Nullable String description,
                @NonNull String id) { // 构造方法
        this.id = id;
        this.title = title;
        this.description = description;
    }
    /**
     * Getter
     */
    @NonNull
    public String getId() {
        return id;
    }
    public String getTitle() {
        return title;
    }
    public String getDescription() {
        return description;
    }
    /**
     * Setter
     */
    public void setTitle(String title) {
        this.title = title;
    }
    public void setDescription(String description) {
        this.description = description;
    }
}
```

10.5.6　创建 Dao

接下来，我们创建一个 Dao，建立 SQL 语句的映射。

DiaryDao 是一个接口，其中声明了日记操作相关的方法，包括 getAll 获取全部日记的信息，主要用于主页展示日记列表，填充数据；get 方法可以用于查询某个日记的信息；update 接收一个日记对象，用于根据日记主键更新日记信息；deleteAll 用于查询并删除所有日记信息；delete 可以删除某一条日记的信息；add 方法是添加日记的方法，主要用于制造假数据填充到数据库中，定义的 onConflict 冲突处理策略为替换，在项目中，由于制造的假数据是通过 UUID 生成的主键 id，保证唯一性，一般情况下不会产生冲突。

```
@Dao
public interface DiaryDao { // 数据库操作类
    // 获取所有数据
    @Query("SELECT * FROM Diary")
    List<Diary> getAll();
    // 获取某个数据
    @Query("SELECT * FROM Diary WHERE diaryId = :id")
    Diary get(String id);
    // 更新某个数据
    @Update
```

```
    int update(Diary diary);
    // 清空所有数据
    @Query("DELETE FROM Diary")
    void deleteAll();
    // 删除某个数据
    @Query("DELETE FROM Diary WHERE diaryId = :id")
    int delete(String id);
    @Insert(onConflict = OnConflictStrategy.REPLACE)
    void add(Diary diary);
}
```

10.5.7 创建数据库管理器

创建一个抽象类 DbManager，用于管理日记数据库的创建等操作。Database 注解标注该类是一个 Room 的数据库类，entities 属性可以声明该数据库依赖的实体对象，version 代表数据库的版本号，exportSchema 标记不输出数据库 Schema 文件，避免编译器发出警告提示信息。

Database 标注的注解必须是一个抽象类，并且继承 RoomDatabase 类。

DbManager 是一个全局单例类，getDatabase 方法调用 Room 中的静态方法 databaseBuilder，在其中传入数据库的文件名，调用 build 创建一个 DbManager 的对象。

定义的抽象方法 diaryDao 可以获取一个 Room 基于编译时注解解析生成的 DiaryDao 的实例，用于操作数据库。

```
@Database(entities = {Diary.class}, version = 1, exportSchema = false)
abstract class DbManager extends RoomDatabase {
    private static volatile DbManager mInstance;
    abstract DiaryDao diaryDao();
    static DbManager getInstance() {
        if (mInstance == null) {
            synchronized (DbManager.class) {
                if (mInstance == null) {
                    mInstance = getDatabase();
                }
            }
        }
        return mInstance;
    }
    @NonNull
    private static DbManager getDatabase() {
        return Room.databaseBuilder(
                EnApplication.get(),
                DbManager.class,
                "enDiary.db"
        ).build();
    }
}
```

编译后，在 build 的 apt 目录中会自动生成 DbManager 的实现类 DbManager_Impl，如

图 10.15 所示。

DbManager_Impl 会处理 SQLiteOpen 创建相关的操作，还会实现 diaryDao 方法，通过自动生成的 Dao 实现类 DiaryDao_Impl，创建 Dao 实例 DiaryDao_Impl。

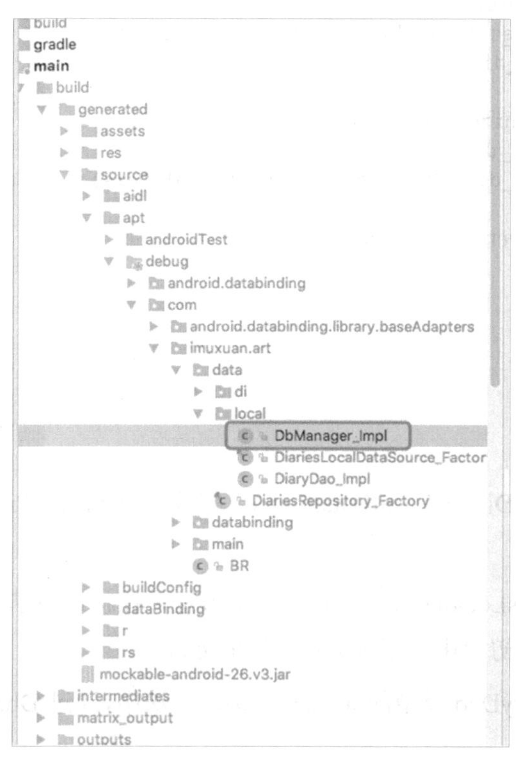

图 10.15　自动生成的 DbManager 实现类

```
public class DbManager_Impl extends DbManager {
    private volatile DiaryDao _diaryDao;
    @Override
    protected SupportSQLiteOpenHelper createOpenHelper(DatabaseConfiguration
configuration) {
        final SupportSQLiteOpenHelper.Callback _openCallback = new RoomOpenHelper
(configuration, new RoomOpenHelper.Delegate(1) {
            @Override
            public void createAllTables(SupportSQLiteDatabase _db) {
              ......
            }
            @Override
            public void dropAllTables(SupportSQLiteDatabase _db) {
              ......
            }
            @Override
            protected void onCreate(SupportSQLiteDatabase _db) {
              ......
            }
            @Override
            public void onOpen(SupportSQLiteDatabase _db) {
```

```
            ......
        }
        ......
    }
    @Override
    DiaryDao diaryDao() {
        if (_diaryDao != null) {
            return _diaryDao;
        } else {
            synchronized (this) {
                if (_diaryDao == null) {
                    _diaryDao = new DiaryDao_Impl(this);
                }
                return _diaryDao;
            }
        }
    }
}
```

10.5.8 线程处理

接下来，需要重构 DiariesLocalDataSource，修改通过 SharedPreferences 实现持久化的部分。

首先，修改 DiariesLocalDataSource 的构造方法，在构造方法中获取日记数据库操作对象 Dao，并加入线程初始化和测试数据构造的处理。

声明成员变量 DiaryDao 类型的 mDao，在构造方法中，通过 DbManager 获取 DiaryDao 的实例，以操作数据库。

因为数据库操作是耗时操作，在主线程执行会堵塞 UI 线程，造成卡顿，所以，数据库操作需要在单独的子线程执行。声明一个成员变量 mIOThread，作为 I/O 操作线程，处理文件读写等。在构造方法中通过调用 Executors 的 newSingleThreadExecutor 方法，获得单线程的线程池。

```
public class DiariesLocalDataSource implements DataSource<Diary> { // 日记本地数据源
        // 存储日记数据的 SharedPreferences 名称
    //    private static final String DIARY_DATA = "diary_data";
      // 存储日记数据的 SharedPreferences 键名
//    private static final String ALL_DIARY = "all_diary";
    //    private static SharedPreferencesUtils mSpUtils; // SharedPreferences 工具类
      // 本地数据内存缓存
//    private static Map<String, Diary> LOCAL_DATA = new LinkedHashMap<>();
    private static volatile DiariesLocalDataSource mInstance; // 本地数据源
    private DiaryDao mDao;
    private final Executor mIOThread;
    private DiariesLocalDataSource() {
        // 获取 SharedPreferences，以管理本地缓存信息
//      mSpUtils = SharedPreferencesUtils.getInstance(DIARY_DATA);
//      String diaryStr = mSpUtils.get(ALL_DIARY); // 获取本地日记信息
        // 解析本地日记信息
```

```
//        LinkedHashMap<String, Diary> diariesObj = json2Obj(diaryStr);
//        if (!CollectionUtils.isEmpty(diariesObj)) { //判断集合是否为空
//            LOCAL_DATA = diariesObj; // 不为空则将解析后的值赋予成员变量
//        } else {
//            LOCAL_DATA = MockDiaries.mock(); // 为空则构造测试数据
//        }
        mDao = DbManager.getInstance().diaryDao();
        mIOThread = Executors.newSingleThreadExecutor();
        mockData();
    }
    ……
}
```

在一些场景中，数据库操作完成后，需要回调到 UI 线程，通过 Callback 通知 UI 进行更新，所以，需要一个方法或工具类，来帮助我们切换回 UI 线程。

创建工具类 ThreadUtils，定义 runOnUI 方法，在 runOnUI 中判断当前线程是否是主线程（UI 线程），如果不是主线程，则创建一个 Handler，通过 Looper 的 getMainLooper 方法获取主线程的 Loop，传入 Handler，以便 Handler 与主线程通信，将 Runnable post 到主线程执行；如果通过 Looper 的 myLooper 方法判断当前是主线程，则直接执行 Runnable，不需要再创建 Handler 通信。

```
public class ThreadUtils {                              // 线程操作工具类
    public static void runOnUI(Runnable runnable) { // 在主线程中执行 Runnable
        if (runnable == null) {                         // runnable 无效，返回
            return;
        }
        if (Looper.myLooper() != Looper.getMainLooper()) { // 判断是否是主线程
            new Handler(Looper.getMainLooper()).post(runnable);
        } else {
            runnable.run();
        }
    }
}
```

10.5.9　修改本地数据源

接下来，我们来介绍在本地数据源中通过 Dao 操作数据库的方法。

在之前的章节中，本地数据源通过 SharedPreferencesUtils 操作 SharedPreferences 进行简单的持久化操作，SharedPreferences 操作在绝大多数情况下都不会耗费太长的时间，当然也存在 UI 堵塞的情况，由于日记数据结构较为简单，数据量级不高，所以并没有放在单独的 I/O 线程处理，callback 回调也不会涉及线程转换的操作。

现在，通过数据库操作持久化对象，就需要考虑线程切换的问题了。下面的代码是 getAll 方法获取所有日记的修改实例，我们创建一个 Runnable，放到 I/O 线程池中执行，mDao 的 getAll 方法是耗时方法，异步执行，通过 getAll 获取日记的所有数据，创建 notifyUIAfterGetAll 方法，回调到主线程通过 Callback 通知 UI 更新。

在notifyUIAfterGetAll方法中，通过ThreadUtils调用runOnUI方法，创建一个Runnable，post到主线程执行；在这里，数据操作是比较简单的，如果日记数据为空，则通知获取失败，如果日记数据不为空，则通知获取成功。

```
public class DiariesLocalDataSource implements DataSource<Diary> { // 日记本地数据源
    ……
    @Override
    // 获取所有日记数据
    public void getAll(@NonNull final DataCallback<List<Diary>> callback) {
//      if (LOCAL_DATA.isEmpty()) { // 内存缓存是否为空
//          callback.onError();     // 通知查询错误
//      } else {
//          callback.onSuccess(new ArrayList<>(LOCAL_DATA.values())); // 通知查询成功
//      }
        mIOThread.execute(new Runnable() {
            @Override
            public void run() {
                final List<Diary> diaries = mDao.getAll();
                notifyUIAfterGetAll(diaries, callback);
            }
        });
    }
    private void notifyUIAfterGetAll(final List<Diary> diaries, @NonNull final Data
Callback<List<Diary>> callback) {
        ThreadUtils.runOnUI(new Runnable() {
            @Override
            public void run() {
                if (diaries.isEmpty()) {          // 内存缓存是否为空
                    callback.onError();           // 通知查询错误
                } else {
                    callback.onSuccess(diaries); // 通知查询成功
                }
            }
        });
    }
}
```

日记信息查询方法也一样，通过mIOThread和ThreadUtils处理线程切换，通过Dao的get方法，以id为唯一标识，查询某条日记信息。

```
public class DiariesLocalDataSource implements DataSource<Diary> { // 日记本地数据源
    ……
    @Override
    public void get(@NonNull final String id, @NonNull final DataCallback<Diary>
callback) { // 获取某个日记数据
//      Diary diary = LOCAL_DATA.get(id); // 从内存数据中查找日记信息
//      if (diary != null) {
//          callback.onSuccess(diary);    // 通知查找成功
//      } else {
//          callback.onError();           // 通知查找失败
//      }
        mIOThread.execute(new Runnable() {
            @Override
```

```
            public void run() {
                Diary diary = mDao.get(id);
                notifyUIAfterGet(diary, callback);
            }
        });
    }
    private void notifyUIAfterGet(final Diary diary, @NonNull final DataCallback
<Diary> callback) {
        ThreadUtils.runOnUI(new Runnable() {
            @Override
            public void run() {
                if (diary != null) {
                    callback.onSuccess(diary); // 通知查找成功
                } else {
                    callback.onError();        // 通知查找失败
                }
            }
        });
    }
}
```

以下代码是日记更新、清空和删除某条日记的代码，由于方法参数中没有传入 Callback，UI 并不关心数据库操作的状态，所以不需要使用 ThreadUtils 切换到主线程通知 UI，只需在 I/O 线程简单处理数据即可。

```
public class DiariesLocalDataSource implements DataSource<Diary> { // 日记本地数据源
    ……
    @Override
    public void update(@NonNull final Diary diary) {  // 更新某个日记数据
//        LOCAL_DATA.put(diary.getId(), diary);        // 更新内存中的日记数据
//        mSpUtils.put(ALL_DIARY, obj2Json());         // 更新本地日记数据
        mIOThread.execute(new Runnable() {
            @Override
            public void run() {
                mDao.update(diary);
            }
        });
    }
    @Override
    public void clear() {                // 清空日记数据
//        LOCAL_DATA.clear();            // 清空内存日记数据
//        mSpUtils.remove(ALL_DIARY); // 清空本地日记数据
        mIOThread.execute(new Runnable() {
            @Override
            public void run() {
                mDao.deleteAll();
            }
        });
    }
    @Override
    public void delete(@NonNull final String id) { // 删除某个日记数据
//        LOCAL_DATA.remove(id);                    // 删除内存某个日记数据
//        mSpUtils.put(ALL_DIARY, obj2Json());      // 删除本地某个日记数据
        mIOThread.execute(new Runnable() {
```

```
                @Override
                public void run() {
                    mDao.delete(id);
                }
            });
        }
    }
```

10.5.10 数据库升级

在日常开发迭代中，移动应用经常存在版本升级，需要升级数据库的情况，Room 提供了 Migration 类，来处理数据库升级。

首先，需要修改数据库管理类 DbManager 的 Database 注解中的 version 属性，声明数据库更新后的版本号信息。

```
//@Database(entities = {Diary.class}, version = 1, exportSchema = false)
@Database(entities = {Diary.class}, version = 2, exportSchema = false)
abstract class DbManager extends RoomDatabase {
    ……
}
```

创建一个 Migration，声明数据库升级后需要更新的表信息，在 migrate 方法中执行 SQL 语句。

```
@Database(entities = {Diary.class}, version = 2, exportSchema = false)
abstract class DbManager extends RoomDatabase {
    ……
    static final Migration MIGRATION_1_2 = new Migration(1, 2) {
        @Override
        public void migrate(SupportSQLiteDatabase database) {
            database.execSQL("ALTER TABLE diary "
                    + " ADD COLUMN test1 INTEGER");
        }
    };
}
```

Migration 的构造方法中接收的是数据库的起始版本号 startVersion 和迁移后的版本号 endVersion，其源码如下所示：

```
public abstract class Migration {
    ……
    public final int startVersion;
    public final int endVersion;
    public Migration(int startVersion, int endVersion) {
        this.startVersion = startVersion;
        this.endVersion = endVersion;
    }
}
```

在 DbManager 通过 Room 创建实例的时候，调用 Builder 的 addMigrations 方法，传入 MIGRATION_1_2。

```
@Database(entities = {Diary.class}, version = 2, exportSchema = false)
abstract class DbManager extends RoomDatabase {
    ……
    @NonNull
    private static DbManager getDatabase() {
        return Room.databaseBuilder(
                EnApplication.get(),
                DbManager.class,
                "enDiary.db"
        ).addMigrations(MIGRATION_1_2).build();
    }
}
```

addMigrations 方法为可变参数列表，可以接收多个 Migration，以定义多版本的数据库迁移操作，其源码如下所示：

```
public abstract class RoomDatabase {
    ……
    public static class Builder<T extends RoomDatabase> {
        ……
        @NonNull
        public Builder<T> addMigrations(@NonNull  Migration... migrations) {
            ……
        }
    }
}
```

10.6　小结

AAC 推荐搭建的架构是一个优雅的、易于上手的架构，它的学习成本并不是非常高，同时，它也是 Google 推荐的架构模式，在前面讲述的实例中，利用 ViewModel+LiveData 的大多数场景都与生命周期相关，这是 AAC 推荐搭建的架构的核心，同时，具有生命周期也是移动应用的一大特性。

通过 DataBinding 可以搭建良好的 MVVM 架构，通过 ViewModel+LiveData 可以创造具有生命周期感知能力的架构，Room 可以帮助我们摆脱数据库操作难题和样板代码书写冗杂的烦恼。

总的来说，AAC 是一套优秀的架构搭建组件，利用 AAC 搭建的架构是具有众多优点、易于上手的架构。如果你已经找到了合适的架构，那么不需要为 AAC 而重构，但 AAC 也是值得去学习借鉴的；如果你还没有找到一款合适的架构，那么，可以考虑试试利用 AAC 来搭建一套属于自己的移动架构。

第 11 章

组件化架构：极速运行

本章主要介绍各大科技公司使用的主流架构设计模式——组件化架构，这种架构可以让你的工程组件清晰，提升软件复用性，加快开发速度，降低测试成本。

11.1　什么是组件化

组件化又被称为基于组件的开发（Component-Based Development，CBD），是一种可插拔的软件架构方式，将一个软件系统的各部分关注点分离，划分为多个可复用的组件，一部分组件还可以独立运行。

在 20 世纪 60 年代，随着一次软件危机的爆发，软件的供需平衡产生严重问题，人们意识到了软件重用的重要性。1972 年，卡内基・梅隆大学的 D. L. Parnas 发表论文 *On the Criteria to be Used in Decomposing Systems into Modules*，被译为《将系统分解成模块的标准》，论文中讨论了模块化系统设计的相关思路，还首次提出了“信息隐藏”的观点，伴随着时间的推移和软件的发展，模块化设计渐渐衍生了组件化设计。

模块化设计是指将系统按照业务功能划分为多个不同的模块，模块之间相互独立，模块内部聚合性高，模块之间耦合性低，如图 11.1 所示。

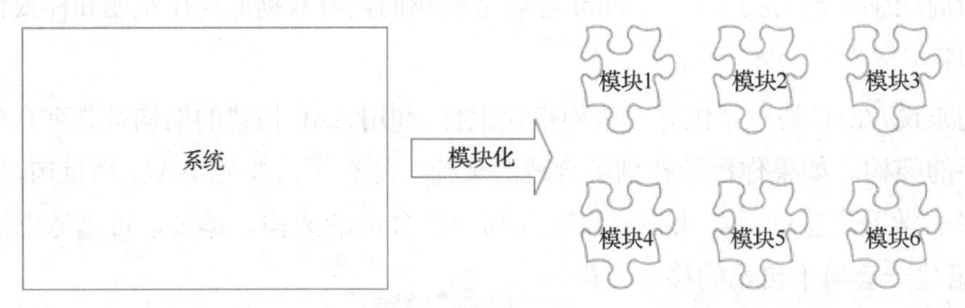

图 11.1　模块化设计

而组件化设计可以理解为更细粒度的系统拆分，其中包括了系统层级的划分，一般情况下，会划分出一层基础组件层，负责基本的工具和系统架构相关处理操作，而公共业务层负责提供公共的业务支持，如数据统计、登录等，在顶层会划分出一层业务组件层，这一层级和模块化的每个模块更相似，如图 11.2 所示。

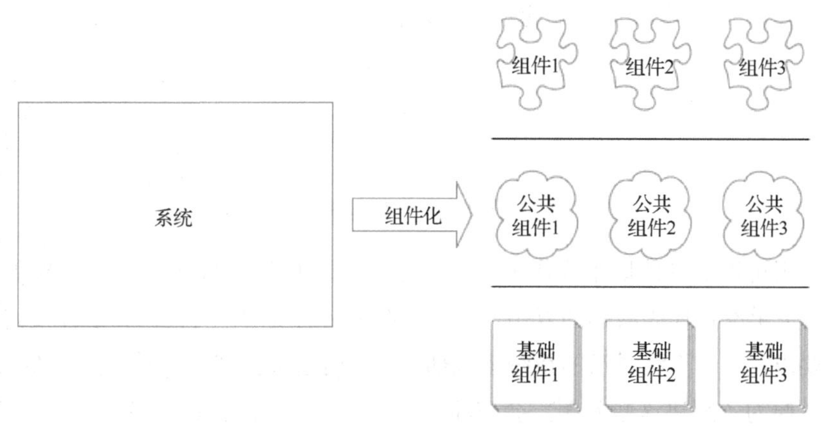

图 11.2　系统组件化

组件化系统中，部分业务组件在调试时，可以作为 Module，不需要集成到主 Module 中独立运行，在集成时，可以作为一个 Library 库，集成到主 Module 中打包。

组件化架构相比模块化架构，具有的优点如下：

- 更清晰的架构模式。
- 更细致的组件划分，关注点分离。
- 代码可复用性更高。
- 更低的调试成本，组件可独立运行，也可集成。

11.2　组件化的核心思想

组件化架构继承了模块化架构的优点，同时，也衍生了自己的特点，它的核心思想主要包括软件复用、信息隐藏和快速运行。

11.2.1　软件复用

1968 年，北大西洋公约组织在德国召开了一次会议，这是首届软件工程会议。著名数学家、软件工程师 Dough Mcilroy 在其论文 *Mass Produce Software Components* 中提出了软件复用的思想。

软件复用（SoftWare Reuse）是指将软件系统划分为多个组件，这些组件可以组装在一起成为一个完整的系统，也可以独立运行解决不同的问题，就像很多个程序库一样。软件复用的产生是为了解决软件危机所带来的软件维护成本增加的问题，如图 11.3 所示。

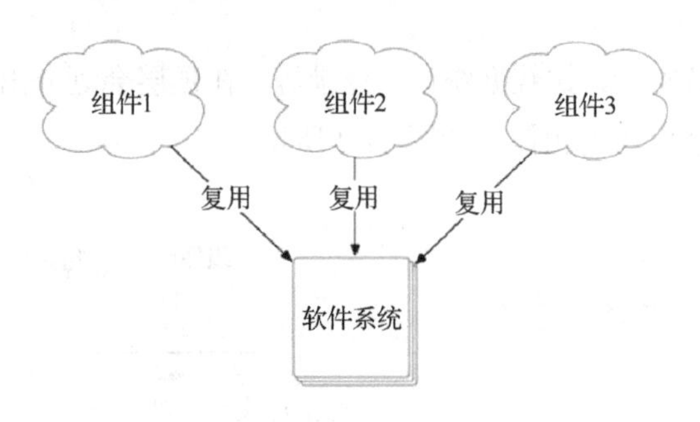

图 11.3　软件复用

软件复用可以更具体地指代代码级别的复用，通过对某块代码的封装，实现业务逻辑的复用。但是无论是代码级别的复用，还是组件级别的复用，对代码和组件设计的灵活性都有一定要求，对于不够灵活的系统组成部分，复用起来会产生关系混乱、依赖性复杂的问题，有时候为了解决这些问题，会破坏一个可读性良好的结构。

在现实场景中，软件复用面临的挑战常常是封装的良好性，毕竟代码的维护者并不一定就是代码的创作者，在这种情况下，维护者复用封装良好的代码，排除一些存疑的问题，可以很快达到功能需求；但如果封装不好，维护者往往面临着代码可读性差、难以理解代码创作者的创作意图等问题，这种情况下，维护者可能会提高代码重构的成本，以实现软件复用。

11.2.2　信息隐藏

信息隐藏（Information Hiding）是指模块或组件中的实现细节对内可见，对外隐藏，只是可控地暴露部分功能，使用者无须关注其具体实现细节。

首次提出信息隐藏的 D. L. Parnas 在其论文中阐述了模块化设计的一般方法和步骤。在划分模块时，使用信息隐藏，可以使模块不再对应具体的执行步骤，方法不再对应处理阶段，它的具体实现都会被隐藏，它的方法声明将很少揭示它具体的内部运作。信息隐藏如图 11.4 所示。

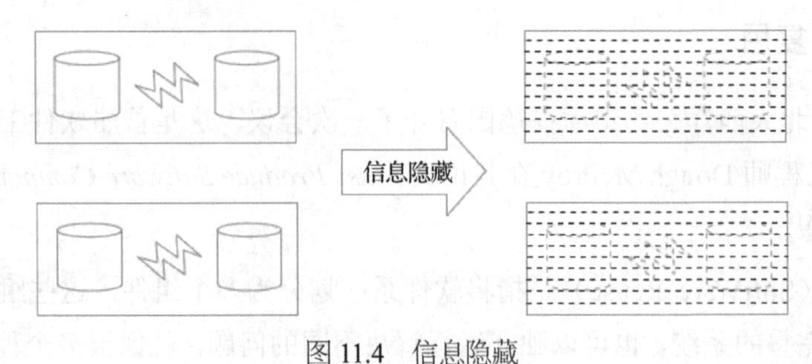

图 11.4　信息隐藏

信息隐藏在面向对象程序设计中的一种体现就是封装，将对象的实现细节进行隐藏。在组件化架构设计中，信息隐藏体现在组件内部实现由组件自身管理，组件之间相互独立，组件对外暴露的是部分的公开方法，使得自身可以被其他组件复用。

信息隐藏可以很好地保证组件的不可变性，这符合开放封闭原则。这样的特性使得组件在维护时，不会对其他组件造成影响，使得组件在测试时不需要系统全面覆盖地测试，降低了测试成本，也降低了代码维护成本。

11.2.3　快速运行

快速运行是指在组件化架构设计的系统中，每个组件既可以作为 Module 运行，也可以作为 Library 被组合到系统中，集成运行。这一优势，在中型和大型项目中表现得尤为明显。

不具备这种特点的架构，当项目规模非常大时，代码每次编译运行所消耗的时间，带来的时间成本是非常高的，尽管借助当前流行的一些增量编译插件有时可以避免这些问题，但是在安卓端由于设备机型的碎片化问题，在某些场景下，增量编译插件的效用不是很明显，比如部分机型使用增量编译插件后，集成的系统运行后会产生崩溃问题。

组件化的每个组件作为 Module 调试时，可避免每次编译都需要集成到系统中的情况，组件的单独编译运行速度非常快，这样极大地减少了组件调试的时间成本。单独运行的组件也减少了其他组件并行开发过程中带来的不可控风险性问题，在开发中，可以排除外界不稳定因素带来的干扰。

组件化快速运行的原理如图 11.5 所示。

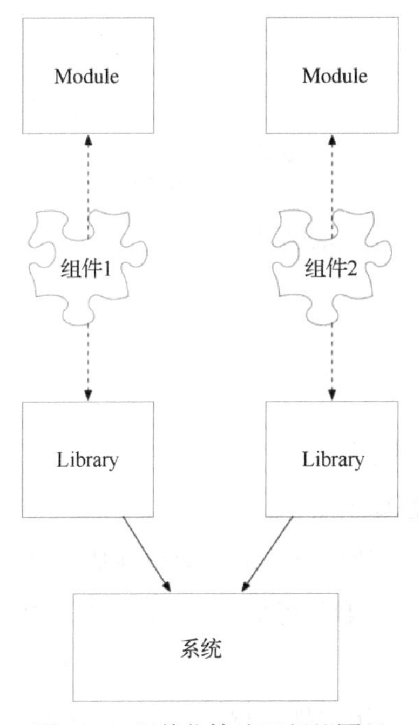

图 11.5　组件化快速运行的原理

11.3 组件分离

从本节开始，我们将对基于MVP架构设计的“我的日记”App进行组件分离，实现MVP架构和组件化架构。这两种架构设计模式其实并不冲突，可以各自发挥优势。MVP架构设计更多指向的是代码和细节层面，而组件化架构设计则指向整体的功能划分。

11.3.1 组件层级划分

首先，需要对“我的日记”App工程的组件拆分进行规划，确定分层层级与每个组件承担的责任。

一般在组件化的层级规划中都会有基础层、公共业务层和业务层三部分，每个部分具体的职责如下所示。

- 基础层：负责一些基础的服务，如图片加载、网络请求等，为应用在组件化划分中、平台层以上、底层的模型。
- 公共业务层：负责提供公有的业务，这些业务在很多业务组件中都有可能被用到，比如，登录组件是各个业务组件都可能需要使用的公有业务组件，那么，登录组件就属于公共业务层。
- 业务层：业务层中的组件对应的就是各个特殊的具体业务组件，在实例中，也可以被看作可以快速运行的组件。

组件层级划分如图11.6所示。

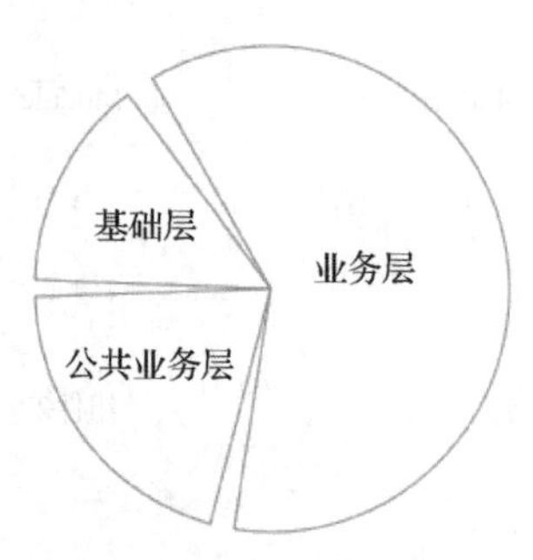

图11.6　组件层级划分

组件层级工程结构如图11.7所示。

各个组件层级所包含的包如下所示。

- base包：MVP架构相关的接口，可以划分到基础层，没有对业务层的依赖。
- data包：包括定义的日记数据源等，应划分在公共业务层，对多个日记模块提供日记数据。
- edit包：日记修改页面，由于项目规模并非很大，所以将日记修改页面的管理划分到业务层，作为单独的 Module 以演示组件化的组件划分操作，在大中型工程中应视具体情况而定，将日记业务划分到特定组件中。

图 11.7　组件层级工程结构

- main 包：日记的列表页面应划分在业务层，作为单独的 Module 管理。
- model 包：包括定义的日记数据结构，可以划分到公共业务层，以供业务层组件使用，在大中型项目中也可以考虑划分到具体的业务层中。
- source 包：包括定义的日记数据源相关接口，和日记数据源处理类一起划分到公共业务层。
- util 包：工具类包，是一些基本的工具提供类，可以划分到基础层。

11.3.2　组件划分

在层级划分之后，还需要确定每个层级中单独的组件划分计划。从目前的项目结构看，每个层级的 Module 划分情况如下：

基础层中只需一个 Module，命名为 en_base，包括 MVP 架构基础类和工具类。

公共业务层除公共业务类，还有公共引用的资源文件，所以需要划分出两个 Module，一个 Module 负责公共组件服务，命名为 en_common；另一个 Module 管理资源文件，命名为 en_res，为防止资源文件冲突等问题，在不同模块中可以对资源文件增加前缀。未来如果有多个公共业务组件，也可选择依赖 en_res。

业务层包括两个组件，一个为日记列表展示组件 diary_list，另一个则为日记添加修改组件 diary_edit。

自顶向下的层级和组件划分如图 11.8 所示。

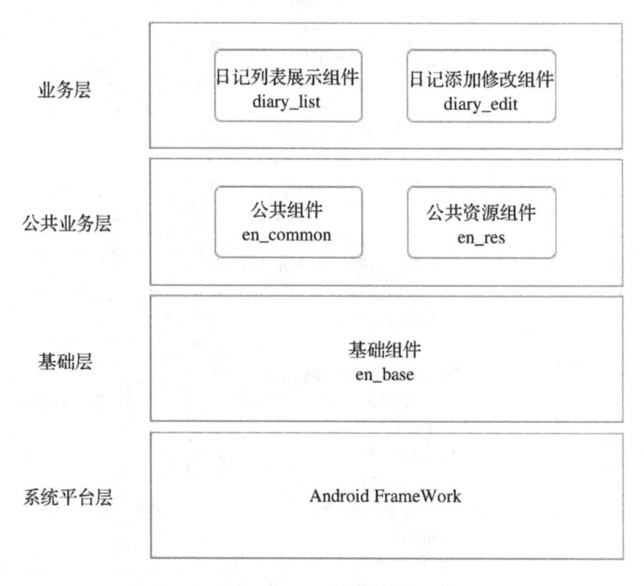

图 11.8　自顶向下的层级和组件划分

11.3.3　创建 Module

现在开始进入组件化操作实战。

首先，在项目下创建几个 Module，选择项目文件夹 EnDiary，单击鼠标右键，在弹出的快捷菜单中选择 New 中的 Module，如图 11.9 所示。

弹出对话框，这里注意选择创建 Android Libray，创建 Module 库类型，以便和主 Module 建立依赖关系，集成打包运行，如图 11.10 所示。

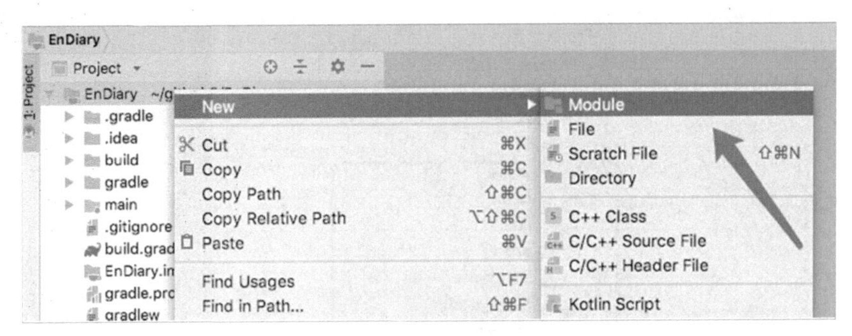

图 11.9　Module 创建

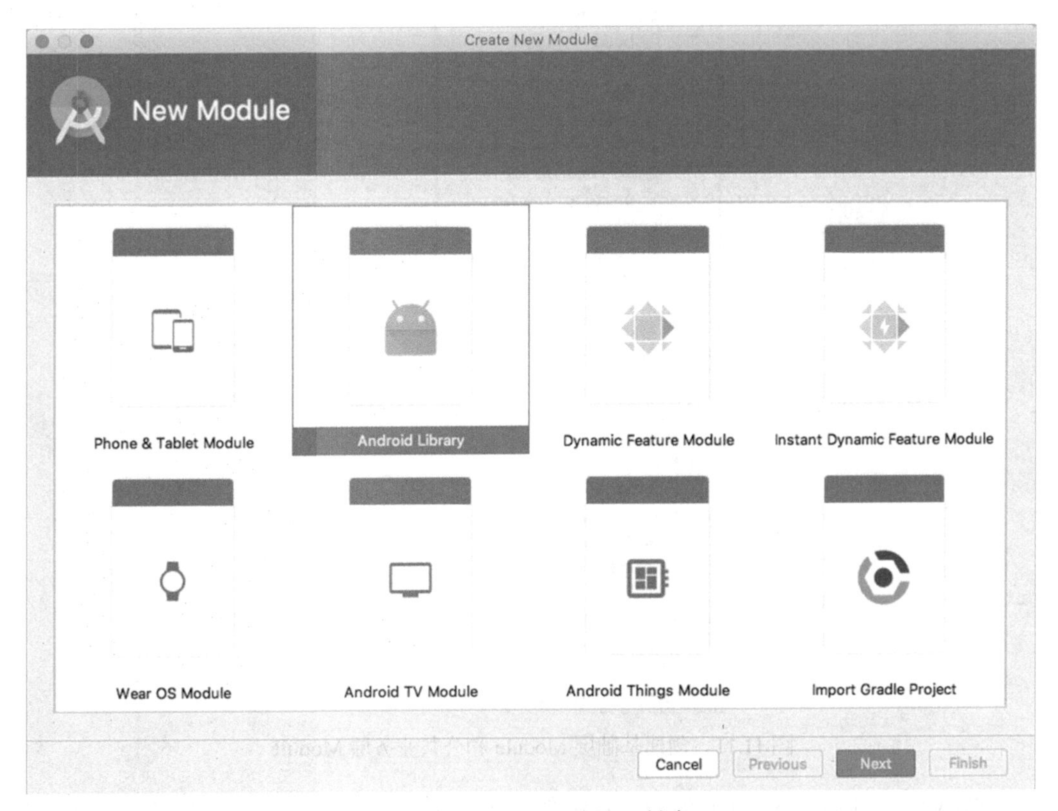

图 11.10　Android Library 创建

创建基础层 Module en_base，再创建公共业务层 Module en_common 和 en_res，如图 11.11 所示。

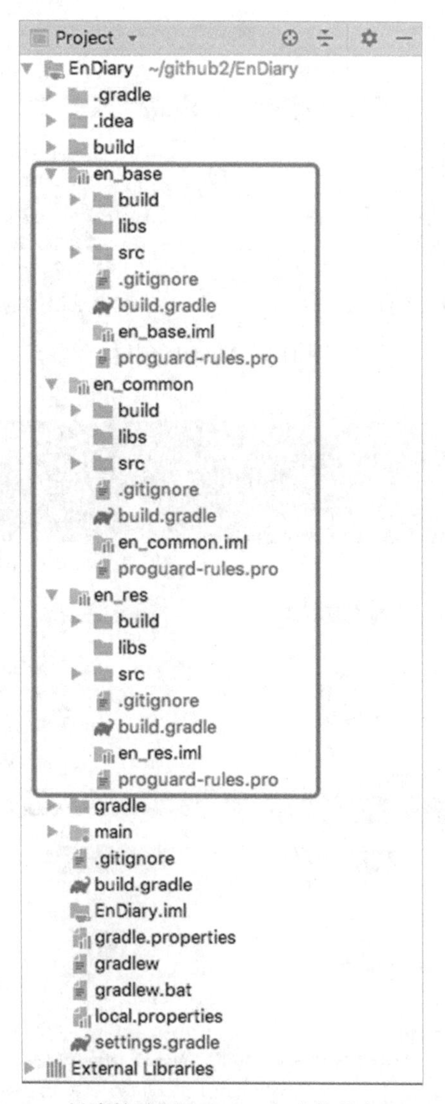

图 11.11　创建基础层 Module 和公共业务层 Module

创建业务层 Module，日记列表展示组件 diary_list 和日记添加修改组件 diary_edit，如图 11.12 所示。

图 11.12　创建业务层 Module

11.3.4　组件依赖关系

组件依赖关系为业务层组件 diary_list 和 diary_edit 依赖于公共组件 en_common，而 diary_list 和 diary_edit 之间没有依赖关系；en_common 依赖于公共资源组件 en_res；en_res 依赖于基础组件 en_base；en_base 依赖于 Android SDK 和其他第三方 SDK。

在 Mac 环境中，选择 Android Studio 的 File 菜单中的 Project Structure。工程结构配置如图 11.13 所示。

在左栏 Modules 选择 en_res，切换到 Dependencies 配置 en_res 的依赖关系，单击下方的“+”，选择 Module dependency。添加 Module 依赖如图 11.14 所示。

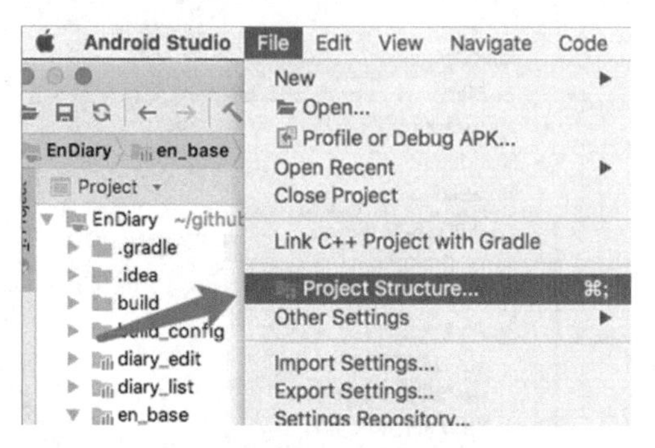

图 11.13　工程结构配置

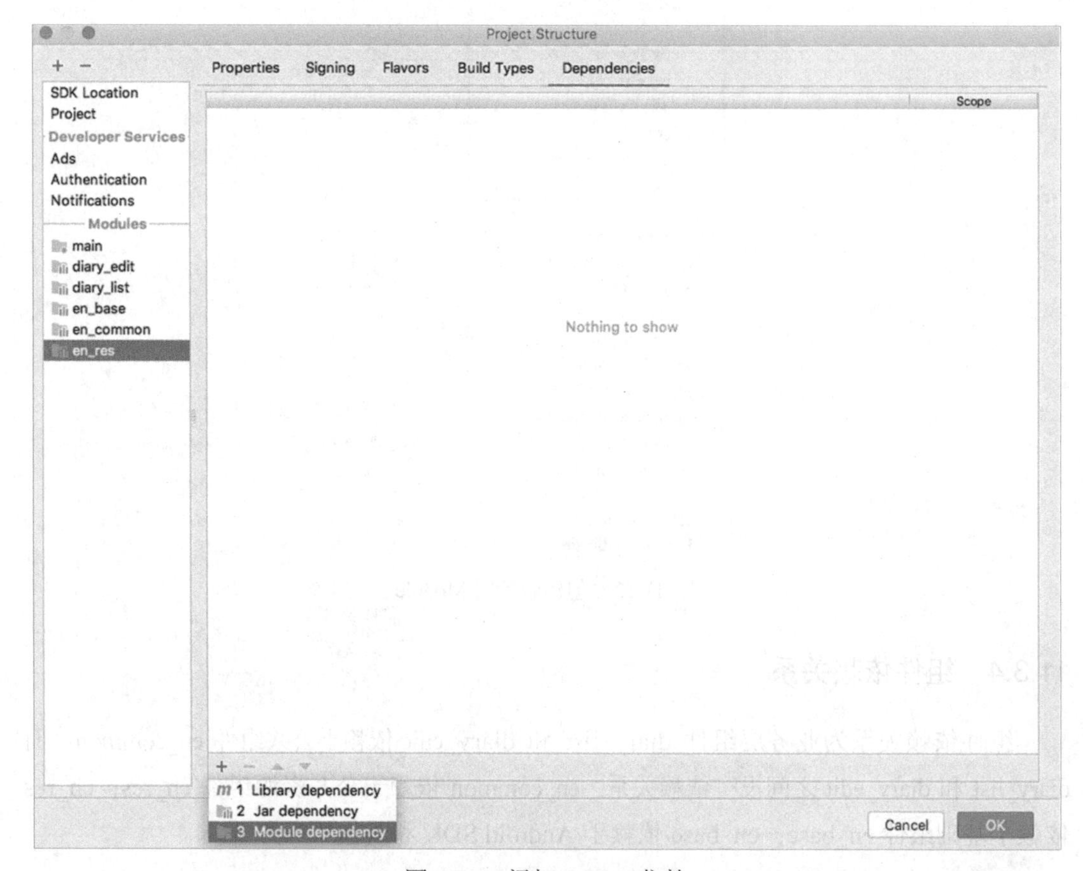

图 11.14　添加 Module 依赖

在弹出的菜单中选择 en_base，使得 en_res 依赖于 en_base，单击“OK”按钮，如图 11.15 所示。

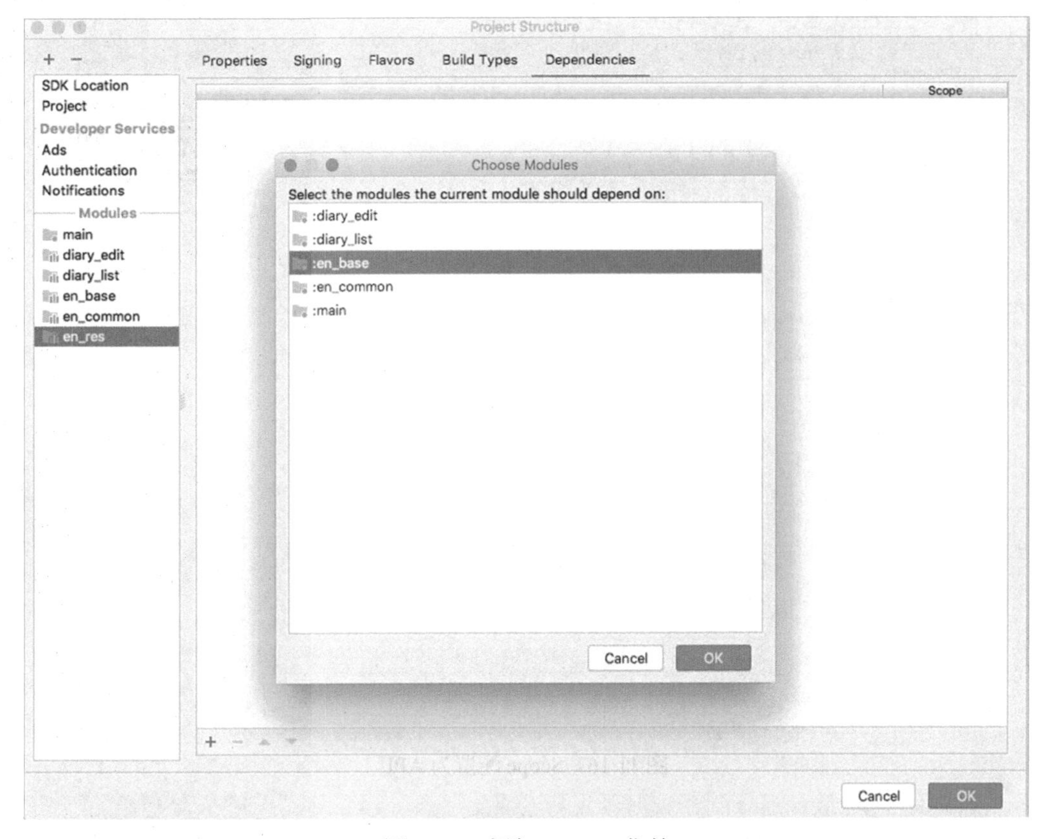

图 11.15　添加 en_base 依赖

这时候 Dependencies 中出现了 en_base，在右侧的 Scope 中选择 API，如图 11.16 所示。

单击“OK”按钮后，en_res 的 build.gradle 产生的代码如下所示：

```
dependencies {
    api project(':en_base')
}
```

在 Android Gradle 插件 3.0.0 以后，compile 被弃用，可以使用 API 代替，而新增的默认的 implementation，会使得依赖的模块不能被跨模块访问，但是可以缩短项目的构建时间。举例来说，如果 en_res 使用了 implementation 依赖 en_base，那么 en_common 依赖于 en_res，但是不能引用 en_base 中的类与方法，即依赖被隐藏，依赖关系不能被传递。使用 API 的话，可以避免这种情况。

将 en_common 配置依赖于 en_res，将 diary_list 和 diary_edit 配置依赖于公共业务层 Module en_common，如图 11.17 所示。

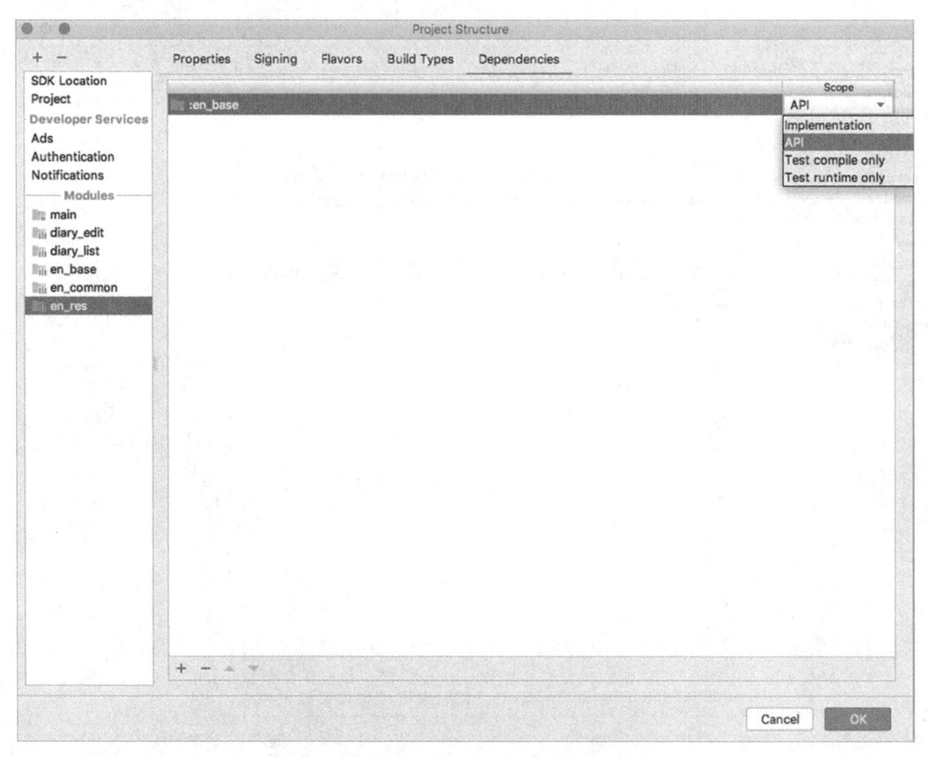

图 11.16 Scope 配置为 API

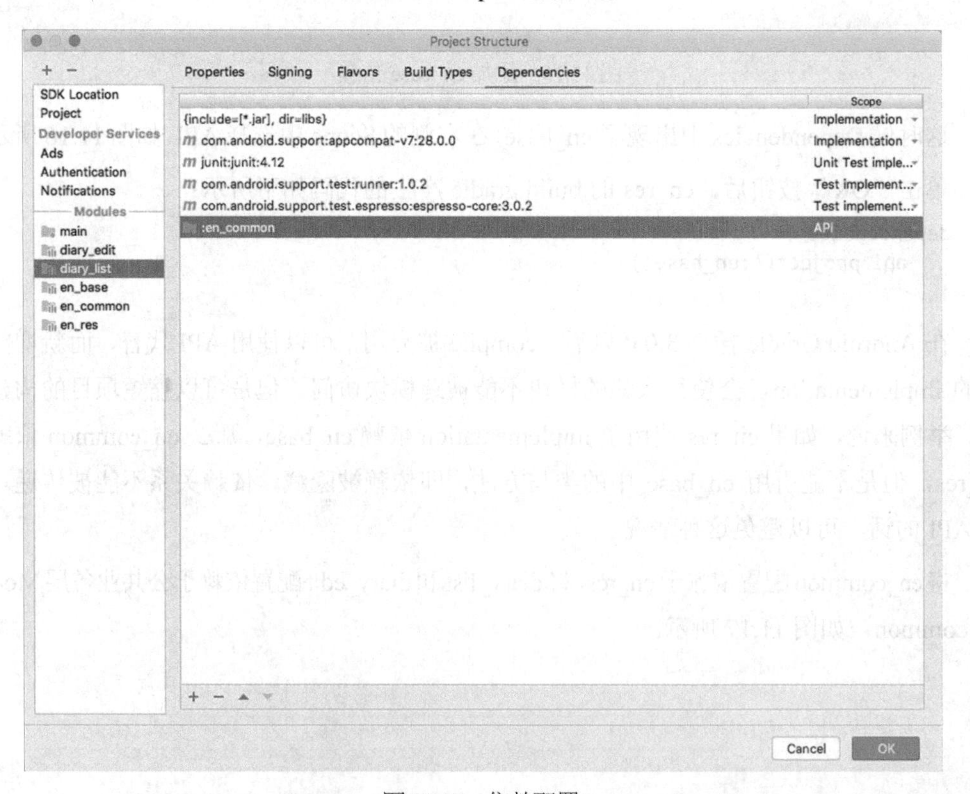

图 11.17 依赖配置

11.3.5　复用 Gradle 配置

由于组件化拆分后 Module 数量会急剧增加，在大中型项目中，其构建管理更是灾难性的，每个 Module 中都存在一个 build.gradle 文件管理 Build 配置，所以，Gradle 配置需要统一管理，以实现代码复用。

在项目中，一般的 Module 的 build.gradle 配置文件如下：

```
apply plugin: 'com.android.library'
android {
    compileSdkVersion 28
    defaultConfig {
        minSdkVersion 21
        targetSdkVersion 28
        versionCode 1
        versionName "1.0"
        testInstrumentationRunner "android.support.test.runner.AndroidJUnitRunner"
    }
    buildTypes {
        release {
            minifyEnabled false
            proguardFiles getDefaultProguardFile('proguard-android-optimize.txt'),
'proguard-rules.pro'
        }
    }
}
dependencies {
    implementation fileTree(include: ['*.jar'], dir: 'libs')
    implementation 'com.android.support:appcompat-v7:28.0.0'
    testImplementation 'junit:junit:4.12'
    androidTestImplementation 'com.android.support.test:runner:1.0.2'
    androidTestImplementation 'com.android.support.test.espresso:espresso-core:3.0.2'

    api project(':en_common')
}
```

我们在项目目录下创建一个 build_config 文件夹，在文件夹中创建文件 base.gradle，作为基础通用 Gradle 配置文件，如图 11.18 所示。

图 11.18　创建文件 base.gradle

将所有 Module 中的 build.gradle 的一些通用部分提取出来，包括 Android SDK 版本信息，构建类型和共同的依赖配置等，配置到 base.gradle 文件中，如下所示：

```
apply plugin: 'com.android.library'
android {
    compileSdkVersion 26
```

```
    defaultConfig {
        minSdkVersion 14
        targetSdkVersion 26
        versionCode 1
        versionName "1.0"
    }
    buildTypes {
        release {
            minifyEnabled false
            proguardFiles getDefaultProguardFile('proguard-android-optimize.txt'),
'proguard-rules.pro'
        }
    }
}
dependencies {
    implementation fileTree(include: ['*.jar'], dir: 'libs')
}
```

我们在其他 Module 中通过 apply from 复用 base.gradle 的配置文件，然后删除通用部分。

en_common 的 build.gradle 修改如下所示，其他公共业务层 Module 类似。

```
apply from: "../build_config/base.gradle"

//apply plugin: 'com.android.library'
//
//android {
//    compileSdkVersion 28
//
//    defaultConfig {
//        minSdkVersion 21
//        targetSdkVersion 28
//        versionCode 1
//        versionName "1.0"
//
//        testInstrumentationRunner "android.support.test.runner.AndroidJUnitRunner"
//
//    }
//
//    buildTypes {
//        release {
//            minifyEnabled false
//            proguardFiles getDefaultProguardFile('proguard-android-optimize.txt'),
 'proguard-rules.pro'
//        }
//    }
//
//}
dependencies {
//    implementation fileTree(include: ['*.jar'], dir: 'libs')
//    implementation 'com.android.support:appcompat-v7:28.0.0'
//    testImplementation 'junit:junit:4.12'
//    androidTestImplementation 'com.android.support.test:runner:1.0.2'
```

```
//    androidTestImplementation 'com.android.support.test.espresso:espresso-core:3.0.2'
    api project(':en_res')
}
```

diary_edit 的 build.gradle 修改如下所示，其他业务层 Module 类似。

```
apply from: "../build_config/base.gradle"
//apply plugin: 'com.android.library'
//
//android {
//    compileSdkVersion 28
//
//
//
//    defaultConfig {
//        minSdkVersion 21
//        targetSdkVersion 28
//        versionCode 1
//        versionName "1.0"
//
//        testInstrumentationRunner "android.support.test.runner.AndroidJUnitRunner"
//
//    }
//
//    buildTypes {
//        release {
//            minifyEnabled false
//            proguardFiles getDefaultProguardFile('proguard-android-optimize.txt'),
 'proguard-rules.pro'
//        }
//    }
//
//}
//
//dependencies {
//    implementation fileTree(include: ['*.jar'], dir: 'libs')
//    implementation 'com.android.support:appcompat-v7:28.0.0'
//    testImplementation 'junit:junit:4.12'
//    androidTestImplementation 'com.android.support.test:runner:1.0.2'
//    androidTestImplementation 'com.android.support.test.espresso:espresso-core:3.0.2'
//}
dependencies {
    api project(':en_common')
}
```

11.3.6　公共资源组件

接下来，我们将主 Module 中的资源文件移动到公共资源组件 en_res 中，直接选取资源文件夹，如图 11.19 所示。

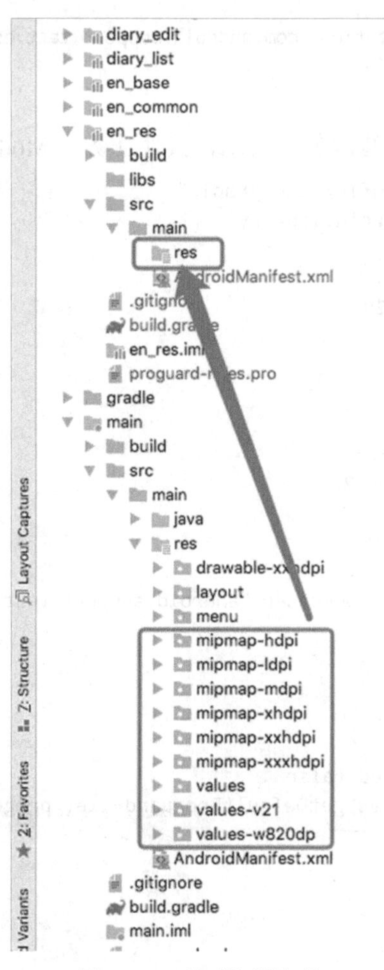

图 11.19　移动资源文件

将选取的资源文件夹拖曳到目标文件夹中，单击“OK”按钮，如图 11.20 所示。

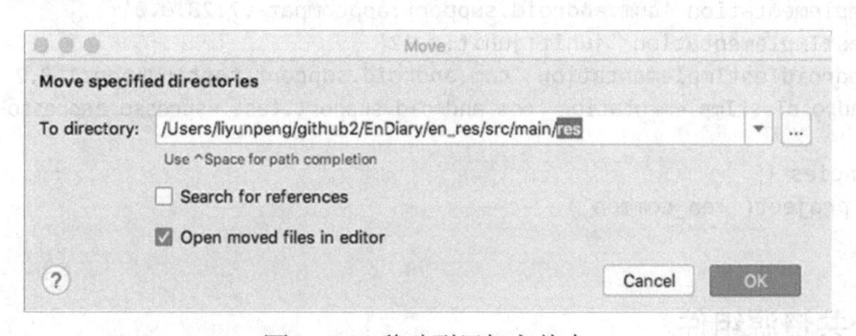

图 11.20　移动到目标文件夹

这里移动的资源文件主要包括公用的 values 文件和图标，而 layout 等文件夹更适合放在对应的业务 Module 中管理，以便于业务 Module 在移除时可以携带删除这些资源文件，避免资源冗余与无效资源的存在。

11.3.7　基础组件

接下来，处理基础组件，将规划的包中的类移动到 en_base 中，如图 11.21 所示。

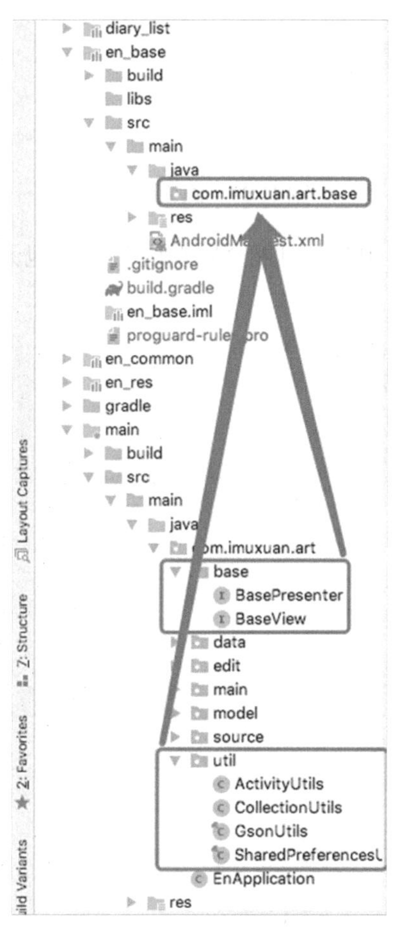

图 11.21　移动基础组件

同样直接拖曳，在提示对话框中单击“OK”按钮，如图 11.22 所示。

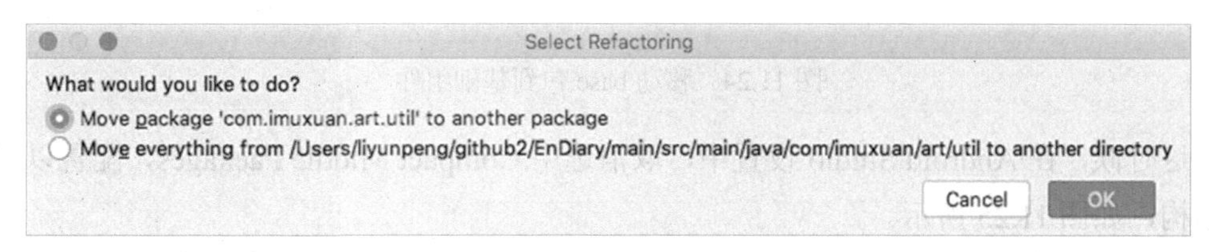

图 11.22　移动到目标包

确认目标包，如图 11.23 所示。

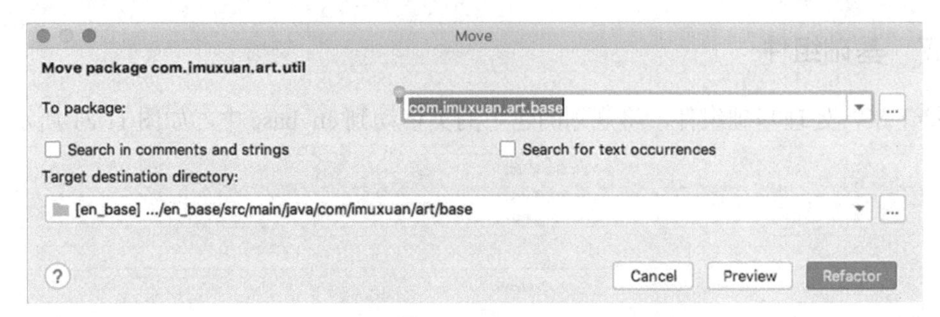

图 11.23　确认目标包

当移动 util 包到 en_base 中时，可能会发现这个 base 包无法再被拖曳到 util 包上一级的包中，如图 11.24 所示。

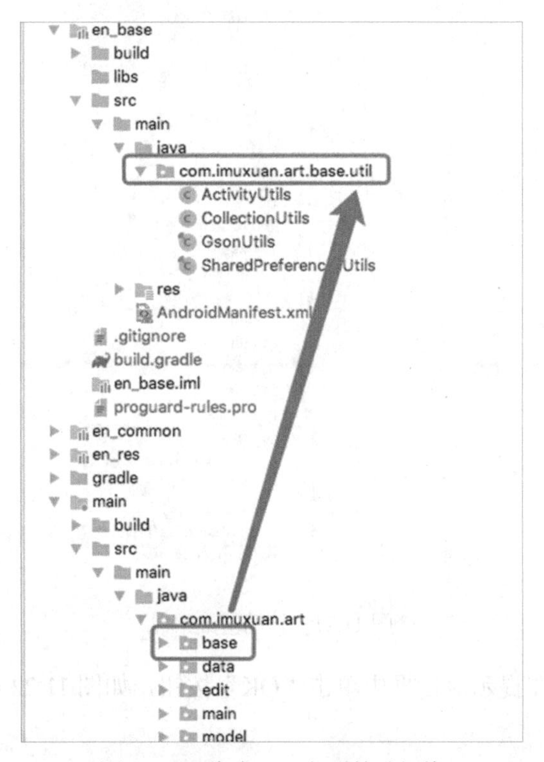

图 11.24　移动 base 包到基础组件

这时候，在 Android Studio 设置中，取消选中 Compact Middle Packages，配置以展开包结构，如图 11.25 所示。

展开后的包结构如图 11.26 所示，这时候可以将 base 包移动到 en_base 中的 base 包下了。

移动完成后的 en_base 的 Module 结构如图 11.27 所示。

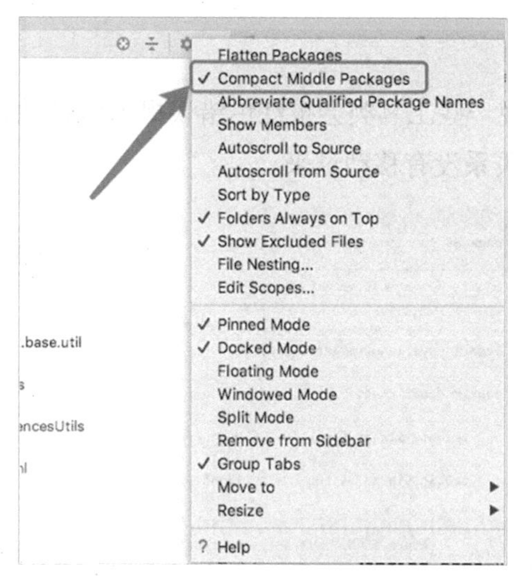

图 11.25　配置以展开包结构

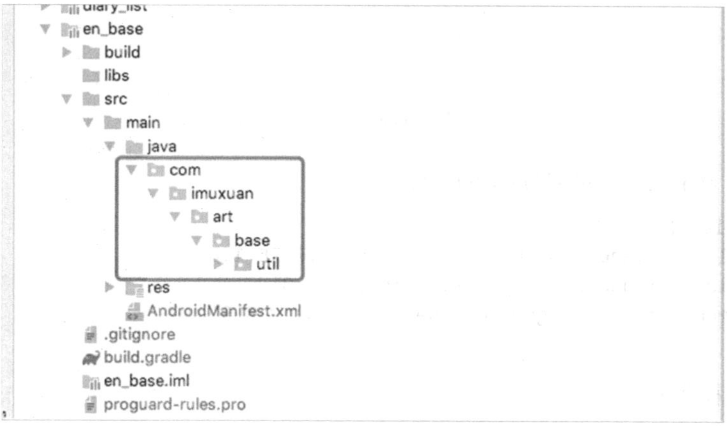

图 11.26　展开后的包结构

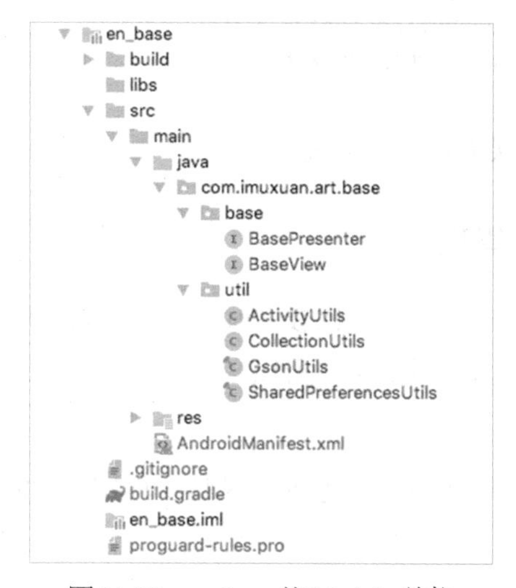

图 11.27　en_base 的 Module 结构

11.3.8 移动依赖

移动完成后，你会发现一些工具类会报红色错误提示信息（如图 11.28 框选内容所示），这是因为 Gson 等库依赖关系没有移动过来。

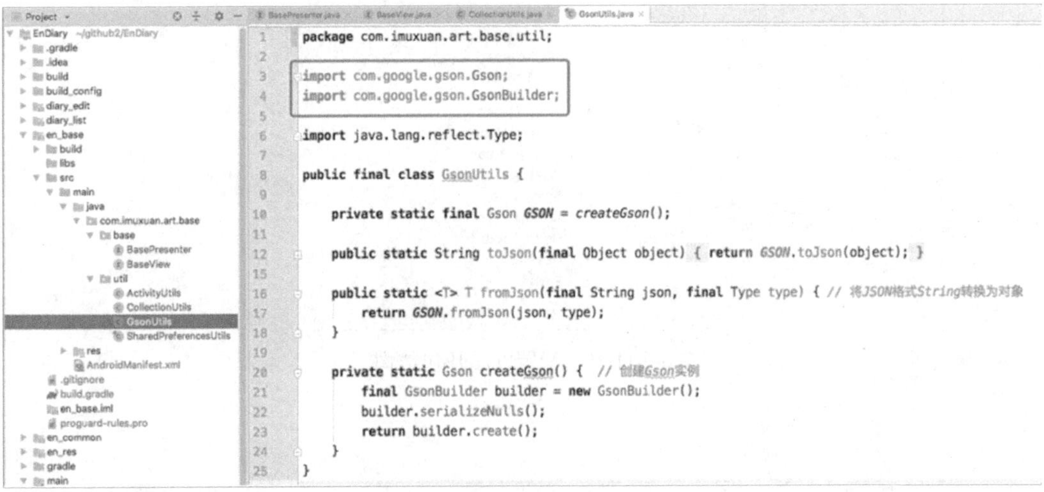

图 11.28 Gson 错误提示信息

现在，主 Module 中的依赖如下所示：

```
dependencies {
    compile 'com.android.support:appcompat-v7:26.1.0'
    compile 'com.android.support:design:26.1.0'
    implementation 'com.google.code.gson:gson:2.8.5'
}
```

将依赖迁移到基础层。

```
dependencies {
    api 'com.android.support:appcompat-v7:26.1.0'
    api 'com.android.support:design:26.1.0'
    api 'com.google.code.gson:gson:2.8.5'
}
```

重新同步后，发现错误提示信息消失。

11.3.9 Gradle 版本号管理

在大中型项目中，当依赖的 SDK 比较多时，我们会发现版本管理会非常混乱，多个 Module 寻找依赖的 SDK 版本非常困难，所以，需要增加一个文件 version.gradle 来专门负责管理版本信息。

在 build_config 目录下创建 version.gradle 文件，如图 11.29 所示。

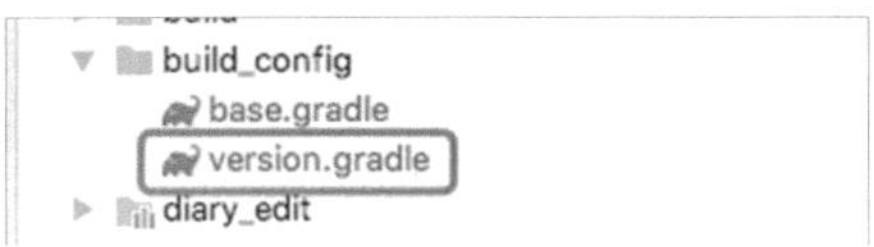

build_config
base.gradle
version.gradle
diary_edit

图 11.29　创建 version.gradle 文件

配置 version.gradle 文件的内容，定义使用的版本信息，这些信息是从 Module 的 Gradle 配置中提取出来的。

定义 ext 代码块，声明 androidConfig 和 libs 两个集合，在 androidConfig 集合中存放通用的版本配置信息，如目标 SDK 版本号等，在 libs 中存放一些依赖的主要 SDK 和第三方 SDK 版本信息。

```
ext {
    androidConfig = [
            compileSdkVersion      : 26,
            minSdkVersion          : 14,
            targetSdkVersion       : 28,
            versionCode            : 1,
            versionName            : '1.0',
    ]
    libs = [
            gradle                 : '3.0.0',
            supportlibs            : '26.1.0',
            gson                   : '2.8.5',
    ]
}
```

在 build.gradle 中，通过 apply from 引用该文件。

```
buildscript {
    apply from: "build_config/version.gradle"

    repositories {
        google()
        jcenter()
    }
    ……
}
```

使用时，可以通过 rootProject.ext.androidConfig 和 rootProject.ext.libs 获取两个集合。

定义一个变量 libs 如下所示，引用 libs 集合信息。

```
def libs = rootProject.ext.libs
buildscript {
    apply from: "build_config/version.gradle"
    ……
}
```

通过“$表达式”调用，如下所示：

```
def libs = rootProject.ext.libs
buildscript {
    apply from: "build_config/version.gradle"
```

```
    repositories {
        google()
        jcenter()
    }
    dependencies {
        classpath 'com.android.tools.build:gradle:${libs.gradle}'
    }
}
```

直接使用“$表达式”后，我们会收到提示信息，如图 11.30 所示。

```
dependencies {
    classpath 'com.android.tools.build:gradle:${libs.gradle}'
}
It looks like you are trying to substitute a version variable, but using single quotes ('). For Groovy string interpolation you must use double quotes ("). more... (⌘F1)
```

图 11.30　Gradle 中的$表达式提示信息

信息提示我们如果使用“$表达式”，需要注意将 dependencies 中依赖引用配置的单引号修改为双引号，修改如下所示。

```
    dependencies {
        classpath "com.android.tools.build:gradle:${libs.gradle}"
    }
```

在 base.gradle 中定义两个变量 androidConfig 和 libs，这样，所有引用 base.gradle 的配置文件都能通过“$表达式”使用 androidConfig 和 libs 变量。

```
def androidConfig = rootProject.ext.androidConfig
def libs = rootProject.ext.libs
apply plugin: 'com.android.library'
android {
    ......
}
```

修改 base.gradle 中其他的调用，通过 androidConfig 管理通用的版本号配置，修改如下所示：

```
def androidConfig = rootProject.ext.androidConfig
def libs = rootProject.ext.libs
apply plugin: 'com.android.library'
android {
    compileSdkVersion androidConfig.compileSdkVersion
    defaultConfig {
        minSdkVersion androidConfig.minSdkVersion
        targetSdkVersion androidConfig.targetSdkVersion
        versionCode androidConfig.versionCode
        versionName androidConfig.versionName
    }
    buildTypes {
        ......
    }
}
dependencies {
```

```
    ……
}
```

接着，修改 en_base 中的 build.gradle 的依赖配置，可以直接使用“$表达式”调用 libs 变量，获取版本信息。

```
apply from: "../build_config/base.gradle"
dependencies {
    api "com.android.support:appcompat-v7:${libs.supportlibs}"
    api "com.android.support:design:${libs.supportlibs}"
    api "com.google.code.gson:gson:${libs.gson}"
    api project(':en_res')
}
```

11.3.10　处理 Context

我们发现 en_base 中，曾经使用 EnApplication 获取 Application Context 的部分会报错，因为无法再引用到 EnApplication 类了，如图 11.31 所示。

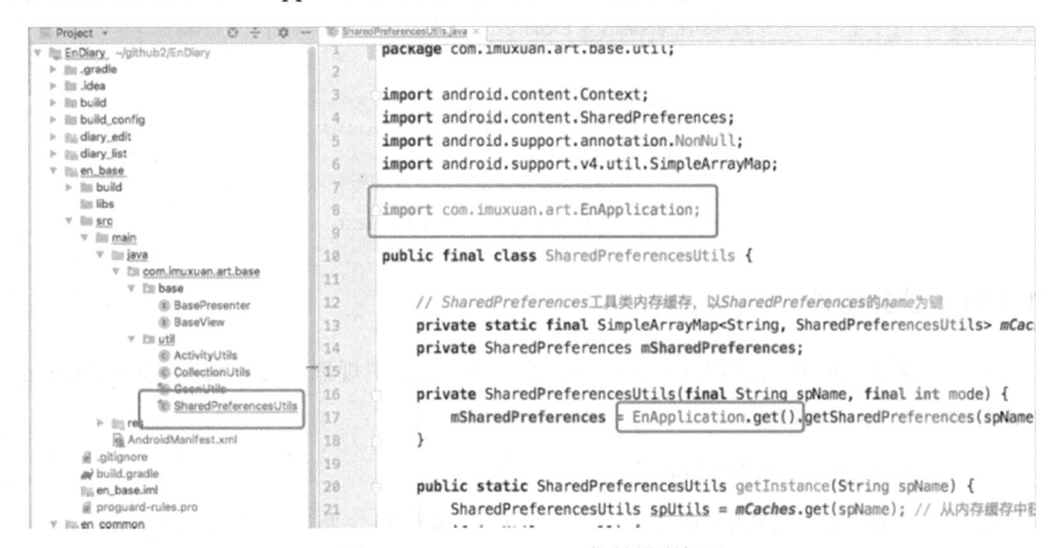

图 11.31　EnApplication 依赖错误提示

处理 Context，可以通过创建一个类，利用反射获取 Application 的 Context，如下所示：

```
public class EnContext {
    public static final Application mInstance;
    static {
        Application context = null;
        try {
            context = (Application) Class.forName("android.app.AppGlobals")
                    .getMethod("getInitialApplication").invoke(null);
        } catch (final Exception e) {
            e.printStackTrace();
            try {
                context = (Application) Class.forName("android.app.ActivityThread")
                        .getMethod("currentApplication").invoke(null);
```

```
            } catch (final Exception ex) {
                e.printStackTrace();
            }
        } finally {
            mInstance = context;
        }
    }
    public static Application get() {
        return mInstance;
    }
}
```

在工具类中，可以使用 EnContext 获取 Application 的 Context，如图 11.32 所示。

```
public final class SharedPreferencesUtils {

    // SharedPreferences工具类内存缓存，以SharedPreferences的name为键
    private static final SimpleArrayMap<String, SharedPreferencesUtils
    private SharedPreferences mSharedPreferences;

    private SharedPreferencesUtils(final String spName, final int mode
        mSharedPreferences = EnContext.get().getSharedPreferences(spNa
    }

    public static SharedPreferencesUtils getInstance(String spName) {
        SharedPreferencesUtils spUtils = mCaches.get(spName); // 从内存
        if (spUtils == null) {
            spUtils = new SharedPreferencesUtils(spName, Context.MODE_
```

图 11.32　使用 EnContext 获取 Context

11.3.11　公共组件

接下来，我们处理公共组件 en_common。将主 Module 中规划的文件移动到 en_common Module 中，如图 11.33 所示。

移动后的 en_common Module 结构如图 11.34 所示。

还需要迁移 AndroidManifest.xml 文件中的配置信息，将其配置在 en_common 的 AndroidManifest.xml 中，因为 EnApplication 被移动到了 en_common 中，AndroidManifest 中的 application 标签需要引用 EnApplication 类，在 AndroidManifest 文件合并时，多个 AndroidManifest 文件会被合并为一个。

```
<manifest xmlns:android=http://schemas.android.com/apk/res/android
    package="com.imuxuan.art.common">
    <application
        android:name=".EnApplication"
        android:allowBackup="false"
        android:icon="@mipmap/ic_launcher"
        android:label="@string/app_name"
        android:supportsRtl="true"
        android:theme="@style/AppTheme" />
</manifest>
```

en_common
build
libs
src
main
java
com.imuxuan.art.common
res
AndroidManifest.xml
.gitignore
build.gradle
en_common.iml
proguard-rules.pro
en_res
gradle
main
build
src
main
java
com.imuxuan.art
data
local
mock
DiariesRepository
edit
main
model
Diary
source
DataCallback
DataSource
EnApplication
res
AndroidManifest.xml
.gitignore
build.gradle
main.iml
proguard-rules.pro
proguardTest-rules.pro

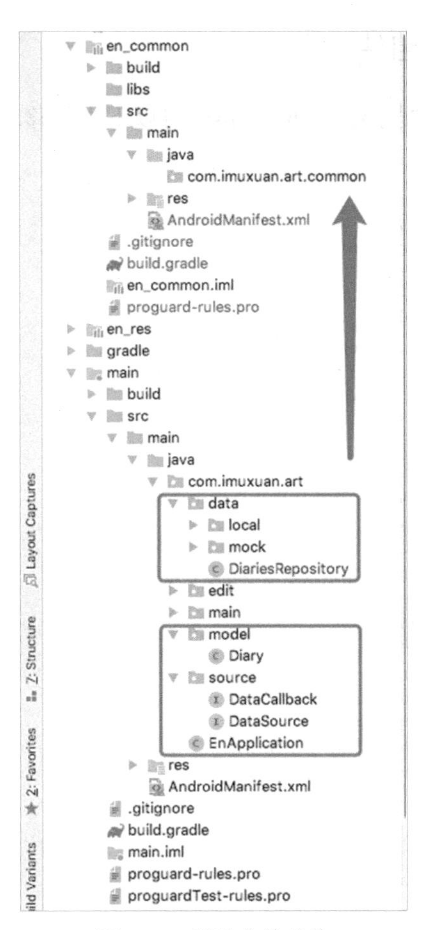

图 11.33　移动公共组件

en_common
build
libs
src
main
java
com.imuxuan.art.common
data
local
mock
DiariesRepository
model
Diary
source
DataCallback
DataSource
EnApplication
res
AndroidManifest.xml
.gitignore
build.gradle
en_common.iml
proguard-rules.pro

图 11.34　en_common Module 结构

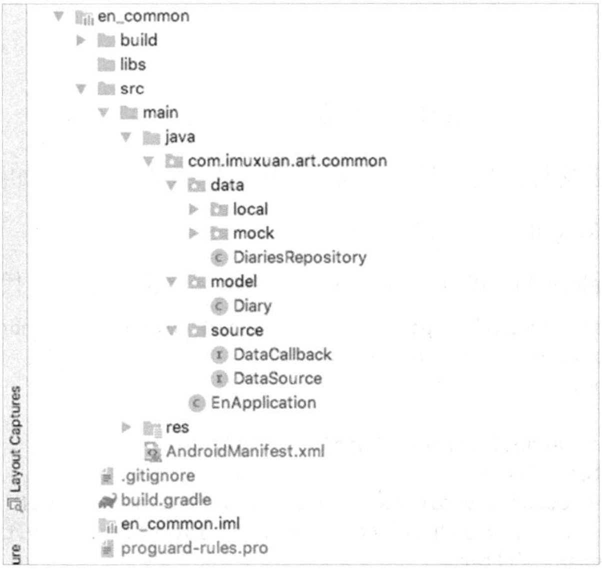

11.3.12 日记列表展示组件

接下来，处理日记列表展示组件 diary_list，将以下文件移动到 diary_list 中，如图 11.35 所示。

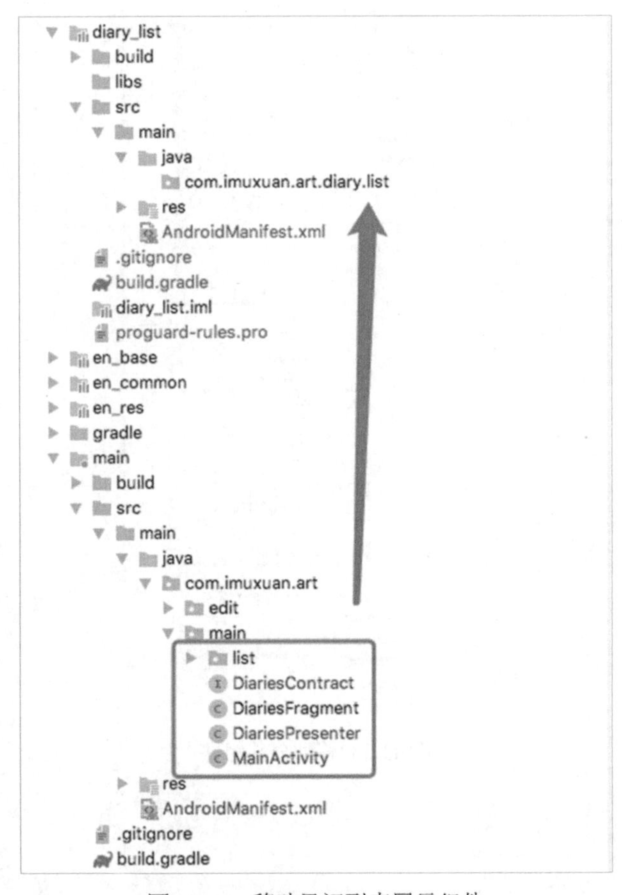

图 11.35　移动日记列表展示组件

还需要移动资源文件，包括图片资源、布局文件和菜单文件，如图 11.36 所示。

移动完成后的 Module 结构如图 11.37 所示。

还需要处理 AndroidManifest 文件声明，避免编译器提示错误，代码如下所示：

```
<manifest xmlns:android="http://schemas.android.com/apk/res/android"
    package="com.imuxuan.art.diary.list">
    <application>

        <activity android:name=".MainActivity">
            <intent-filter>
                <action android:name="android.intent.action.MAIN" />
                <category android:name="android.intent.category.LAUNCHER" />
            </intent-filter>
        </activity>
```

```
    </application>

</manifest>
```

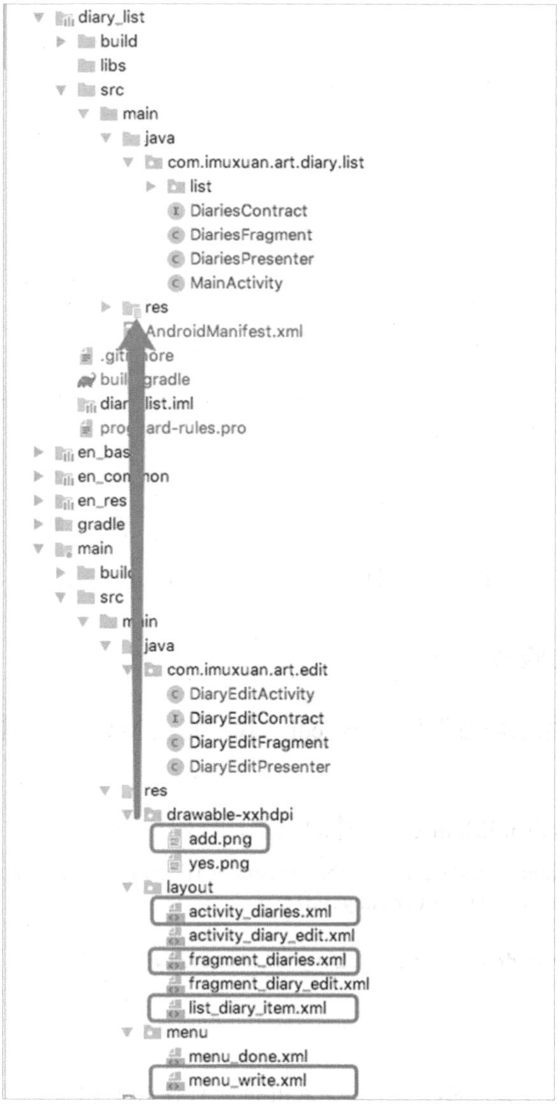

图 11.36　移动日记列表展示组件资源文件

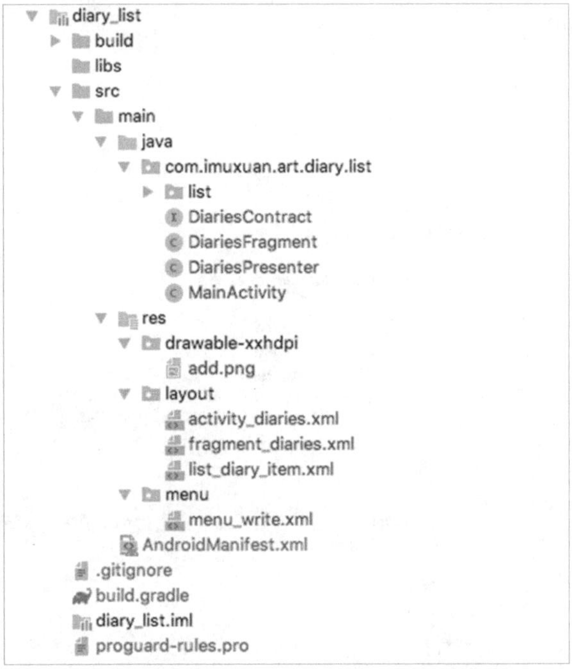

```
▼ diary_list
  ▶ build
    libs
  ▼ src
    ▼ main
      ▼ java
        ▼ com.imuxuan.art.diary.list
          ▶ list
            DiariesContract
            DiariesFragment
            DiariesPresenter
            MainActivity
      ▼ res
        ▼ drawable-xxhdpi
            add.png
        ▼ layout
            activity_diaries.xml
            fragment_diaries.xml
            list_diary_item.xml
        ▼ menu
            menu_write.xml
        AndroidManifest.xml
  .gitignore
  build.gradle
  diary_list.iml
  proguard-rules.pro
```

图 11.37　日记列表展示组件 Module 结构

11.3.13　日记添加修改组件

现在，处理日记添加修改组件 diary_edit，我们将主 Module 中剩下的部分全部移动过来，如图 11.38 所示。

接下来，处理 AndroidManifest 文件的配置，代码如下所示：

```
<manifest xmlns:android="http://schemas.android.com/apk/res/android"
    package="com.imuxuan.art.diary.edit">
    <application>
        <activity android:name=".DiaryEditActivity" />

    </application>
</manifest>
```

现在，主 Module 只是一个“空壳”，不再负责具体的逻辑处理，也不对业务提供具体的服务了。日记添加修改组件和主 Module 结构如图 11.39 所示。

diary_edit
build
libs
src
main
java
com.imuxuan.art.diary.edit
res
AndroidManifest.xml
.gitignore
build.gradle
diary_edit.iml
proguard-rules.pro
diary_list
en_base
en_common
en_res
gradle
main
build
src
main
java
com.imuxuan.art.edit
DiaryEditActivity
DiaryEditContract
DiaryEditFragment
DiaryEditPresenter
res
drawable-xxhdpi
yes.png
layout
activity_diary_edit.xml
fragment_diary_edit.xml
menu
menu_done.xml
AndroidManifest.xml
.gitignore
build.gradle

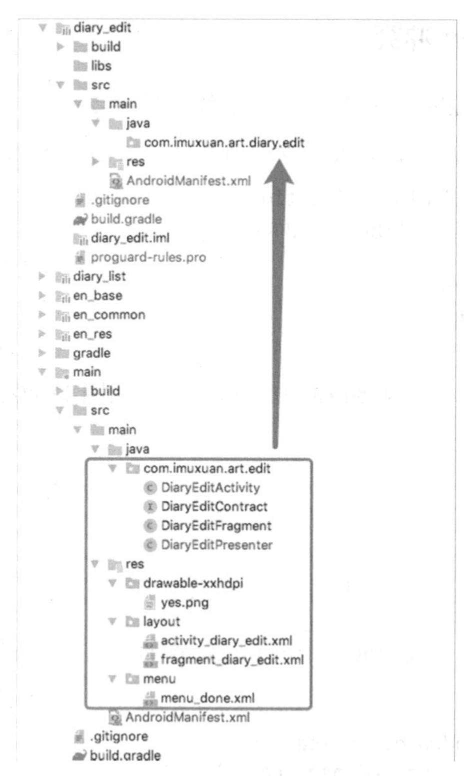

图 11.38 移动日记添加修改组件

diary_edit
build
libs
src
main
java
com.imuxuan.art.diary.edit
DiaryEditActivity
DiaryEditContract
DiaryEditFragment
DiaryEditPresenter
res
drawable-xxhdpi
layout
menu
AndroidManifest.xml
.gitignore
build.gradle
diary_edit.iml
proguard-rules.pro
diary_list
en_base
en_common
en_res
gradle
main
build
src
main
java
com.imuxuan.art.edit
res
AndroidManifest.xml
.gitignore

图 11.39　日记添加修改组件和主 Module 结构

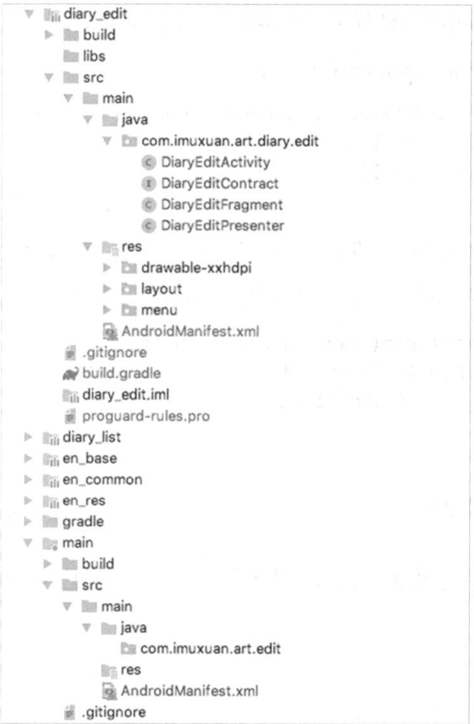

11.3.14 Gradle Plugin 冲突

我们需要处理主 Module 的 build.gradle 中的依赖关系配置，使主 Module 作为 App 集成 Module 壳，依赖所有业务 Module，对于项目来说，是依赖 diary_list 和 diary_edit。

```
apply plugin: 'com.android.application'
apply from: "../build_config/base.gradle"
dependencies {
    api project(":diary_list")
    api project(":diary_edit")
}
```

单击“运行”按钮后，发现会报冲突提示信息，如图 11.40 所示。

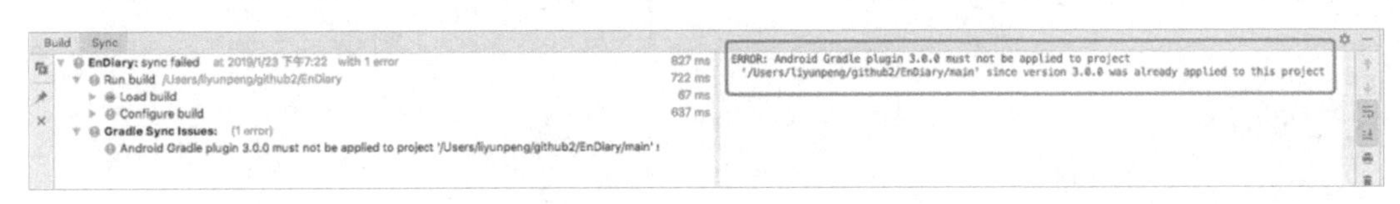

图 11.40　冲突提示信息

这是通用 Gradle 文件 base.gradle 中的 plugin 配置和主 Module 的 build.gradle 的 plugin 配置冲突导致的。

```
apply plugin: 'com.android.application'
apply from: "../build_config/base.gradle"
......
```

因为 base.gradle 的 plugin 配置为“com.android.library”，它与主 Module 的 build.gradle 的 plugin 配置“com.android.application”不兼容。

```
def androidConfig = rootProject.ext.androidConfig
def libs = rootProject.ext.libs
apply plugin: 'com.android.library'
......
```

在 base.gradle 中加入判断逻辑，如果当前已配置使用“com.android.library”或“com.android.application”插件，就不再使用“com.android.library”插件配置了。

```
if (!getPlugins().hasPlugin("com.android.library")
&& !getPlugins().hasPlugin("com.android.application")) {
    apply plugin: 'com.android.library'
}
```

11.3.15 运行主 Module

在解决一些文件移动导致的包名错误等问题后，运行主 Module，我们发现还会报错，如图 11.41 所示。

图 11.41　主 Module 运行错误提示

将错误提示定位到对应的代码如下所示：

```
@Override
// 菜单被选择时的回调方法
public boolean onOptionsItemSelected(MenuItem item) {
    switch (item.getItemId()) {    // 对被点击 item 的 id 进行判断
        case R.id.menu_add:         // 点击“添加”按钮
            mPresenter.addDiary(); // 通知控制器，添加新的日记信息
            return true;            // 返回 true 代表菜单的选择事件已经被处理
    }
    return false;                   // 返回 false 代表菜单的选择事件没有被处理
}
```

提示的错误信息如图 11.42 所示，在 library 中，资源 id 不再是常量。

图 11.42　switch 语句错误提示

在报错位置使用快捷键 Alt+Enter 可以显示意图操作，以修复错误，将 switch 语句快速转换为 if 语句，如图 11.43 所示。

图 11.43　将 switch 语句快速转换为 if 语句

转换后发现此处不再报错，但是运行主 Module 还是继续报错。

```
@Override
// 菜单被选择时的回调方法
public boolean onOptionsItemSelected(MenuItem item) {
    int i = item.getItemId();  // 对被点击 item 的 id 进行判断
    // 点击“添加”按钮
    if (i == R.id.menu_add) {
        mPresenter.addDiary(); // 通知控制器，添加新的日记信息
        return true;           // 返回 true 代表菜单的选择事件已经被处理
    }
    return false;              // 返回 false 代表菜单的选择事件没有被处理
}
```

因为在日记列表展示组件中，部分业务需要跳转到日记添加修改组件，但是日记列表展示组件和日记添加修改组件之间并没有依赖关系，如图 11.44 所示。

图 11.44　日记跳转无依赖关系

这时候就需要通过路由，来协助我们完成页面跳转。

11.4　使用路由

在 Android 中，开源的路由框架非常多，其中比较流行的一个是阿里巴巴推出的 ARouter，其功能比较强大，在本实例中我们将演示 ARouter 的基础功能，有兴趣的读者可以通过官方资料学习其他用法。

11.4.1　路由配置

使用 version.gradle 管理依赖的 ARouter 的框架版本，arouterApi 是 ARouter 的 API 库版本号，arouterCompiler 是 ARouter 的注解解析器的版本号，ARouter 也是一款基于 APT 编译时注解解析的框架，其配置如下所示：

```
ext {
    ......
    libs = [
        ......
```

```
            arouterApi             : '1.4.1',
            arouterCompiler         : '1.2.2'
    ]
}
```

使 en_common 公共组件配置依赖 arouter-api，这样依赖 en_common 的组件都能使用 ARouter 的依赖。

```
dependencies {
    ......
    api "com.alibaba:arouter-api:${libs.arouterApi}"
}
```

还需要配置注解解析器，每一个需要使用注解解析器或使用了 ARouter 注解的 Module，都需要配置注解解析器依赖，这里不再是只需 en_common 配置依赖就可以了，配置如下所示：

```
dependencies {
    ......
    annotationProcessor "com.alibaba:arouter-compiler:${libs.arouterCompiler}"
}
```

同样，官方要求还需要配置 annotationProcessorOptions。

```
android {
    defaultConfig {
        ......
        javaCompileOptions {
            annotationProcessorOptions {
                arguments = [AROUTER_MODULE_NAME: project.getName()]
            }
        }
    }
}
```

然后，在 en_common 的 EnApplication 中初始化 ARouter，完成 ARouter 配置。

```
public class EnApplication extends Application{
    ......
    @Override
    public void onCreate() {
        ......
        ARouter.init(this);
    }
}
```

11.4.2　使用 Route 跳转

现在，可以开始解决 DiariesFragment 因为依赖关系而无法跳转到 DiaryEditActivity 的问题了，现有的错误跳转方法如图 11.45 所示。

图 11.45　现有的错误跳转方法

在 DiaryEditActivity 中配置路由注解，在 path 中传入定义的该页面的跳转路径，官方要求这里的路径至少需要两级。

```
@Route(path = "/diary/edit")
public class DiaryEditActivity extends AppCompatActivity { // 日记修改页面
    ......
}
```

我们通过如下方式，在 DiariesFragment 中完成到 DiaryEditActivity 的跳转。

ARouter 是单例模式，build 方法返回的是 Postcard 对象，负责处理跳转信息，navigation 方法执行到最终的跳转。

```
// 日记展示页面
public class DiariesFragment extends Fragment implements DiariesContract.View {
    ......
    @Override
    public void gotoWriteDiary() { // 跳转到添加日记的页面
          // 构造跳转页面的 intent
//        Intent intent = new Intent(getContext(), DiaryEditActivity.class);
//        startActivity(intent);  // 通过 intent 的信息进行跳转
        ARouter.getInstance().build("/diary/edit").navigation();
    }
}
```

通过分析源码可以看到，将 Postcard 的 navigation 方法调用，最终还会回到 ARouter 的 navigation 方法中，这里具体的细节比较多，有兴趣的读者可以参考源码深入分析。

```
    public Object navigation(Context context, NavigationCallback callback) {
        return ARouter.getInstance().navigation(context, this, -1, callback);
    }
```

11.4.3　携带参数跳转

在跳转时，还可以通过 withString 等方法携带参数进行跳转，如下所示。

```
    @Override
    public void gotoUpdateDiary(String diaryId) { // 跳转到更新日记的页面
          // 构造跳转页面的 intent
//        Intent intent = new Intent(getContext(), DiaryEditActivity.class);
```

```
        // 设置跳转时携带的信息
//      intent.putExtra(DiaryEditFragment.DIARY_ID, diaryId);
//      getContext().startActivity(intent);          // 通过 intent 的信息进行跳转
      ARouter.getInstance().build("/diary/edit")
            .withString("diary_id", diaryId)
            .navigation();
    }
```

ARouter 支持携带多种参数，也可以直接携带 Bundle 进行跳转。ARouter 支持携带的参数类型如图 11.46 所示。

图 11.46　ARouter 支持携带的参数类型

现在，可以运行项目了，运行成功。项目运行效果如图 11.47 所示。

长按某条日记信息，测试跳转情况，可以成功跳转。跳转效果如图 11.48 所示。

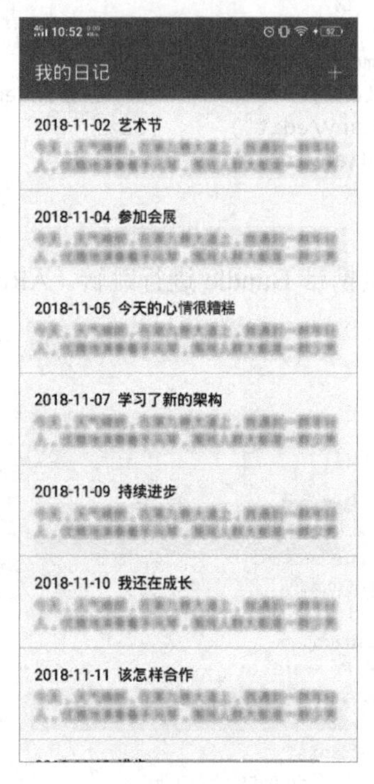

图 11.47　项目运行效果

图 11.48　跳转效果

11.5　组件运行

在前面的内容中，我们曾讨论过组件化的优点之一在于各个业务组件可以独立调试运行，不必每次都集成运行，这样能够极大地节省组件调试成本。下面我们将会介绍这种机制具体的实现过程。

11.5.1　切换开关

首先，在本地配置文件 gradle.properties 中加入一个调试的配置开关，gradle.properties 文件位置如图 11.49 所示。打开这个开关，项目中的部分 Module 可作为 App 独立运行调试；关闭这个开关，项目中除主 Module 外的其他 Module 将作为 Library，被主 Module 依赖，集成运行。

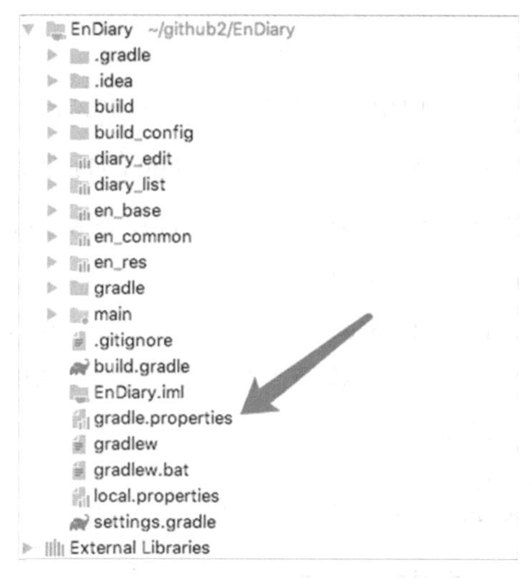

图 11.49　gradle.properties 文件位置

加入开关配置键值对，代码如下：

```
isDebug=true
```

修改主 Module，增加判断逻辑，在调试状态 isDebug 为 true 时，主 Module 不再依赖于各个业务 Module，因为在调试状态下，我们会把业务 Module 切换为 application。

```
apply plugin: 'com.android.application'
apply from: "../build_config/base.gradle"
dependencies {
    if (!isDebug.toBoolean()) {
        api project(":diary_list")
        api project(":diary_edit")
    }
}
```

如果不增加这里的判断逻辑，编译器会报错误提示信息，如图 11.50 所示。

```
EnDiary: sync failed  at 2019/1/24 上午11:10  with 10 errors        2 s 407 ms
  Run build /Users/liyunpeng/github/EnDiary                          1 s 593 ms
    Load build                                                         99 ms
      Run init scripts                                                 87 ms
      Configure settings                                                1 ms
      rootProject                                                       3 ms
    Configure build                                                   615 ms
  Unresolved dependencies: (10 errors)
    /Users/liyunpeng/github/EnDiary (10 errors)
      main/build.gradle (10 errors)
        Unable to resolve dependency for ':main@debug/compileClasspath': Could not resolve
        Unable to resolve dependency for ':main@debug/compileClasspath': Could not resolve
        Unable to resolve dependency for ':main@debugAndroidTest/compileClasspath': Could
        Unable to resolve dependency for ':main@debugAndroidTest/compileClasspath': Could
        Unable to resolve dependency for ':main@debugUnitTest/compileClasspath': Could no
        Unable to resolve dependency for ':main@debugUnitTest/compileClasspath': Could no
        Unable to resolve dependency for ':main@release/compileClasspath': Could not resolve
        Unable to resolve dependency for ':main@release/compileClasspath': Could not resolve
        Unable to resolve dependency for ':main@releaseUnitTest/compileClasspath': Could nc
        Unable to resolve dependency for ':main@releaseUnitTest/compileClasspath': Could nc

ERROR: Unable to resolve dependency for ':main@debug/compileClasspath': Could not resolve
  project :diary_list.
Show Details
Affected Modules: main

ERROR: Unable to resolve dependency for ':main@debug/compileClasspath': Could not resolve
  project :diary_edit.
Show Details
Affected Modules: main

ERROR: Unable to resolve dependency for ':main@debugAndroidTest/compileClasspath': Could not
  resolve project :diary_list.
Show Details
Affected Modules: main

ERROR: Unable to resolve dependency for ':main@debugAndroidTest/compileClasspath': Could not
  resolve project :diary_edit.
Show Details
Affected Modules: main

ERROR: Unable to resolve dependency for ':main@debugUnitTest/compileClasspath': Could not
  resolve project :diary_list.
Show Details
Affected Modules: main

ERROR: Unable to resolve dependency for ':main@debugUnitTest/compileClasspath': Could not
  resolve project :diary_edit.
```

图 11.50　Module 依赖错误提示信息

11.5.2 组件配置

加入调试切换配置使得业务层组件与其他层组件有所不同，Gradle 配置也不相同，所以，需要单独创建一个 Gradle 文件，声明业务 Module 的特殊配置信息。

在 build_config 下创建一个 common.gradle，配置业务 Module 相关信息，为了方便管理，将路由配置也声明在这个文件中。增加判断逻辑，如果为 isDebug，就切换为"com.android.application"插件，使 Module 可以独立运行。sourceSets.main 中定义了调试与非调试模式下不同的 Manifest 文件路径，在调试模式下，Module 独立运行，Manifest 中需要声明默认的 Activity 以避免错误。

```
if (isDebug.toBoolean()) {
    apply plugin: 'com.android.application'
} else {
    apply plugin: 'com.android.library'
}
apply from: "../build_config/base.gradle"
android {
    defaultConfig.javaCompileOptions {
        annotationProcessorOptions {
            arguments = [AROUTER_MODULE_NAME: project.getName()]
        }
    }
    sourceSets.main {
        if (isDebug.toBoolean()) {
            manifest.srcFile 'src/main/debug/AndroidManifest.xml'
        } else {
            manifest.srcFile 'src/main/release/AndroidManifest.xml'
        }
    }
}
dependencies {
    api project(':en_common')
    annotationProcessor "com.alibaba:arouter-compiler:${libs.arouterCompiler}"
}
```

我们将 diary_edit 和 diary_list 的 Gradle 文件引用修改为引用 common.gradle。

```
apply from: "../build_config/common.gradle"
```

11.5.3 Manifest 文件配置

在业务 Module 下创建两个文件夹 debug 和 release，用于存放调试模式和非调试模式的 Manifest 文件，如图 11.51 所示。

图 11.51　创建 debug 和 release 文件夹

将原有的 AndroidManifest.xml 移动到 release 文件夹中，在 debug 中新建一个 AndroidManifest.xml 文件。

日记列表展示组件 diary_list 的两个 AndroidManifest 文件可以一样，因为它们都有配置默认的 Activity 为 MainActivity。

```
<manifest xmlns:android="http://schemas.android.com/apk/res/android"
    package="com.imuxuan.art.diary.list">
    <application>
        <activity android:name=".MainActivity">
            <intent-filter>
                <action android:name="android.intent.action.MAIN" />
                <category android:name="android.intent.category.LAUNCHER" />
            </intent-filter>
        </activity>
    </application>
</manifest>
```

而日记添加修改组件 diary_edit 的 AndroidManifest 文件如果使用同一个，则运行/调试配置会报错，如图 11.52 所示。

图 11.52　diary_edit 运行/调试配置错误

运行后，会报错误提示信息，如图 11.53 所示。

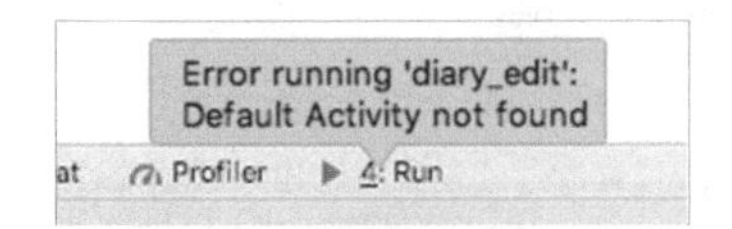

图 11.53　diary_edit 运行错误

这是因为，在 diary_edit 的 AndroidManifest 中没有配置默认 Activity。

```
<manifest xmlns:android="http://schemas.android.com/apk/res/android"
    package="com.imuxuan.art.diary.edit">
    <application>
        <activity android:name=".DiaryEditActivity" />
    </application>
</manifest>
```

修改 diary_edit 的 debug 中的 AndroidManifest.xml，加入默认 Activity 配置。

```
<manifest xmlns:android="http://schemas.android.com/apk/res/android"
    package="com.imuxuan.art.diary.edit">
    <application>
        <activity android:name=".DiaryEditActivity">
            <intent-filter>
                <action android:name="android.intent.action.MAIN" />
                <category android:name="android.intent.category.LAUNCHER" />
            </intent-filter>
        </activity>
    </application>
</manifest>
```

现在，运行/调试配置中，diary_edit 不再显示红色错误叉号提示了，如图 11.54 所示。

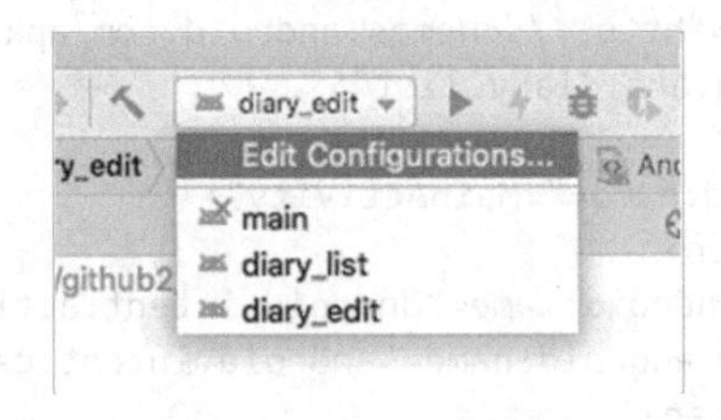

图 11.54　diary_edit 运行/调试配置成功

这时候，可以单独运行 diary_list 了，运行成功。diary_list 运行效果如图 11.55 所示。

图 11.55　diary_list 运行效果

11.5.4　集成运行

集成运行时，我们只需把 gradle.properties 的 isDebug 切换为 false，如下所示。

```
isDebug=false
```

可以看到，运行/调试配置中的主 Module 已经显示可运行状态，如图 11.56 所示。

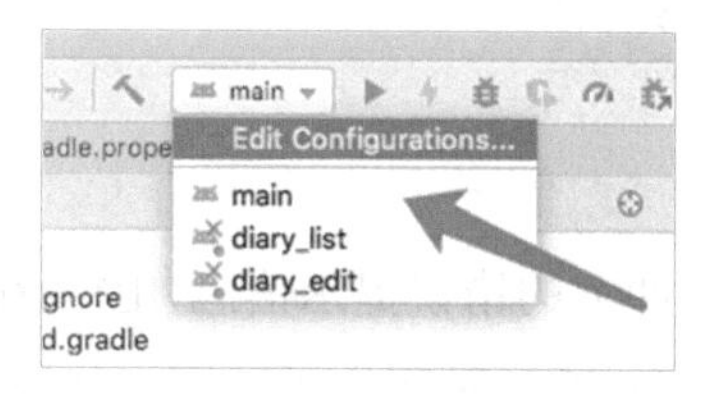

图 11.56　主 Module 运行配置正常

运行成功后，由于包名不同，会出现三个 App，分别对应 diary_edit、diary_list 和 main，如图 11.57 所示。

图 11.57　生成的 App

11.6 组件合并

在组件化架构中，多个 Module 集成运行可能会导致各种冲突和合并优先级的问题，其中包括 Manifest 文件合并冲突和资源文件冲突等，本节将通过一些具体的实例，来讨论这些冲突的优先级处理及合并策略。

11.6.1 组件命名冲突

diary_edit 组件独立调试运行，显示的图标和应用名称如图 11.58 所示。

图 11.58 diary_edit 的图标和应用名称

当你想要在 diary_edit 的 AndroidManifest 文件中自定义组件的 APK 名称时，可以在 application 标签增加 label 属性，定义应用名称为“写日记”。

```
<manifest xmlns:android="http://schemas.android.com/apk/res/android"
    package="com.imuxuan.edit">
    <application android:label="@string/add">
        <activity android:name=".DiaryEditActivity">
            <intent-filter>
                <action android:name="android.intent.action.MAIN" />
                <category android:name="android.intent.category.LAUNCHER" />
            </intent-filter>
        </activity>
    </application>
</manifest>
```

运行时你会发现 label 属性冲突的错误提示信息，因为在 en_common 中也定义了 App 的 label 属性，在合并 AndroidManifest 时产生了冲突，如图 11.59 所示。

```
Caused by: java.lang.RuntimeException: Manifest merger failed : Attribute application@label value=(@string/add) from
  AndroidManifest.xml:4:18-45
    is also present at [:en_common] AndroidManifest.xml:15:9-41 value=(@string/app_name).
    Suggestion: add 'tools:replace="android:label"' to <application> element at AndroidManifest.xml:4:5-11:19 to override.
    at com.android.builder.core.AndroidBuilder.mergeManifestsForApplication(AndroidBuilder.java:509)
    at com.android.build.gradle.tasks.MergeManifests.doFullTaskAction(MergeManifests.java:150)
    at com.android.build.gradle.internal.tasks.IncrementalTask.taskAction(IncrementalTask.java:109) <14 internal calls>
    ... 105 more
```

图 11.59 AndroidManifest 冲突的错误提示信息

这时候，可以通过配置 tools:replace 属性，声明替换 label，解决冲突。

```
<manifest xmlns:android="http://schemas.android.com/apk/res/android"
    xmlns:tools="http://schemas.android.com/tools"
    package="com.imuxuan.art.diary.edit">
```

```
    <application
        android:label="@string/add"
        tools:replace="label">
        ……
    </application>
</manifest>
```

成功运行后，应用名称已经替换为“写日记”，如图 11.60 所示。

图 11.60　“写日记”应用效果图

那么，当产生这种冲突时，Manifest 的合并和解决策略是什么样的呢？

11.6.2　Manifest 文件合并策略

Manifest 文件合并依照优先级，从优先级低的 Manifest 文件逐步向优先级高的 Manifest 文件合并，其优先级顺序如下所示。

- 低优先级：主 Module 依赖的库，库的清单文件合并顺序与 Gradle 中配置的 dependencies 库的出现顺序一致。
- 中优先级：主 Module 的清单文件。
- 高优先级：构建变体的清单文件，构建变体可以为主 Module 创建不同版本的 APK，一般用于渠道打包等，主 Module 的清单文件在“src/main/”中，构建变体的清单文件可能在“src/debug/”等目录中，演示项目中没有涉及构建变体。

优先级顺序把 Library 的清单文件合并到 Module 的清单文件，再合并到构建变体的清单文件。

Manifest 文件合并优先级如图 11.61 所示。

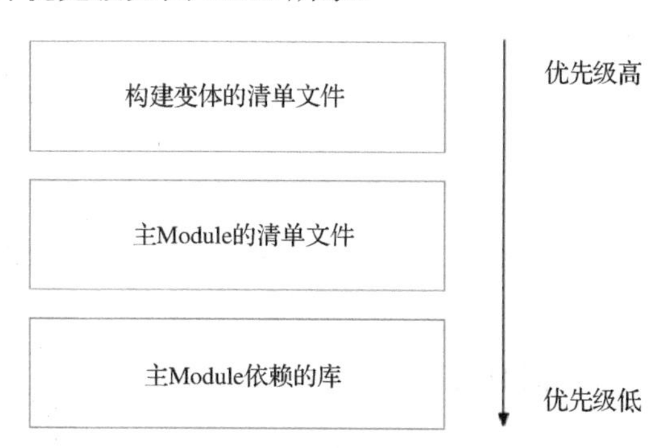

图 11.61　Manifest 文件合并优先级

在合并时，可能会出现以下三种情况：

- 如果优先级低的清单文件中的元素在优先级高的清单文件中没有出现，该元素会被合并到优先级高的清单文件中。
- 如果两个清单文件有相同属性，对应相同值，则不会重复合并添加该属性。
- 如果两个清单文件有相同属性，对应不同的值，则会产生冲突。

一般地，在某些情况下，合并工具还有一些默认的冲突处理规则。比如，合并时会始终以优先级最高的清单文件的配置信息为准，在合并工具不能解决冲突时，需要我们使用 tools 合并规则标记来处理冲突，相关实例可以参考上一节内容。

最后，build.gradle 中的配置还会替换 Manifest 文件的对应配置，如 build.gradle 会替换清单文件的 minSdkVersion 配置，可以考虑以 build.gradle 文件配置为主，省去 Manifest 文件中部分配置信息。

11.6.3 资源文件冲突

一般情况下，当创建一个 Module 时，会生成默认的 icon 资源文件，如图 11.62 所示。

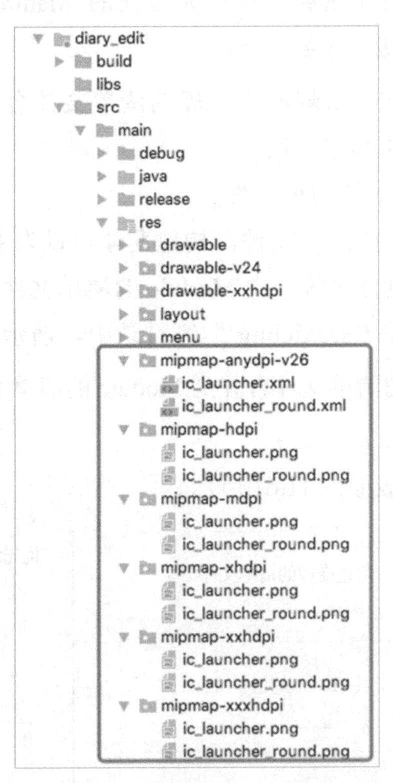

图 11.62　默认的 icon 资源文件

但在 en_res 中也配置了 icon 资源文件，如图 11.63 所示。

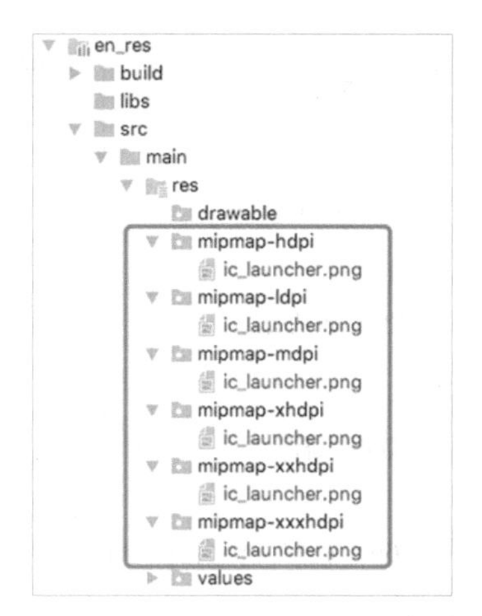

图 11.63　en_res 的 icon 资源文件

运行时，显示的还会是默认的 icon，如图 11.64 所示。

除非将 diary_edit 中默认的 icon 删除，生成的 APK 图标才会是 en_res 中的图标，如图 11.65 所示。

图 11.64　显示默认 icon

图 11.65　显示 en_res 的 icon

那么，资源文件合并策略又是怎样的呢？

11.6.4　资源文件合并策略

当两个文件的资源名称、资源类型和资源限定符完全相同时，Gradle 会对两个资源文件进行合并处理。限定符是资源目录“-”后面的修饰，如“drawable-hdpi”，其中“hdpi”就是资源限定符。

资源文件合并的优先级顺序是构建类型优先级最高，其次是构建风味，然后是主 Module 的资源，最后是依赖的资源，如图 11.66 所示。

前面由于 diary_edit 的优先级高于依赖的 Module en_res，所以打包到 APK 中使用的资源文件是 diary_edit 的 icon，而 en_res 的 icon 没有被打包到 APK 中，也没有生效。

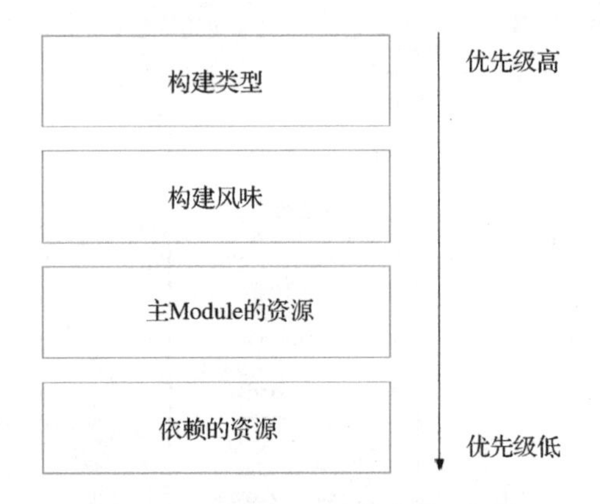

图 11.66　资源文件合并优先级顺序

11.7　小结

本章通过“我的日记”App，完整地演示了一个项目从MVP架构演进到MVP架构与组件化架构的开发模式，组件化架构给我们带来的优势，从实例中已经很明显地体现出来了。从重构项目到组件化，遇到的最大问题，其实是如何对项目的模块之间进行解耦，在这里笔者推荐大家通过面向接口编程、回调和事件总线等方式，解决这种棘手问题。

在此，我们小结组件化的基本开发步骤如下：

（1）确定组件化的层级划分。

（2）确定组件化的组件划分。

（3）创建Module，Gradle配置复用。

（4）组件解耦，分离组件。

（5）使用路由跳转，确定跳转协议。

（6）配置组件的调试模式。

第 12 章 The Clean Architecture：整洁的架构

在第 4 章讲解 MVP 架构时我们曾讨论过其存在的 Presenter 难以复用的问题，我们简单地介绍了符合领域驱动设计（DDD）思想的 The Clean Architecture——整洁的架构，本章将通过介绍三款符合 The Clean Architecture 思想的架构——MVP-Clean、VIPER 和 Riblets，使大家能够对 The Clean Architecture 有更加全面的了解。

12.1 什么是 The Clean Architecture

2012 年 8 月，著名软件开发大师 Uncle Bob 在他的博客上发表了一篇文章 *The Clean Architecture*，他在文章中总结了一些流行的架构共同具有的五个特点：框架独立、可测试、UI 独立、数据库独立和外部代理独立。

- 框架独立：框架与系统中的其他部分没有强依赖关系，框架也可以作为工具存在。
- 可测试：脱离 UI 和数据库等外部依赖，业务逻辑仍然可以测试。
- UI 独立：UI 的修改不会影响系统中的其他组成部分，UI 的维护更加容易。
- 数据库独立：数据库与 UI 和业务逻辑没有耦合关系，数据库框架切换更容易。
- 外部代理独立：外部代理与业务逻辑没有依赖关系。

流行框架特点如图 12.1 所示。

图 12.1 流行框架特点

这些架构的共同特点构成了 The Clean Architecture。一个整洁的四层架构体系包括实体、用例、接口适配器和框架与驱动，各层职责分别如下所示。

- 实体（Entities）：实体可以表示由通用的业务规则定义的数据结构，当外部组成改变时，实体受到的影响一般最小，它们封装了通用的、高级的规则。
- 用例（Use Cases）：用例负责处理外界与实体之间流动的数据信息，定义了具体的业务逻辑。
- 接口适配器（Interface Adapters）：接口适配器负责处理实体与用例之间的数据，和外层展现等部分使用的数据的转换。在 MVC 架构中，控制器 Controller 属于接口适配器；在 MVP 架构中，主持人 Presenter 属于接口适配器。
- 框架与驱动(Frameworks and Drivers)：框架与驱动包括系统使用的各种外部工具，如 Android 相关组件、数据库 SQLite 等。

The Clean Architecture 模型如图 12.2 所示。

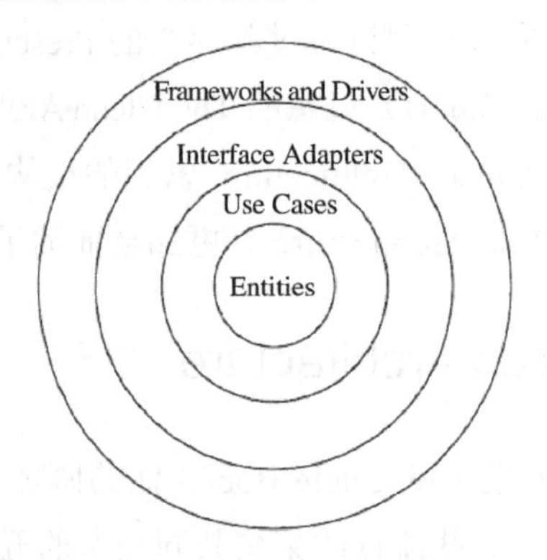

图 12.2　The Clean Architecture 模型

12.2　The Clean Architecture 的核心思想

The Clean Architecture 的核心思想在于系统各部分之间的单向依赖规则，这种规则使得 The Clean Architecture 在面对外界变化时依旧可以保持清晰稳定且易于应对变化。除此之外，业务规则分离、简单数据结构跨界也是它的核心思想。

12.2.1　单向依赖规则

在 The Clean Architecture 中，依赖规则只能是单向依赖，外部依赖于内部，而内部不作用于外部。用例可以依赖实体，但实体并不会因为用例发生变化而变化；接口适配器 Presenter 依赖于用例，但用例也不会因为 Presenter 发生变化而受到影响，这样的单向依赖使得架构在面对变化时能够更加易于维护。The Clean Architecture 依赖关系如图 12.3 所示。

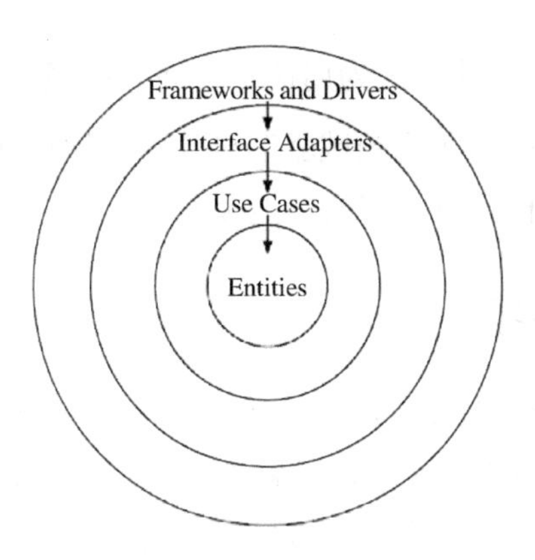

图 12.3　The Clean Architecture 依赖关系

如图 12.4 所示，在 The Clean Architecture 中，同心圆外圆是机制，内圆是决策。这种依赖关系可以理解为机制与决策分离。

机制与决策分离（Separation of Mechanism and Policy）是指机制无法决定决策，而决策可以决定机制，机制和决策作为软件的两个不同组成部分存在。其中，机制负责提供功能，决策负责决定功能如何使用。机制与决策分离可以使得系统在适应不同的变化与需求的情况下，依旧可以保持正常的功能运行。

图 12.4　机制与决策分离

12.2.2　业务规则分离

业务规则是指系统中的业务具体结构与行为。在 The Clean Architecture 中，业务规则从系统逻辑中分离出来，实体和用例共同组成了业务规则，实体定义了业务规则中数据流动的基本结构，用例则定义了具体的业务逻辑，如图 12.5 所示。

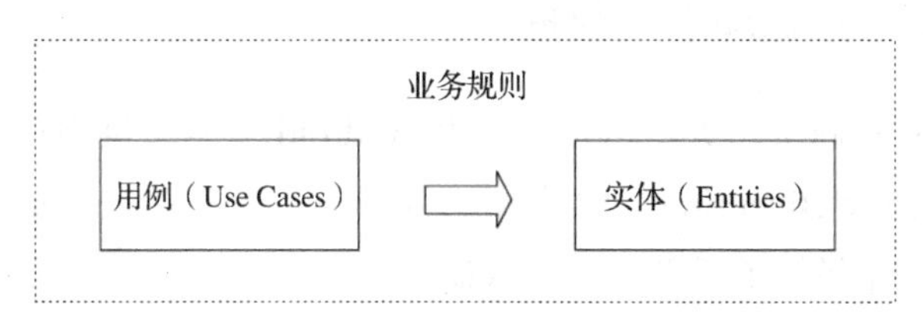

图 12.5　业务规则

业务规则分离可以实现架构的可测试性，在测试业务逻辑时只需测试用例中的行为，而不会受到UI等外层组件的干扰，因为用例不会向外依赖。

业务规则分离也可以很好地实现领域驱动设计。非软件开发人员在参与系统设计时，也能够通过用例，了解一个模块所具有的功能和业务。

12.2.3 简单数据结构跨界

在The Clean Architecture中，我们一般希望层与层之间交互的数据流中的数据结构是尽可能简单的，这样能够使得内圈更少地了解外圈的事情。比如，在数据库查询生成的数据结构不应该传递给内部的用例，否则，将导致用例必须了解关于数据库的部分。

而实现数据流跨界流动，可以通过接口回调等方式，保证内部不依赖于外部。比如，用例在业务逻辑处理完成后，可以通过接口回调通知接口适配器Presenter相关的信息，实现数据流的向外传输。数据流传输如图12.6所示。

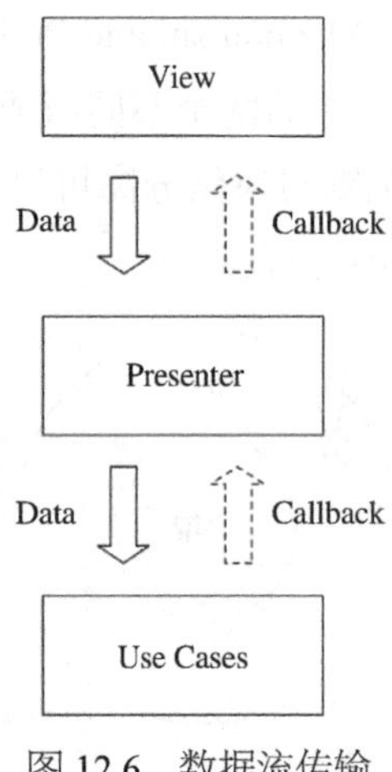

图12.6 数据流传输

12.3 MVP-Clean架构

下面，在基于MVP架构设计的“我的日记”App基础上，加入用例交互层，将业务逻辑从主持人Presenter中剥离出来，增强系统的可测试性，实现The Clean Architecture。

12.3.1 用例的请求数据和响应数据

首先，创建一个UseCase类，这是在谷歌Android架构实例项目——Android架构蓝图（Android Architecture Blueprints）中的MVP-Clean的Use Cases的基础上改进而来，简化了线程转换操作，并降低了泛型的类型限制。

Android架构蓝图中的Use Cases提供了一个Callback，包括数据处理成功和处理失败的回调，而Presenter负责根据回调后的结果，处理View的界面显示，Presenter控制器不再单一地控制 View 和 Model，承担过重的业务逻辑，可能会导致相同的业务逻辑不能复用。MVP-Clean 的 Presenter 因为有了 Use Cases，使得自身更加整洁，分离出来的业务逻辑和数据处理等由 Use Cases 承担，其他业务也能够很好地复用 Use Cases。

```
public abstract class UseCase<Q, P> {
    private Q mRequestValues;
    private UseCaseCallback<P> mUseCaseCallback;
    /**
     * 若包含多个请求数据，则需要封装传入
     * {@link RequestValues}
     */
    @CallSuper
    public UseCase<Q, P> setRequestValues(Q requestValues) {
        mRequestValues = requestValues;
        return this;
    }
    public Q getRequestValues() {
        return mRequestValues;
    }
    protected UseCaseCallback<P> getUseCaseCallback() {
        return mUseCaseCallback;
    }
    /**
     * 数据处理结束后的回调
     */
    public UseCase<Q, P> setUseCaseCallback(UseCaseCallback<P> useCaseCallback) {
        mUseCaseCallback = new UICallBackWrapper<>(useCaseCallback);
        return this;
    }
    /**
     * 可在任意线程执行，回调时返回主线程
     */
    public void run() {
        executeUseCase(mRequestValues);
    }
    /**
     * 处理数据
     */
    protected abstract void executeUseCase(Q requestValues);
}
```

在 UseCase 类中定义的泛型 Q 和 P，其对应的含义分别如下：

- Q 为请求数据 RequestValues，即传入用例的原始数据。
- P 为响应数据 ResponseValues，即用例处理后的数据。

请求数据和响应数据如图 12.7 所示。

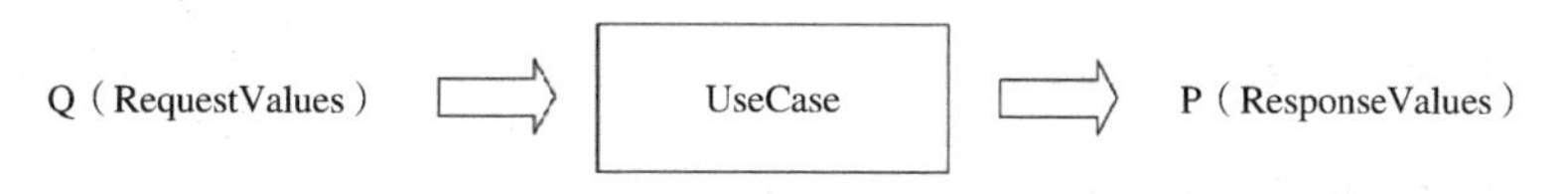

图 12.7　请求数据和响应数据

请求数据 Q 和响应数据 P，在传入和传出时，如果涉及多个数据，就需要封装成请求对象，并实现 RequestValues 或 ResponseValues 接口，以标识该类只作为 UseCase 类的处理数据使用。

```
/**
 * 若包含多个请求数据，则需要封装传入
 */
public interface RequestValues {
}
/**
 * 若包含多个返回数据，则需要封装传入
 */
public interface ResponseValues {
}
```

一个实际使用案例代码如下所示，在用例 UpdateDiaryUseCase 中，由于需要处理的请求数据较多，封装为静态类 UpdateDiaryUseCase.RequestValues 并实现 UseCase.RequestValues 接口，以声明只作为请求数据使用，这样可以使 UpdateDiaryUseCase 的请求数据代码定义可读性更强，使读者一目了然。

```
public class UpdateDiaryUseCase extends UseCase<UpdateDiaryUseCase.RequestValues,
Void> {
    ......
    public static class RequestValues implements UseCase.RequestValues {
        private DiariesRepository diariesRepository;
        private String diaryId;
        private String title;
        private String description;
        public RequestValues(DiariesRepository diariesRepository, String diaryId,
String title, String description) {
            this.diariesRepository = diariesRepository;
            this.diaryId = diaryId;
            this.title = title;
            this.description = description;
        }
    }
}
```

12.3.2 用例的数据处理

UseCase 是一个抽象类，继承 UseCase 的子类需要实现父类的抽象方法 executeUseCase (Q requestValues)，在该方法中处理原始请求数据 Q（RequestValues），处理结束后封装为 P（ResponseValues）回调给主持人 Presenter，Presenter 负责通知 UI 进行相应的界面更新操作。

```
public abstract class UseCase<Q, P> {
    ......
    private UseCaseCallback<P> mUseCaseCallback;
    protected UseCaseCallback<P> getUseCaseCallback() {
```

```
            return mUseCaseCallback;
        }
        /**
         * 数据处理结束后的回调
         */
        public UseCase<Q, P> setUseCaseCallback(UseCaseCallback<P> useCaseCallback) {
            mUseCaseCallback = new UICallBackWrapper<>(useCaseCallback);
            return this;
        }
        /**
         * 可在任意线程执行，回调时返回主线程
         */
        public void run() {
            executeUseCase(mRequestValues);
        }
        /**
         * 处理数据
         */
        protected abstract void executeUseCase(Q requestValues);
    }
```

在 executeUseCase(Q requestValues)方法中处理业务逻辑后应有处理成功和处理失败的状态，回调通知 Presenter，在子类中，通过 getUseCaseCallback 可以获得 Presenter 传入的 UseCaseCallback，其回调方式为：

- getUseCaseCallback().onSuccess(ResponseValues) 负责通知成功状态，并返回成功处理数据结果。
- getUseCaseCallback().onError() 负责通知失败状态。

```
protected UseCaseCallback<P> getUseCaseCallback() {
    return mUseCaseCallback;
}
```

UseCaseCallback 接口由 Presenter 调用 UseCase 时传入，其定义如下：

```
/**
 * 更新 UI
 */
public interface UseCaseCallback<P> {
    /**
     * 若包含多个返回数据，则需要封装传入
     * {@link ResponseValues}
     */
    void onSuccess(P response);
    void onError();
}
```

一个实例代码如下所示，在 executeUseCase 方法中，通过数据仓库获取日记数据，当获取日记数据成功或失败时，通过 UseCaseCallback 通知外部，外部会根据具体回调响应处理后续的操作。

```
public class GetDiaryUseCase extends UseCase<GetDiaryUseCase.RequestValues, Diary>
 {
    ……
    @Override
    protected void executeUseCase(GetDiaryUseCase.RequestValues requestValues) {
        if (isAddDiary()) { // 日记id为空则返回，只添加日记，不做查询处理
            return;
        }
        getRequestValues().diariesRepository.get(getRequestValues().diaryId, new
DataCallback<Diary>() {                               // 获取日记信息
            @Override
            public void onSuccess(Diary diary) { // 获取成功
                getUseCaseCallback().onSuccess(diary);
            }
            @Override
            public void onError() {              // 获取失败
                getUseCaseCallback().onError();
            }
        });
    }
}
```

12.3.3 用例的线程切换

由于用例是处理业务逻辑的类，在有些场景下可能产生耗时操作，耗时操作在主线程执行会造成UI卡顿，影响用户体验，所以，用例需要有一套线程切换机制。

线程执行是通过run方法，进而调用executeUseCase方法，在当前线程处理业务逻辑。一般情况下，可以给UseCase增加一个runBg方法，当调用runBg方法时，可以新开一个子线程执行executeUseCase方法，为开发者提供选择，避免在主线程执行耗时操作，在案例中并没有这种需求场景，故在用例中只提供了run方法。

由于在执行run方法处理数据完成后，需要切换回UI线程，以通知进行更新，所以，在调用UseCaseCallback的方法时需要在主线程，这里涉及一个线程切换的问题。在UseCase中，我们在传入UseCaseCallback时，通过UICallBackWrapper对其进行了包装。

```
public abstract class UseCase<Q, P> {
    ……
    private UseCaseCallback<P> mUseCaseCallback;
    protected UseCaseCallback<P> getUseCaseCallback() {
        return mUseCaseCallback;
    }
    /**
     * 数据处理结束后的回调
     */
    public UseCase<Q, P> setUseCaseCallback(UseCaseCallback<P> useCaseCallback) {
        mUseCaseCallback = new UICallBackWrapper<>(useCaseCallback);
        return this;
    }
}
```

UICallBackWrapper 是一个实现了 UseCaseCallback 接口的 UI 线程切换处理包装类，当调用它的 onSuccess 或 onError 方法时，会通过线程工具类判断当前是否在主线程，如果是在主线程，则直接通知，如果不是在主线程，则将 Runnable 发送到主线程执行。

```
public class UICallBackWrapper<P> implements UseCase.UseCaseCallback<P> {
    private final UseCase.UseCaseCallback<P> mCallback;
    UICallBackWrapper(UseCase.UseCaseCallback<P> callback) {
        mCallback = callback;
    }
    @Override
    public void onSuccess(final P response) {
        ThreadUtils.runOnUI(new Runnable() {
            @Override
            public void run() {
                mCallback.onSuccess(response);
            }
        });
    }
    @Override
    public void onError() {
        ThreadUtils.runOnUI(new Runnable() {
            @Override
            public void run() {
                mCallback.onError();
            }
        });
    }
}
```

线程切换工具主要处理对 Looper 的判断和线程转换，代码如下所示：

```
public class ThreadUtils {                                   // 线程操作工具类
    public static void runOnUI(Runnable runnable) { // 在主线程中执行 Runnable
        if (runnable == null) {                              // Runnable 无效，返回
            return;
        }
        if (Looper.myLooper() != Looper.getMainLooper()) { // 判断是否在主线程
            new Handler(Looper.getMainLooper()).post(runnable);
        } else {
            runnable.run();
        }
    }
}
```

12.3.4 创建用例

接下来，我们将通过修改日记列表页面，来熟悉简单的由 MVP 架构向 MVP-Clean 架构重构的方法和用例的创建与使用。

创建一个用例 GetAllDiariesUseCase，继承基础 UseCase，用于通过数据仓库，获取日记列表的全部日记数据。

```
public class GetAllDiariesUseCase extends UseCase {

    @Override
    protected void executeUseCase(Object requestValues) {
    }
}
```

在 DiariesPresenter 中消除直接使用数据仓库的部分，创建 UseCase 的实例。

```
public class DiariesPresenter implements DiariesContract.Presenter {
//    private final DiariesRepository mDiariesRepository;      // 数据仓库
    private GetAllDiariesUseCase mGetAllDiariesUseCase = new GetAllDiariesUseCase();
    // 控制日记显示的 Controller
    public DiariesPresenter(@NonNull DiariesContract.View diariesFragment) {
//        mDiariesRepository = DiariesRepository.getInstance(); // 获取数据仓库的实例
        ......
    }
    ......
}
```

将 DiariesPresenter 中通过数据仓库获取全部日记的业务逻辑，移动到 UseCase 中，定义请求数据类型为日记数据仓库 DiariesRepository，定义响应数据类型为 List，获取日记数据后返回日记 List 给 Presenter 以展示日记信息。

```
public class GetAllDiariesUseCase extends UseCase<DiariesRepository, List<Diary>> {
    @Override
    protected void executeUseCase(DiariesRepository requestValues) {
        requestValues.getAll(new DataCallback<List<Diary>>() { // 通过数据仓库获取数据
            @Override
            public void onSuccess(List<Diary> diaryList) {
                getUseCaseCallback().onSuccess(diaryList);
            }
            @Override
            public void onError() {
                getUseCaseCallback().onError();
            }
        });
    }
}
```

12.3.5 执行用例

在 DiariesPresenter 中，我们去掉旧有的 Presenter 直接操作数据仓库的逻辑，通过用例执行业务逻辑。调用成员变量 mGetAllDiariesUseCase 的 setRequestValues 方法，传入请求数据——日记数据仓库的实例；调用 setUseCaseCallback 方法，创建 UseCaseCallback，实现 onSuccess 和 onError 方法，无论日记获取成功与否，都通知 UI 进行相应的更新处理。

最后，通过调用 mGetAllDiariesUseCase 的 run 方法，执行用例。

用例赋值使用了 Builder 构建者模式，可以支持链式调用，使得代码可读性更加良好。

```
public class DiariesPresenter implements DiariesContract.Presenter {
    ……
    @Override
    public void loadDiaries() { // 加载日记数据
        // 通过数据仓库获取数据
//      mDiariesRepository.getAll(new DataCallback<List<Diary>>() {
//          @Override
//          public void onSuccess(List<Diary> diaryList) {
//              if (!mView.isActive()) {      // 若视图未被添加，则返回
//                  return;
//              }
//              updateDiaries(diaryList);     // 数据获取成功，处理数据
//          }
//
//          @Override
//          public void onError() {
//              if (!mView.isActive()) {      // 若视图未被添加，则返回
//                  return;
//              }
//              mView.showError();            // 数据获取失败，弹出错误提示
//          }
//      });
        mGetAllDiariesUseCase.setRequestValues(DiariesRepository.getInstance())
                .setUseCaseCallback(new UseCase.UseCaseCallback<List<Diary>>() {
                    @Override
                    public void onSuccess(List<Diary> response) {
                        if (!mView.isActive()) { // 若视图未被添加，则返回
                            return;
                        }
                        updateDiaries(response); // 数据获取成功，处理数据
                    }
                    @Override
                    public void onError() {
                        if (!mView.isActive()) { // 若视图未被添加，则返回
                            return;
                        }
                        mView.showError();       // 数据获取失败，弹出错误提示
                    }
                }).run();
    }
}
```

这里用例使用的请求数据和响应数据都是单一的数据。下面，我们将通过重构日记修改页面，来演示面对多维请求数据或响应数据时，用例的处理策略。

12.3.6 封装请求数据

创建一个用例 GetDiaryUseCase，用于获取某条日记信息。

```
public class GetDiaryUseCase extends UseCase<String , Diary> {
    @Override
    protected void executeUseCase(String requestValues) {
```

```
    }
}
```

在日记修改的主持人 Presenter 中创建用例 GetDiaryUseCase 的实例，作为成员变量保存。

```
// 日记修改 Presenter
public class DiaryEditPresenter implements DiaryEditContract.Presenter {
    ……
    private GetDiaryUseCase mGetDiaryUseCase = new GetDiaryUseCase();
}
```

获取某条日记信息，需要知道该条日记的唯一标识，以匹配具体信息，还需要获得数据仓库的实例，以操作查询日记信息。

我们在 GetDiaryUseCase 中创建一个静态类 RequestValues，定义两个成员变量——日记 id 和数据仓库，声明为 private，仅供该用例使用；创建用例的构造方法，以传入 RequestValues 的成员变量实例。

在使用时可以通过 getRequestValues 获取传入的 RequestValues，调用其中属性进行业务逻辑处理，代码如下所示：

```
public class GetDiaryUseCase extends UseCase<GetDiaryUseCase.RequestValues, Diary> {
    @Override
    protected void executeUseCase(GetDiaryUseCase.RequestValues requestValues) {
        if (isAddDiary()) { // 日记 id 为空则返回，只添加日记，不做查询处理
            return;
        }
        getRequestValues().diariesRepository.get(getRequestValues().diaryId, new
DataCallback<Diary>() {                                          // 获取日记信息
            @Override
            public void onSuccess(Diary diary)                 { // 获取成功
                getUseCaseCallback().onSuccess(diary);
            }
            @Override
            public void onError() {                              // 获取失败
                getUseCaseCallback().onError();
            }
        });
    }
    private boolean isAddDiary() {                               // 是否为添加日记的操作
        // id 为空则为添加日记操作
        return TextUtils.isEmpty(getRequestValues().diaryId);
    }
    public static class RequestValues implements UseCase.RequestValues {

        private String diaryId;
        private DiariesRepository diariesRepository;
        public RequestValues(String diaryId, DiariesRepository diariesRepository) {
            this.diaryId = diaryId;
            this.diariesRepository = diariesRepository;
        }
```

```
    }
}
```

在使用时，在 setRequestValues 方法中需要创建一个 RequestValues 的实例，将构造方法中声明的参数传入，其他操作与单维 RequestValues 的使用方法相似，代码如下所示：

```
// 日记修改 Presenter
public class DiaryEditPresenter implements DiaryEditContract.Presenter {
    ……
    @Override
    public void requestDiary() {
//        if (isAddDiary()) { // 日记 id 为空则返回，只添加日记，不做查询处理
//            return;
//        }
//        mDiariesRepository.get(mDiaryId, new DataCallback<Diary>() { // 获取日记信息
//            @Override
//            public void onSuccess(Diary diary) {            // 获取成功
//                if (!mView.isActive()) {                    // 若视图未被添加，则返回
//                    return;
//                }
//                mView.setTitle(diary.getTitle());              // 设置视图标题
//                mView.setDescription(diary.getDescription()); // 设置视图详情
//            }
//
//            @Override
//            public void onError() {                          // 获取失败
//                if (!mView.isActive()) {                    // 若视图未被添加，则返回
//                    return;
//                }
//                mView.showError();                          // 弹出错误提示
//            }
//        });
        mGetDiaryUseCase.setRequestValues(new GetDiaryUseCase.RequestValues(mDiaryId,
 DiariesRepository.getInstance()))
                .setUseCaseCallback(new UseCase.UseCaseCallback<Diary>() {
                    @Override
                    public void onSuccess(Diary diary) {
                        if (!mView.isActive()) { // 若视图未被添加，则返回
                            return;
                        }
                        mView.setTitle(diary.getTitle());              // 设置视图标题
                        mView.setDescription(diary.getDescription()); // 设置视图详情
                    }
                    @Override
                    public void onError() {
                        if (!mView.isActive()) { // 若视图未被添加，则返回
                            return;
                        }
                        mView.showError();       // 弹出错误提示
                    }
                }).run();
    }
}
```

12.3.7 创建日记更新用例

现在，我们来处理日记更新相关的业务逻辑用例，完成日记修改 Presenter 的重构。创建日记更新用例 UpdateDiaryUseCase，继承 UseCase。

```
public class UpdateDiaryUseCase extends UseCase {
    @Override
    protected void executeUseCase(Object requestValues) {
    }
}
```

在 Presenter 中创建用例 UpdateDiaryUseCase 的实例。

```
// 日记修改 Presenter
public class DiaryEditPresenter implements DiaryEditContract.Presenter {
    ……
    private GetDiaryUseCase mGetDiaryUseCase = new GetDiaryUseCase();
    private UpdateDiaryUseCase mUpdateDiaryUseCase = new UpdateDiaryUseCase();
}
```

在 UpdateDiaryUseCase 中处理日记更新相关业务逻辑，根据日记 id 是否为空，判断是需要添加日记，还是需要修改现有的日记信息，代码如下所示：

```
public class UpdateDiaryUseCase extends UseCase<UpdateDiaryUseCase.RequestValues,
Void> {
    @Override
    protected void executeUseCase(UpdateDiaryUseCase.RequestValues requestValues) {
        if (isAddDiary()) { // 是否为添加日记的操作
            // 创建日记
            createDiary(getRequestValues().title, getRequestValues().description);
        } else {
            // 更新日记
            updateDiary(getRequestValues().title, getRequestValues().description);
        }
    }
    private boolean isAddDiary() {                                  // 是否为添加日记的操作
        // id 为空则为添加日记操作
        return TextUtils.isEmpty(getRequestValues().diaryId);
    }
    private void createDiary(String title, String description) { // 创建日记
        Diary newDiary = new Diary(title, description);          // 创建日记对象
        getRequestValues().diariesRepository.update(newDiary); // 通过数据仓库更新数据
        getUseCaseCallback().onSuccess(null);
    }
    private void updateDiary(String title, String description) { // 更改日记
        // 创建指定 id 的日记对象
        Diary diary = new Diary(title, description, getRequestValues().diaryId);
        getRequestValues().diariesRepository.update(diary); // 通过数据仓库更新数据
        getUseCaseCallback().onSuccess(null);
    }
    public static class RequestValues implements UseCase.RequestValues {
        private DiariesRepository diariesRepository;
        private String diaryId;
        private String title;
```

```
        private String description;
        public RequestValues(DiariesRepository diariesRepository, String diaryId,
String title, String description) {
            this.diariesRepository = diariesRepository;
            this.diaryId = diaryId;
            this.title = title;
            this.description = description;
        }
    }
}
```

12.3.8　重构日记修改 Presenter

在 DiaryEditPresenter 中使用日记修改用例 UpdateDiaryUseCase，当处理成功时，在 Callback 的 onSuccess 方法中更新日记列表信息。

```
// 日记修改 Presenter
public class DiaryEditPresenter implements DiaryEditContract.Presenter {
    ......
    @Override
    public void saveDiary(String title, String description) {
        mUpdateDiaryUseCase.setRequestValues(
                new UpdateDiaryUseCase.RequestValues(
                        DiariesRepository.getInstance(),
                        mDiaryId,
                        title,
                        description
                )
        ).setUseCaseCallback(new UseCase.UseCaseCallback<Void>() {
            @Override
            public void onSuccess(Void response) {
                mView.showDiariesList(); // 显示日记列表
            }
            @Override
            public void onError() {
            }
        }).run();
//        if (isAddDiary()) {                    // 是否为添加日记的操作
//            createDiary(title, description); // 创建日记
//        } else {
//            updateDiary(title, description); // 更新日记
//        }
    }
//    private void createDiary(String title, String description) { // 创建日记
//        Diary newDiary = new Diary(title, description);           // 创建日记对象
//        mDiariesRepository.update(newDiary); // 通过数据仓库更新数据
//        mView.showDiariesList();             // 显示日记列表
//    }
//
//    private void updateDiary(String title, String description) { // 更改日记
//        Diary diary = new Diary(title, description, mDiaryId); // 创建指定 id 的日记对象
//        mDiariesRepository.update(diary); // 通过数据仓库更新数据
//        mView.showDiariesList();          // 显示日记列表
```

```
//    }
}
```

至此，Presenter 重构已经完成，这是重构之前的 DiaryEditPresenter。

```
// 日记修改 Presenter
public class DiaryEditPresenter implements DiaryEditContract.Presenter {
    private final DataSource<Diary> mDiariesRepository;     // 数据源
    private final DiaryEditContract.View mView;             // 视图
    private String mDiaryId;                                // 日记 id
    public DiaryEditPresenter(@Nullable String diaryId, @NonNull DiaryEditContract.
View addDiaryView) {
        mDiaryId = diaryId;                                 // 传入日记 id
        mDiariesRepository = DiariesRepository.getInstance(); // 获取数据仓库的实例
        mView = addDiaryView;                               // 传入视图
    }
    @Override
    public void start() {
        requestDiary(); // 获取日记信息
    }
    @Override
    public void destroy() {
    }
    @Override
    public void saveDiary(String title, String description) {
        if (isAddDiary()) {                    // 是否为添加日记的操作
            createDiary(title, description); // 创建日记
        } else {
            updateDiary(title, description); // 更新日记
        }
    }
    private void createDiary(String title, String description) { // 创建日记
        Diary newDiary = new Diary(title, description);           // 创建日记对象
        mDiariesRepository.update(newDiary); // 通过数据仓库更新数据
        mView.showDiariesList();             // 显示日记列表
    }
    private void updateDiary(String title, String description) { // 更改日记
        // 创建指定 id 的日记对象
        Diary diary = new Diary(title, description, mDiaryId);
        mDiariesRepository.update(diary); // 通过数据仓库更新数据
        mView.showDiariesList();          // 显示日记列表
    }
    @Override
    public void requestDiary() {
        if (isAddDiary()) { // 日记 id 为空则返回，只添加日记，不做查询处理
            return;
        }
        mDiariesRepository.get(mDiaryId, new DataCallback<Diary>() { // 获取日记信息
            @Override
            public void onSuccess(Diary diary) { // 获取成功
                if (!mView.isActive()) {          // 若视图未被添加，则返回
                    return;
                }
                mView.setTitle(diary.getTitle());                // 设置视图标题
```

```
                mView.setDescription(diary.getDescription()); // 设置视图详情
            }
            @Override
            public void onError() {      // 获取失败
                if (!mView.isActive()) { // 若视图未被添加，则返回
                    return;
                }
                mView.showError();       // 弹出错误提示
            }
        });
    }
    private boolean isAddDiary() {           // 是否为添加日记的操作
        return TextUtils.isEmpty(mDiaryId); // id 为空则为添加日记操作
    }
}
```

重构之后的 DiaryEditPresenter 不再含有业务逻辑，只是一个纯粹的协调者，负责在各个组成部分之间传递信息，代码如下所示。直观地看，代码的可读性增强了，Presenter 中的业务处理部分也变得可以复用。

随着业务迭代，即使日记修改页面需要承担更多的责任，它的 Presenter 也不会因此变得臃肿，因为业务逻辑都交给了用例来处理，每个功能都被拆分并被封装在了一个更小的类中。

```
// 日记修改 Presenter
public class DiaryEditPresenter implements DiaryEditContract.Presenter {
    private final DiaryEditContract.View mView; // 视图
    private String mDiaryId;                    // 日记 id
    private GetDiaryUseCase mGetDiaryUseCase = new GetDiaryUseCase();
    private UpdateDiaryUseCase mUpdateDiaryUseCase = new UpdateDiaryUseCase();
    public DiaryEditPresenter(@Nullable String diaryId, @NonNull DiaryEditContract.
View addDiaryView) {
        mDiaryId = diaryId;   // 传入日记 id
        mView = addDiaryView; // 传入视图
    }
    @Override
    public void start() {
        requestDiary(); // 获取日记信息
    }
    @Override
    public void destroy() { }
    @Override
    public void saveDiary(String title, String description) {
        mUpdateDiaryUseCase.setRequestValues(
                new UpdateDiaryUseCase.RequestValues(
                        DiariesRepository.getInstance(),
                        mDiaryId,
                        title,
                        description
                )
        ).setUseCaseCallback(new UseCase.UseCaseCallback<Void>() {
            @Override
            public void onSuccess(Void response) {
```

```
                mView.showDiariesList(); // 显示日记列表
            }
            @Override
            public void onError() {
            }
        }).run();
    }
    @Override
    public void requestDiary() {
        mGetDiaryUseCase.setRequestValues(new GetDiaryUseCase.RequestValues(mDiaryId,
DiariesRepository.getInstance()))
                .setUseCaseCallback(new UseCase.UseCaseCallback<Diary>() {
                    @Override
                    public void onSuccess(Diary diary) {
                        if (!mView.isActive()) { // 若视图未被添加，则返回
                            return;
                        }
                        mView.setTitle(diary.getTitle());              // 设置视图标题
                        mView.setDescription(diary.getDescription()); // 设置视图详情
                    }
                    @Override
                    public void onError() {
                        if (!mView.isActive()) { // 若视图未被添加，则返回
                            return;
                        }
                        mView.showError();       // 弹出错误提示
                    }
                }).run();
    }
}
```

12.4 VIPER 架构

VIPER 架构也是 The Clean Architecture 的一个实战，VIPER 架构在移动开发 IOS 方向的流行度较高，但是在 Android 端推广应用较少，对于具有复杂业务场景的大中型项目，VIPER 架构是一款非常推荐的架构。本节先介绍 VIPER 的背景，然后通过重构基于 MVP-Clean 架构的“我的日记”App 项目，来了解 VIPER 架构在实际开发中是如何实现的。

12.4.1 什么是 VIPER 架构

VIPER 架构在 2013 年由软件工程师 Jeff Gilbert 和 Conrad Stoll 在他们的博客上提出，“VIPER”中各个字母分别代表视图（View）、交互器（Interactor）、主持人（Presenter）、实体（Entity）和路由（Router）。

VIPER 架构的诞生，最初是为了解决在 IOS 开发中，测试编写困难的问题。MVC 架构产生的 Massive View Controller 使得 Controller 越来越大，而将 MVC 架构修改为 MVP

模式，将业务逻辑纯粹转移到 Presenter 也使得 Presenter 与 Controller 同样担任过重的责任，业务逻辑也不能够很好地复用，更难以测试。VIPER 是在一定程度上基于 The Clean Architecture 的思想改进而来的架构体系。

VIPER 架构具有以下优点：

- 易于测试。
- 代码结构更清晰，符合领域驱动设计。
- 实现了关注点分离。
- 责任被划分得很清晰，各部分知道该做什么和怎么做。

VIPER 架构符合单一职责原则，交互器 Interactor 负责控制业务逻辑，主持人 Presenter 负责控制交互器 Interactor 和视图 View 的交互，视图 View 负责设计展示 UI。主持人 Presenter 定义行为，而交互器 Interactor 定义业务逻辑。VIPER 架构组件关系如图 12.8 所示。

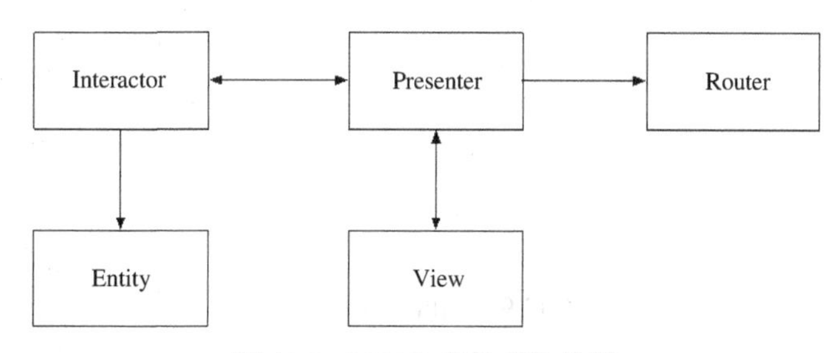

图 12.8 VIPER 架构组件关系

这张图可以表示 VIPER 架构体系中的数据流和依赖流。View 负责通知 Presenter 生命周期，Presenter 向 Interactor 发送数据，请求数据处理，Interactor 知道应该如何操作 Entity 处理业务逻辑，Presenter 负责通知 UI 更新，而 Router 负责页面之间的跳转。

12.4.2 VIPER 架构的层级划分

VIPER 架构中的五层设计 View、Interactor、Presenter、Entity、Router 分别对应的职责如下所示。

- View：负责展示页面，但不知道自己应该何时展示，Presenter 控制 View 的展示时机，View 只负责绘制自身的表现，而将接口暴露出来，由 Presenter 控制其行为。
- Interactor：层中主要包含各个业务的 Use Cases，不包含任何 UI 相关的操作，这些 Use Cases 通过 Callback 回调给 Presenter 状态，其状态为 success 或 error，并传递相应的处理结果。因为 Interactor 层更纯粹，只涉及数据操作，所以它对 TDD（测试驱动开发）更加友好。
- Presenter：它承担的是 When to do 的职责，知道什么时候通知 Interactor 处理数据，什么时候通知 View 更新 UI 显示，也知道什么时候应该进行跳转。

- Entity：实体负责定义数据结构，这里的实体并不像其他经典著作中，需要定义更多的数据处理的行为，在 VIPER 中，数据处理更多是由 Interactor 来完成，而 Entity 更加纯粹。
- Router：负责连接各个模块，Presenter 知道何时跳转却不知道如何跳转，Router 则承担 How to do 的职责进行各个模块之间的交互转向，VIPER 架构模式如图 12.9 所示。

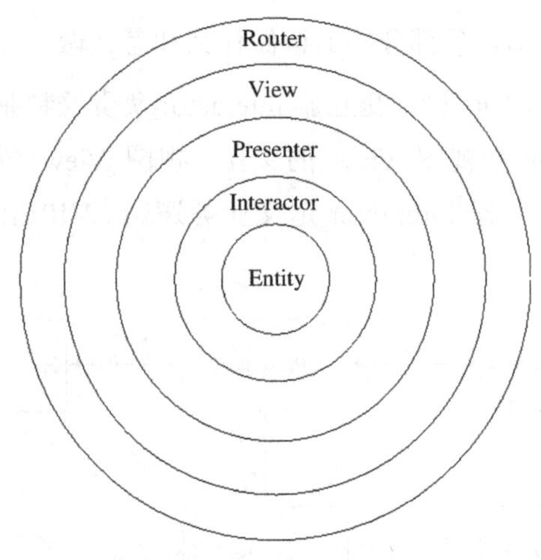

图 12.9　VIPER 架构模式

12.4.3　创建 Interactor

现在，我们继续对基于 MVP-Clean 架构的“我的日记”App 进行改造，实现 VIPER 架构模式。

在前面的 MVP-Clean 实战中，用例的实例都是在 Presenter 中创建和管理的，现在，可以将用例的构造和行为分离，将用例创建的方法和实例管理全部转移到一个单独的类——Interactor 类中。

创建一个接口 BaseInteractor，用于实现业务 Interactor，这样可以标注该类的职责为 Interactor 交互器，也便于在后期为 Interactor 添加统一的行为。

```
public class BaseInteractor {
}
```

创建一个日记列表的业务 Interactor 为 DiariesInteractor，实现 BaseInteractor。

```
public class DiariesInteractor implements BaseInteractor {
}
```

在 DiariesInteractor 中添加成员变量，获取全部日记的用例 getAllDiariesUseCase，与之前 MVP-Clean 的 Presenter 中的获取全部日记的用例相同。添加用例的创建实例的方法，使用单实例模式。

这里的单实例模式与单例模式不同，单例模式创建的对象为全局变量，静态变量，而单实例模式创建的对象为非全局变量，也就是非静态变量。

```
public class DiariesInteractor implements BaseInteractor {
    private GetAllDiariesUseCase getAllDiariesUseCase;
    public GetAllDiariesUseCase getAll() {
        if (getAllDiariesUseCase == null) {
            synchronized (this) {
                if (getAllDiariesUseCase == null) {
                    getAllDiariesUseCase = new GetAllDiariesUseCase();
                }
            }
        }
        return getAllDiariesUseCase;
    }
}
```

12.4.4 在协议中加入 Interactor

在 MVP 架构中，通过协议类 Contract 管理 View 和 Presenter 的接口，现在加入了 Interactor 层，可以将其中的方法也提出一个接口，交给协议类 Contract 进行管理，增加模块内结构的易于理解性。

在日记协议 DiariesContract 中加入 Interactor 接口，声明 getAll 方法，通过 getAll 方法获得全部日记信息的用例对象。

```
public interface DiariesContract {
    interface View extends BaseView<Presenter> { // 日记列表视图
        void gotoWriteDiary();                    // 跳转到添加日记的页面
        void gotoUpdateDiary(String diaryId);     // 跳转到更新日记的页面
        void showSuccess();                       // 弹出成功提示信息
        void showError();                         // 弹出失败提示信息
        boolean isActive();  // 判断 Fragment 是否已经添加到 Activity 中
        void setListAdapter(DiariesAdapter mListAdapter); // 设置适配器
    }
    interface Presenter extends BasePresenter {          // 日记列表主持人
        void loadDiaries();                              // 加载日记数据
        void addDiary();                                 // 跳转到添加日记的页面
        void updateDiary(@NonNull Diary diary);          // 跳转到更新日记的页面
        void onResult(int requestCode, int resultCode); // 返回界面获取结果信息
    }
    interface Interactor extends BaseInteractor {

        GetAllDiariesUseCase getAll();

    }
}
```

同时，在 DiariesInteractor 中修改实现接口为 DiariesContract.Interactor。

12.4.5 使用 Interactor

在 DiariesPresenter 中，修改直接调用 GetAllDiariesUseCase 的部分，改为由 Interactor 调用，通过 getAll 方法获取用例的实例，代码如下所示：

```
public class DiariesPresenter implements DiariesContract.Presenter {
    //    private GetAllDiariesUseCase mGetAllDiariesUseCase = new GetAllDiariesUse
Case();
    private DiariesContract.Interactor mInteractor;
    public DiariesPresenter(@NonNull DiariesContract.View diariesFragment, Diaries
Contract.Interactor interactor) {
        ......
        mInteractor = interactor;
    }

        @Override
    public void loadDiaries() { // 加载日记数据
        mInteractor.getAll().setRequestValues(DiariesRepository.getInstance())
                .setUseCaseCallback(new UseCase.UseCaseCallback<List<Diary>>() {
                    @Override
                    public void onSuccess(List<Diary> response) {
                        ......
                    }
                    @Override
                    public void onError() {
                        ......
                    }
                }).run();
    }
}
```

在 Activity 中统一创建 Interactor 的实例，在 Presenter 的构造方法中传入 Interactor。

```
public class MainActivity extends AppCompatActivity {
    ......
    private void initFragment() {
        ......
        diariesFragment.setPresenter(
                new DiariesPresenter(diariesFragment, new DiariesInteractor())
        ); // 设置主持人
    }
}
```

12.4.6 创建 Router

在日记列表页面中，长按日记条目可以跳转到日记详情页，对日记信息进行修改，点击日记列表右上角的添加菜单按钮，可以跳转到添加“我的日记”的页面。页面跳转如图 12.10 所示。这种页面跳转在复杂的业务模块中可能会十分频繁，在 VIPER 架构中，需要对这些页面跳转进行统一管理。

图 12.10　页面跳转

创建一个接口 BaseRouter，作为路由的基础类，与 Interactor 类似，因为 App 业务相对简单，所以这个接口相对也比较简单，随着业务迭代，可以为其添加统一的行为。

```
public interface BaseRouter {
}
```

创建一个日记列表的业务路由类 DiariesRouter，实现 BaseRouter 接口。因为在 Android 中跳转需要上下文 Activity，所以在 Router 中传入页面的 Activity 实例，我们也可以将 Activity 实例交由一个基础 Router 来管理，通过 DiariesRouter 继承基础 Router，提供一个 Activity 的取值器来使用 Activity，保证行为统一。

在日记列表的路由类中声明两个方法，一个方法用于跳转到日记添加页面，一个方法用于跳转到日记修改页面。这两个方法虽然为跳转到同一个 Activity 和 Fragment，但是其页面展现不同，需要区分为两个方法来处理。

```
public class DiariesRouter implements BaseRouter {
    private Activity mActivity;
    public DiariesRouter(Activity activity) {
        mActivity = activity;
    }
    public void gotoWriteDiary() { // 跳转到添加日记的页面
        // 构造跳转页面的 intent
        Intent intent = new Intent(mActivity, DiaryEditActivity.class);
        mActivity.startActivity(intent);                // 通过 intent 的信息进行跳转
    }
```

```
    public void gotoUpdateDiary(String diaryId) {              // 跳转到更新日记的页面
        // 构造跳转页面的 intent
        Intent intent = new Intent(mActivity, DiaryEditActivity.class);
        intent.putExtra(DiaryEditFragment.DIARY_ID, diaryId); // 设置跳转时携带的信息
        mActivity.startActivity(intent);                   // 通过 intent 的信息进行跳转
    }
}
```

12.4.7 在协议中加入 Router

我们将路由相关的方法也交给协议类DiariesContract来管理，以保证架构风格的统一。

在DiariesContract中创建Router接口，加入页面跳转相关的两个方法，继承BaseRouter接口，代码如下所示：

```
public interface DiariesContract {
    interface View extends BaseView<Presenter> { // 日记列表视图
//        void gotoWriteDiary();                   // 跳转到添加日记的页面
//        void gotoUpdateDiary(String diaryId);   // 跳转到更新日记的页面
        void showSuccess();                      // 弹出成功提示信息
        void showError();                        // 弹出失败提示信息
        boolean isActive();  // 判断 Fragment 是否已经添加到 Activity 中
        void setListAdapter(DiariesAdapter mListAdapter); // 设置适配器
    }
    interface Presenter extends BasePresenter {           // 日记列表主持人
        void loadDiaries();                               // 加载日记数据
        void addDiary();                                  // 跳转到添加日记的页面
        void updateDiary(@NonNull Diary diary);           // 跳转到更新日记的页面
        void onResult(int requestCode, int resultCode); // 返回界面获取结果信息
    }
    interface Interactor extends BaseInteractor {
        GetAllDiariesUseCase getAll();
    }
    interface Router extends BaseRouter {
        void gotoWriteDiary();
        void gotoUpdateDiary(String diaryId);
    }
}
```

同时，在DiariesRouter中修改实现接口为DiariesContract.Router。

12.4.8 使用 Router

在 DiariesPresenter 的构造方法中增加 Router 参数，传入 Router，保存为成员变量mRouter。

将之前调用View中的跳转方法修改为直接调用路由中的方法，传入相关参数，完成页面跳转逻辑。

```
public class DiariesPresenter implements DiariesContract.Presenter {
    private final DiariesContract.View mView;      // 日记列表视图
    private DiariesContract.Interactor mInteractor;
```

```
    private DiariesContract.Router mRouter;
    public DiariesPresenter(@NonNull DiariesContract.View diariesFragment,
                            DiariesContract.Interactor interactor,
                            DiariesContract.Router router) {
        mView = diariesFragment; // 将页面对象传入，赋值给日记的成员变量
        mInteractor = interactor;
        mRouter = router;
    }

        @Override
    public void addDiary() {
//        mView.gotoWriteDiary();                    // 跳转到添加日记的页面
        mRouter.gotoWriteDiary();
    }
    @Override
    public void updateDiary(@NonNull Diary diary) {
//        mView.gotoUpdateDiary(diary.getId()); // 跳转到更新日记的页面
        mRouter.gotoUpdateDiary(diary.getId());
    }
    ......
}
```

在 Activity 中创建 Router 的实例，传给 Presenter 控制。

```
public class MainActivity extends AppCompatActivity {
    ......
    private void initFragment() {
        ......
        diariesFragment.setPresenter(new DiariesPresenter(
                diariesFragment,
                new DiariesInteractor(),
                new DiariesRouter(this)
        )); // 设置主持人
    }
}
```

至此，VIPER 架构中的各层在 MVP-Clean 的基础上重构完成。

12.5 Riblets 架构

前面我们介绍了通过用例实现业务逻辑分离的 MVP-Clean 架构和通过路由控制页面跳转的 VIPER 架构模式，本节将简单介绍一种基于 The Clean Architecture 的思想，在 VIPER 架构的基础上创新实现的 Riblets 架构，以适应更加复杂的系统业务需求。

12.5.1 什么是 Riblets 架构

2016 年，位于美国硅谷的科技公司 Uber（优步）发表了一篇文章 *Engineering the Architecture Behind Uber's New Rider App*，即《Uber 的新 Rider App 的架构设计》，文章描述了 Uber 是如何在重构公司的 Rider App 时，以 MVC 架构为起点，在 VIPER 架构基础

上进行创新，实现了一种新的架构模式——Riblets，以及该架构的特点。

随着业务迭代，Uber 的 Rider App 承担的业务愈加繁重，旧有的移动端架构已经无法跟进现在的业务需求了。Uber 在寻找一种架构，这种架构需要结构明确，能够将业务逻辑、视图逻辑、数据流与路由分离，以降低系统的复杂性，提高系统的可测试性，提高工程师的开发效率，并增加软件的可靠性。Uber 在现有的架构上进行了创新，以实现上述目标。Uber 探索架构划分如图 12.11 所示。

图 12.11　Uber 探索架构划分

Uber 的 Rider App 在 Riblets 前的架构模式是多年前由几个工程师编写的 MVC 架构，如今，已经演变成了 Massive View Controller 了，一个 Controller 甚至有超过 3000 行的代码，架构维护成本非常高，更难以测试。

在 MVC 的重构之路上，Uber 分析了 VIPER 架构的优点和缺点，对此进行了优化，创建了 Riblets 架构，将职责分配给了 6 个组件，即 Router、Interactor、Builder、Component、Presenter 和 View。其中，交互器 Interactor 和路由 Router 负责处理业务逻辑，Presenter 和 View 负责处理视图逻辑。

12.5.2　Riblets 架构的组件

在 Riblets 架构中有 6 个组件，它们是 Router、Interactor、Builder、Component、Presenter 和 View。

- Router：用于页面跳转。与 VIPER 架构不同的是，Riblets 架构的路由 Router 是由交互器 Interactor 管理的。
- Interactor：Interactor 与 Router 共同用于处理业务逻辑，与 VIPER 架构中的 Interactor 相似。
- Builder：用于创建 Router、Interactor 等组件的实例。VIPER 架构是在 Activity 或其他地方创建这些组件的实例的，并没有一个约定的合适位置。
- Component：负责初始化一些 Riblets 依赖的其他组件，并将实例传给 Interactor 等组件。
- Presenter：与 VIPER 架构中的 Presenter 相似，负责将业务对象转换为视图需要的数据类型，并通知视图显示。

- View：负责界面的绘制，接收从 Presenter 中传递的数据并展示到界面上。

Riblets 是一个由业务逻辑驱动的架构，而不是由视图驱动的架构。在 Riblets 架构中，通过 Builder 和 Component 处理架构中组件之间的依赖关系，视图 View 传递 UI 事件给主持人 Presenter，主持人 Presenter 通过交互器 Interactor 处理业务逻辑，Interactor 通过路由 Router 实现页面跳转，在处理完业务逻辑后传递给 Presenter 业务模型 Model，Presenter 将业务模型处理为视图模型，并交给 View 进行展示，完成整个的架构事件通信流程。Riblets 组件图如图 12.12 所示。

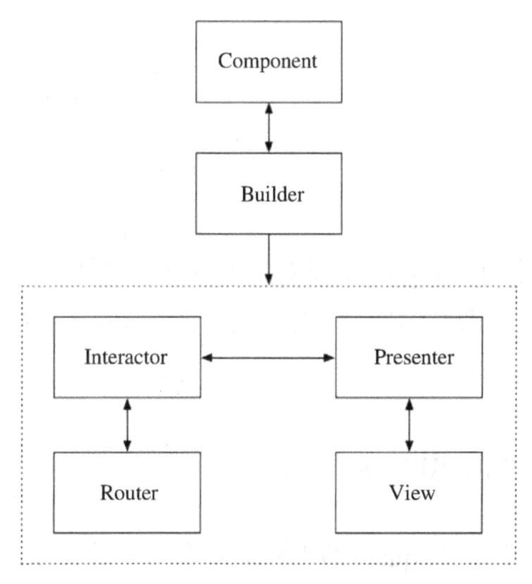

图 12.12　Riblets 组件图

12.6　小结

本章通过在 MVP 中加入用例管理业务逻辑，我们首先实现了 MVP-Clean 架构，增强了系统中业务逻辑的可测试性，也使得 Presenter 中的业务逻辑可以被复用。

然后，我们在 MVP-Clean 的基础上加入了 Interactor，用于管理用例的实例和创建用例的方法。除此之外，我们还加入了 Router 来管理页面跳转相关方法，实现了 VIPER 架构。

最后，我们使用 Builder 和 Component 管理 VIPER 架构中的实例，并将 Router 与 Presenter 的通信改为了与 Interactor 的通信，将跳转业务转移到了 Interactor 层上进行控制，实现了 Riblets 架构。

这些架构都是基于 The Clean Architecture 的思想构造的，其共同特点是实现了业务逻辑的分离，使得业务代码维护成本更低，在面对变化时，具有更强的可伸缩性。

第 13 章 Fragmentless：Fragment 反对者

Fragmentless 架构践行了 Fragment 反对者的思想，即 Fragment 会给程序的开发和维护带来很多不必要的问题。本章将通过 View 代替 Fragment，来为大家演示 Fragmentless 架构的实现。

13.1 什么是 Fragmentless

2014年10月，美国科技公司Square的工程师发布了一篇文章*Advocating Against Android Fragments*，即《反对使用 Android Fragment》，这是 Fragment 反对者的代表文章。

在文章中，工程师讲述了 Square 公司为什么选择使用 Android Fragment 及使用了 Fragment 后在实际开发场景中产生的问题。

Fragment 是 Google 官方推荐的方式，可以使代码标准化，Fragment 也有助于构建响应式 UI。但是，使用 Fragment 也会出现以下问题：

- 生命周期难以处理。Fragment 与 Activity 有着一样复杂却不完全相同的生命周期，在处理两者生命周期的时候，Fragment 使得问题变得更加复杂，Activity 与 Fragment 生命周期对比如图 13.1 所示。
- 不易调试。系统在调试过程中遇到 Fragment 的时候会变得难以调试。
- Fragment 复杂的事务。Fragment 的事务在提交时是异步执行的，这样会引发不同步等多种问题。

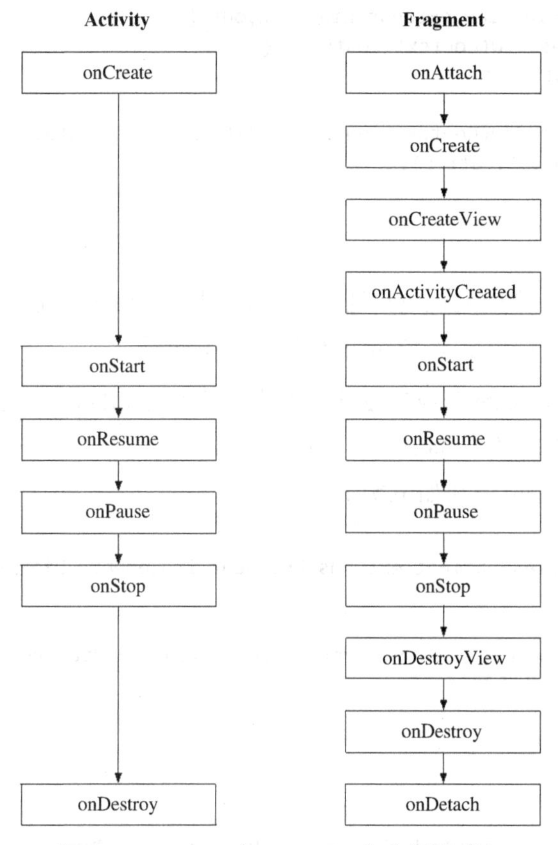

图 13.1　Activity 与 Fragment 生命周期对比

经过一段时间的实战后，可以总结出，使用 Fragment 会带来很多“疑难杂症”，大多数的应用程序崩溃可能都和 Fragment 生命周期有关。

基于以上结论，诞生了 Fragmentless 的概念，即使用 View 代替 Fragment，在 Activity 中处理原有 Fragment 生命周期相关逻辑，在 Presenter 或其他组件中处理业务逻辑。这样的框架，消除了 Fragment 的使用，在实际开发场景中将会避免很多问题。

13.2　Fragmentless 实战

本节将对基于 MVP 架构设计的“我的日记”App 进行改造，消除其中的 Fragment，使用自定义 View 进行替代，以实现 Fragmentless 架构。

13.2.1　创建 View

首先，创建一个自定义 View 替代 Fragment，View 继承自 LinearLayout 线性布局，这里对 View 继承的父类并没有限制，可以根据业务需求不同 ，选择合适的父类继承。

```
public class DiariesView extends LinearLayout {
    public DiariesView(Context context) {
        super(context);
    }
    public DiariesView(Context context, @Nullable AttributeSet attrs) {
        super(context, attrs);
    }
    ……
}
```

然后，将 Fragment 中的处理逻辑迁移到 View 中，将 Fragment 中原有的 onCreateView 方法修改为 init 方法，在自定义 View 的构造方法中调用。

在 Fragment 的 onCreateView 方法中，通过原有参数 inflater 加载布局，在自定义 View 中，init 方法不再含有参数 inflater，这时候，可以直接使用参数 inflater 加载布局。原有 Fragment 的 onCreateView 方法如下所示：

```
// 日记展示页面
public class DiariesFragment extends Fragment implements DiariesContract.View {
    ……
    @Override
    public View onCreateView(LayoutInflater inflater, ViewGroup container, Bundle
savedInstanceState) {
        ……
        return root;
    }
}
```

在自定义 View 中，还需要去掉 onPause 和 onResume 等生命周期处理逻辑，转移到 Activity 中处理，或对原有 onPause 和 onResume 等生命周期处理逻辑进行封装，在 Activity 中调用自定义 View 的相关方法。

对 Activity 结果的监听、对 Menu 菜单的处理，这些和 Fragment 父类相关的方法也需要转移到 Activity 中处理，自定义 View 的代码如下所示：

```
// 日记展示页面
public class DiariesView extends LinearLayout implements DiariesContract.View {
    private DiariesContract.Presenter mPresenter; // 日记页面的主持人
    private RecyclerView mRecyclerView;
    public DiariesView(Context context) {
        super(context);
        init();
    }
    public DiariesView(Context context, @Nullable AttributeSet attrs) {
        super(context, attrs);
        init();
    }
    private void init() {
        // 加载日记页面的布局文件
        inflate(getContext(), R.layout.fragment_diaries, this);
//      View root = inflater.inflate(R.layout.fragment_diaries, container, false);
        this.mRecyclerView = findViewById(R.id.diaries_list);
```

```
        // 将日记列表控件传入控制器
        initDiariesList();
//          setHasOptionsMenu(true); // 开启页面的菜单功能
//          return root;
    }
//      @Override
    public void initDiariesList() { // 配置日记列表
        // 设置日记列表为线性布局
        mRecyclerView.setLayoutManager(new LinearLayoutManager(getContext()));
        mRecyclerView.addItemDecoration(

                // 为列表条目添加分割线
                new DividerItemDecoration(getContext(), DividerItemDecoration.VERTICAL)
        );
        mRecyclerView.setItemAnimator(new DefaultItemAnimator()); // 设置列表默认动画
    }
    @Override
    public void setPresenter(@NonNull DiariesContract.Presenter presenter) {
        mPresenter = presenter; // 设置主持人
    }
//      @Override
//      public void onActivityResult(int requestCode, int resultCode, Intent data) {
//          mPresenter.onResult(requestCode, resultCode); // 返回页面获取结果信息
//      }
//      @Override
      // 创建菜单，重写父类中的方法
//      public void onCreateOptionsMenu(Menu menu, MenuInflater inflater) {
//          inflater.inflate(R.menu.menu_write, menu); // 加载菜单的布局文件
//      }
//      @Override

      // 菜单被选择时的回调方法
//      public boolean onOptionsItemSelected(MenuItem item) {
//          switch (item.getItemId()) {    // 对被点击 item 的 id 进行判断
//              case R.id.menu_add:        // 点击“添加”按钮
//                  mPresenter.addDiary(); // 通知控制器，添加新的日记信息
//                  return true;           // 返回 true 代表菜单的选择事件已经被处理
//          }
//          return false;                  // 返回 false 代表菜单的选择事件没有被处理
//      }
    @Override
    public void gotoWriteDiary() { // 跳转到添加日记的页面
        showMessage(getString(R.string.developing));
    }
    @Override
    public void gotoUpdateDiary(String diaryId) { // 跳转到更新日记的页面
        showMessage(getString(R.string.developing));
    }
    @Override
    public void showSuccess() {
        showMessage(getString(R.string.success)); // 弹出成功提示信息
    }
    @Override
    public void showError() {
        showMessage(getString(R.string.error)); // 弹出失败提示信息
```

```
    }
    private void showMessage(String message) {
        // 弹出文字提示信息
        Toast.makeText(getContext(), message, Toast.LENGTH_SHORT).show();
    }
    @Override
    public boolean isActive() {
        return isAdded(); // 判断 Fragment 是否已经添加到 Activity 中
    }
    @Override
    public void setListAdapter(DiariesAdapter diariesAdapter) {
        mRecyclerView.setAdapter(diariesAdapter);
    }
    private String getString(@StringRes int resId) {
        return getContext().getString(resId);
    }
}
```

13.2.2 View 附加状态判断

在视图和业务逻辑中，有时会用到 Fragment 的相关方法判断 Fragment 的添加状态。比如，在“我的日记”App 中使用的 isActive 方法判断界面活跃态，调用的就是 Fragment 的 isAdded 方法，判断 Fragment 是否添加到了 Activity 上。

```
// 日记展示页面
public class DiariesFragment extends Fragment implements DiariesContract.View {
    ......
    @Override
    public boolean isActive() {
        return isAdded(); // 判断 Fragment 是否添加到了 Activity 中
    }
}
```

在消除 Fragment 后，可以增加一个布尔型变量 mActive，在 View 的 onAttachedToWindow 方法中标记 View 已经与 Window 绑定，在 onDetachedFromWindow 方法中标记 View 与 Window 解除绑定，以此代替 Fragment 的 isAdded 方法判断。

```
// 日记展示页面
public class DiariesView extends LinearLayout implements DiariesContract.View {
    ......
    private boolean mActive;

    private void init() {
        ......
        mActive = true;
    }
    @Override
    protected void onAttachedToWindow() {
        super.onAttachedToWindow();
        mActive = true;
    }
    @Override
```

```
    protected void onDetachedFromWindow() {
        super.onDetachedFromWindow();
        mActive = false;
    }
    @Override
    public boolean isActive() {
        return mActive; // 判断 Fragment 是否已经添加到 Activity 中
    }
}
```

13.2.3　修改布局文件

在使用 Fragment 展示页面时，我们会在 Activity 的布局文件中声明一个占位 FrameLayout 用于加载 Fragment，代码如下所示：

```
<?xml version="1.0" encoding="utf-8"?>
<!--线性布局，界面元素垂直方向排列-->
<LinearLayout xmlns:android="http://schemas.android.com/apk/res/android"
    xmlns:app="http://schemas.android.com/apk/res-auto"
    android:layout_width="match_parent"
    android:layout_height="match_parent"
    android:orientation="vertical">

    ……

    <!--声明内部容器信息，用于加载 Fragment-->
    <FrameLayout
        android:id="@+id/content"
        android:layout_width="match_parent"
        android:layout_height="match_parent" />
</LinearLayout>
```

当使用 Fragmentless 消除 Fragment 时，可以直接在布局中使用自定义 View，来加载自定义的页面。

```
<?xml version="1.0" encoding="utf-8"?>
<!--线性布局，界面元素垂直方向排列-->
<LinearLayout xmlns:android="http://schemas.android.com/apk/res/android"
    xmlns:app="http://schemas.android.com/apk/res-auto"
    android:layout_width="match_parent"
    android:layout_height="match_parent"
    android:orientation="vertical">
    <!--声明顶栏信息-->
    <android.support.design.widget.AppBarLayout
        android:layout_width="match_parent"
        android:layout_height="wrap_content">
        <android.support.v7.widget.Toolbar
            android:id="@+id/toolbar"
            android:layout_width="match_parent"
            android:layout_height="wrap_content"
            android:background="?attr/colorPrimary"
            android:minHeight="?attr/actionBarSize"
```

```
            android:theme="@style/Toolbar"
            app:popupTheme="@style/ThemeOverlay.AppCompat.Light" />
    </android.support.design.widget.AppBarLayout>
    <!--声明内部容器信息，用于加载 Fragment-->
<!--    <FrameLayout
        android:id="@+id/content"
        android:layout_width="match_parent"
        android:layout_height="match_parent" />-->

    <com.imuxuan.art.main.DiariesView
        android:id="@+id/content"
        android:layout_width="match_parent"
        android:layout_height="match_parent" />
</LinearLayout>
```

13.2.4 修改 Activity

最后，修改 Activity，在 Activty 中处理之前 Fragment 中的 onResume 和 onDestory 的生命周期逻辑，启动和销毁 Presenter。

还需要在 Activity 中处理菜单相关方法，删除 Fragment 相关处理，增加 initView 方法，处理 View 加载和相关依赖。

```
public class MainActivity extends AppCompatActivity {
    private DiariesPresenter mPresenter;
    @Override
    protected void onCreate(Bundle savedInstanceState) {
        super.onCreate(savedInstanceState);                // 调用超类方法
        setContentView(R.layout.activity_diaries);      // 设置布局文件
        initToolbar();     // 初始化顶栏
//        initFragment(); // 初始化 Fragment
        initView();
    }
    private void initToolbar() {
        Toolbar toolbar = findViewById(R.id.toolbar); // 从布局文件中加载顶部导航 Toolbar
        setSupportActionBar(toolbar); // 自定义顶部导航 Toolbar 为 ActionBar
    }
//    private void initFragment() {
//        DiariesFragment diariesFragment = getDiariesFragment(); // 初始化 Fragment
//        if (diariesFragment == null) { // 查找是否创建过日记 Fragment
//            diariesFragment = new DiariesFragment(); // 创建日记 Fragment
//            // 将日记 Fragment 添加到 Activity 显示
//            ActivityUtils.addFragmentToActivity(getSupportFragmentManager(), diaries
Fragment, R.id.content);
//        }
//
          // 设置主持人
//        diariesFragment.setPresenter(new DiariesPresenter(diariesFragment));
//    }
    private void initView() {
        DiariesContract.View mView = findViewById(R.id.content);
```

```
        mPresenter = new DiariesPresenter(mView);
        mView.setPresenter(mPresenter); // 设置主持人
    }
//    private DiariesFragment getDiariesFragment() {
//        // 通过 FragmentManager 查找日记展示的 Fragment
//        return (DiariesFragment) getSupportFragmentManager().findFragmentById(R.id.
content);
//    }
    @Override
    protected void onResume() {
        super.onResume();
        mPresenter.start();
    }
    @Override
    protected void onDestroy() {
        mPresenter.destroy();
        super.onDestroy();
    }
    @Override
    protected void onActivityResult(int requestCode, int resultCode, Intent data) {
        super.onActivityResult(requestCode, resultCode, data);
        mPresenter.onResult(requestCode, resultCode);
    }
    @Override
    public boolean onCreateOptionsMenu(Menu menu) { // 创建菜单，重写父类中的方法
        getMenuInflater().inflate(R.menu.menu_write, menu); // 加载菜单的布局文件
        return super.onCreateOptionsMenu(menu);
    }
    @Override
    // 菜单被选择时的回调方法
    public boolean onOptionsItemSelected(MenuItem item) {
        switch (item.getItemId()) {    // 对被点击 item 的 id 进行判断
            case R.id.menu_add:        // 点击“添加”按钮
                mPresenter.addDiary(); // 通知控制器，添加新的日记信息
                return true;           // 返回 true 代表菜单的选择事件已经被处理
        }
        return false; // 返回 false 代表菜单的选择事件没有被处理
    }

}
```

13.3　小结

Fragmentless 可以帮助我们避免很多有关 Fragment 生命周期的问题。但是，它在处理 Fragment 父类相关方法的时候，难免会产生一些兼容性的问题。此外不使用 Fragment，也会使代码距离标准化更远。

实现 Fragmentless 的一般步骤，小结如下：

（1）创建自定义的 View。

（2）将 Fragment 中的逻辑转移到 View 中，对生命周期相关的处理逻辑进行封装，或转移到 Activity 中处理。

（3）处理使用到的 Fragment 相关的特性，与 View 兼容，或与 Activity 兼容。

（4）处理 Activity 中 View 的加载部分和布局文件。

第 14 章 Conductor：短兵利刃

Conductor 是一个小巧精悍的框架，用来帮助移动应用实现基于 View 的开发，与上一章的 Fragmentless 架构基于同一核心思想。本章将在 MVP 架构设计的“我的日记”App 的基础上加入 Conductor 支持。

14.1 什么是 Conductor

Conductor是美国的科技公司Blue Line Labs发布的一款用于实现基于View的Android应用程序的开发框架，Conductor 也是 Fragment 的反对者之一。这款框架具有以下特点：

- 小巧但功能强大。
- 易于集成。
- 具有架构无关性，不限制 MVP 或是 MVC 等架构设计模式。
- 生命周期更加简单。

Conductor 中具有以下组件：

- Controller

在Conductor中，Controller是Fragment的替代者，是View的一个包装，相比Fragment，它具有更简单的生命周期，并且不会像 Fragment 一样存在多种问题。

Controller 与 Fragment 生命周期对比如图 14.1 所示。

- Router

路由 Router 负责控制页面跳转。

- ControllerChangeHandler

ControllerChangeHandler 可以在 Controller 之间执行动画与过渡。

- ControllerTransaction

用于管理 Controller 相关信息。

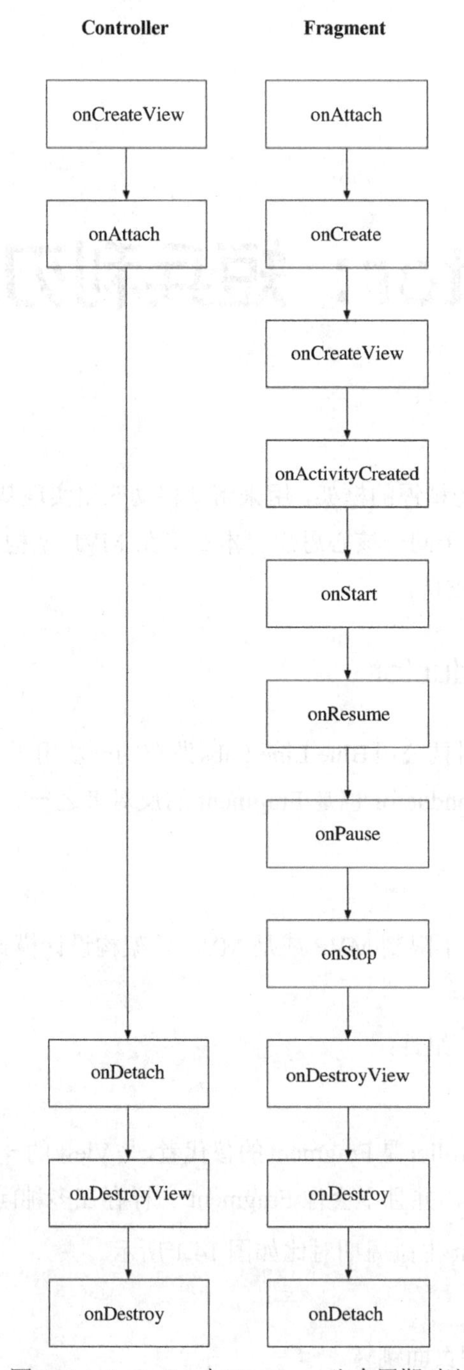

图 14.1　Controller 与 Fragment 生命周期对比

14.2　Conductor 实战

现在，在 MVP 设计的“我的日记”App 基础上，加入 Conductor，将 Fragment 修改为 Controller 实现，并通过 Conductor 的 Router 进行页面跳转的控制。

14.2.1 配置 Conductor

配置 Conductor 比较简单，直接在项目目录中的 build.gradle 文件中加入依赖配置即可，代码如下所示：

```
dependencies {
    ……
    compile 'com.bluelinelabs:conductor:2.0.1'
}
```

本章，我们将使用 Conductor 的 2.0.1 版本进行演示。

14.2.2 Controller 基类处理

在演示项目过程中，我们会通过 Fragment 的 isAdd 方法判断 Fragment 是否已经添加到 Activity 上，以控制界面活跃态。在 Conductor 中，我们将重构消除 Fragment 的使用，并提供一个 Fragment 替代者——Controller 的基类来控制一些 Controller 的通用功能，其中就包括界面活跃态的控制。

创建基类 BaseController 类为抽象类，继承自 Conductor 提供的 Controller，提供一个赋值器 setActive 方法，由继承自 BaseController 的子类来设置活跃态，提供一个取值器 isActive 方法用于判断当前 Controller 是否已经处于活跃态。在生命周期 onDestroyView 时将活跃态置为 false。

```
public abstract class BaseController extends Controller {
    private boolean isActive = false;
    @Override
    protected void onDestroyView(View view) {
        super.onDestroyView(view);
        setActive(false);
    }
    protected void setActive(boolean isActive) {
        this.isActive = isActive;
    }
    public boolean isActive() {
        return isActive;
    }
}
```

BaseController 的父类、负责管理 UI 的父类控件 Controller 一样也是一个抽象类，其中的抽象方法为 onCreateView，子类需要重写抽象方法 onCreateView 以处理界面展示等逻辑。

```
public abstract class Controller {

    @NonNull
    protected abstract View onCreateView(@NonNull LayoutInflater inflater, @NonNull
 ViewGroup container);
```

```
    ......
}
```

14.2.3 重构 Fragment

下面，我们从日记展示模块入手，修改日记展示页面的 Fragment，重命名 DiariesFragment 为 DiariesController，将父类由 Fragment 修改为 BaseController。

```
//public class DiariesFragment extends Fragment implements DiariesContract.View {
// 日记展示页面
public class DiariesController extends BaseController implements DiariesContract.
View { // 日记展示页面
    ......
}
```

因为 BaseController 是抽象类，子类不为抽象类，需要重写父类的抽象方法 onCreateView，将旧有的 Fragment 的 onCreateView 处理逻辑直接转移到新的 Controller 中的 onCreateView 方法中，代码如下所示：

```
// 日记展示页面
public class DiariesController extends BaseController implements DiariesContract.
View {
//
//    @Override
//    public View onCreateView(LayoutInflater inflater, ViewGroup container, Bundle
 savedInstanceState) {
    @NonNull
    @Override
    protected View onCreateView(@NonNull LayoutInflater inflater, @NonNull ViewGroup
container) {
        // 加载日记页面的布局文件
        View root = inflater.inflate(R.layout.fragment_diaries, container, false);
        this.mRecyclerView = root.findViewById(R.id.diaries_list);
        // 将日记列表控件传入控制器
        initDiariesList();
        setHasOptionsMenu(true); // 开启页面的菜单功能
        return root;
    }
    ......
}
```

使用 Controller 后，生命周期发生了变化，将旧有 Fragment 中的 onResume 的逻辑转移到 Controller 的 onAttach 生命周期方法中，代码如下所示：

```
// 日记展示页面
public class DiariesController extends BaseController implements DiariesContract.
View {
        //    @Override
//    public void onResume() {
//        super.onResume();    // 调用父类的 onResume 方法
    @Override
    protected void onAttach(@NonNull View view) {
        super.onAttach(view);
```

```
        mPresenter.start();
    }
    ......
}
```

14.2.4 Controller 的上下文

在 Fragment 中，可以通过 getContext 方法获取 Fragment 的上下文。

```
public class Fragment implements ComponentCallbacks, OnCreateContextMenuListener,
LifecycleOwner {
    ......
    public Context getContext() {
        return mHost == null ? null : mHost.getContext();
    }
}
```

在 Controller 中，可以使用 getActivity 替代 getContext 方法获取上下文，修改 DiariesController 中的代码如下所示：

```
// 日记展示页面
public class DiariesController extends BaseController implements DiariesContract.
View {
    ......
    public void initDiariesList() { // 配置日记列表
          // 设置日记列表为线性布局
//        mRecyclerView.setLayoutManager(new LinearLayoutManager(getContext()));
//        mRecyclerView.addItemDecoration(
//                new DividerItemDecoration(getContext(), DividerItemDecoration.VER
TICAL) // 为列表条目添加分割线
//        );
//        mRecyclerView.setItemAnimator(new DefaultItemAnimator()); // 设置列表默认动画
        // 设置日记列表为线性布局
        mRecyclerView.setLayoutManager(new LinearLayoutManager(getActivity()));
        mRecyclerView.addItemDecoration(
                new DividerItemDecoration(getActivity(), DividerItemDecoration.VERT
ICAL) // 为列表条目添加分割线
        );
        mRecyclerView.setItemAnimator(new DefaultItemAnimator()); // 设置列表默认动画
    }
}
```

在 Fragment 中，可以通过 getString 方法读取资源文件中配置的字符串信息。

```
public class Fragment implements ComponentCallbacks, OnCreateContextMenuListener,
LifecycleOwner {
    ......
    public final String getString(@StringRes int resId) {
        return getResources().getString(resId);
    }
}
```

在 Controller 中，不再提供 getString 等相关方法，但是 Controller 提供了 getResources 方法，可以通过 getResources 方法获取字符串，代码如下所示：

```
public class DiariesController extends BaseController implements DiariesContract.
View { // 日记展示页面
    ......
    @Override
    public void showSuccess() {
//          showMessage(getString(R.string.success));                  // 弹出成功提示信息
        showMessage(getResources().getString(R.string.success)); // 弹出成功提示信息
    }
    @Override
    public void showError() {
//          showMessage(getString(R.string.error));                    // 弹出失败提示信息
        showMessage(getResources().getString(R.string.error));    // 弹出失败提示信息
    }
}
```

在 Fragment 向 Controller 转换的过程中，可能经常会遇到一些方法找不到的问题，这种情况下，就需要大家多查阅一些资料和源码相关信息，以兼容新的控件。

14.2.5 Controller 活跃态

前面，我们处理了 BaseController 中关于 Controller 活跃态相关的数据和方法。现在，在日记展示的 Controller 中，可以控制和判断 Controller 的活跃态相关信息。

在 DiariesController 中注释掉原有的 isActive 方法，在 onCreateView 方法中设置活跃态为 true，以加载和展示数据。

```
public class DiariesController extends BaseController implements DiariesContract.
View { // 日记展示页面
    ......
    @NonNull
    @Override
    protected View onCreateView(@NonNull LayoutInflater inflater, @NonNull ViewGroup
container) {
        ......
        setActive(true);
        return root;
    }

//    @Override
//    public boolean isActive() {
//        return isAdded(); // 判断 Fragment 是否添加到了 Activity 中
//    }
}
```

14.2.6 使用路由

一般情况下，在 App 中只需一个 Activity，将 Activity 传入 Router 以向 Controller 提供 Activity 的相关信息，在 Activity 中通过 findViewById 等方法提供用于 Controller 展示的 View。

使用 Conductor 还需要处理 Activity 的 onBackPressed 方法，避免在 Activity 多级页面中点击返回键后直接销毁 Activity，代码如下所示：

```
public class MainActivity extends AppCompatActivity {
    private Router mRouter;
    @Override
    protected void onCreate(Bundle savedInstanceState) {
        super.onCreate(savedInstanceState);            // 调用超类方法
        setContentView(R.layout.activity_diaries);     // 设置布局文件
        initToolbar();                                 // 初始化顶栏
//        initFragment();                              // 初始化 Fragment
        mRouter = Conductor.attachRouter(this, (ViewGroup) findViewById(R.id.content),
 savedInstanceState);
        if (!mRouter.hasRootController()) {
            DiariesController controller = new DiariesController();
            controller.setPresenter(new DiariesPresenter(controller));
            mRouter.setRoot(RouterTransaction.with(controller));
        }
    }
    private void initToolbar() {
        Toolbar toolbar = findViewById(R.id.toolbar); // 从布局文件中加载顶部导航 Toolbar
        setSupportActionBar(toolbar);             // 自定义顶部导航 Toolbar 为 ActionBar
    }
    @Override
    public void onBackPressed() {
        if (!mRouter.handleBack()) {
            super.onBackPressed();
        }
    }
//    private void initFragment() {
//        DiariesController diariesFragment = getDiariesFragment(); // 初始化 Fragment
//        if (diariesFragment == null) { // 查找是否创建过日记 Fragment
//            diariesFragment = new DiariesController(); // 创建日记 Fragment
//            // 将日记 Fragment 添加到 Activity 显示
//            ActivityUtils.addFragmentToActivity(getSupportFragmentManager(), diaries
Fragment, R.id.content);
//        }
//
//        diariesFragment.setPresenter(new DiariesPresenter(diariesFragment)); //
设置主持人
//    }
//
//    private DiariesController getDiariesFragment() {
//        // 通过 FragmentManager 查找日记展示的 Fragment
//        return (DiariesController) getSupportFragmentManager().findFragmentById
(R.id.content);
//    }
}
```

14.2.7　日记修改页面处理

处理日记修改的 Fragment，重命名为 DiaryEditController，通过在日记展示页面 UI

触发跳转进入日记修改页面，代码如下所示：

```
public class DiaryEditController extends BaseController implements DiaryEditContra
ct.View { // 日记修改页面
    public static final String DIARY_ID = "diary_id"; // 日记 ID
    private DiaryEditContract.Presenter mPresenter;   // 日记修改 Presenter
    private TextView mTitle;                          // 日记标题
    private TextView mDescription;                    // 日记详情
    @NonNull
    @Override
    protected View onCreateView(@NonNull LayoutInflater inflater, @NonNull ViewGroup
container) {
//    @Nullable
//    @Override
//    public View onCreateView(LayoutInflater inflater, ViewGroup container,
//                             Bundle savedInstanceState) {
        View root = inflater.inflate(R.layout.fragment_diary_edit, container,
false); // 加载布局文件
        mTitle = root.findViewById(R.id.edit_title);             // 加载标题控件
        mDescription = root.findViewById(R.id.edit_description); // 加载详情控件
        setHasOptionsMenu(true); // 开启页面的菜单功能
        setActive(true);
        return root;
    }
//    @Override
//    public void onResume() {
//        super.onResume();
//        mPresenter.start();  // Presenter 生命周期开始
//    }
    @Override
    protected void onAttach(@NonNull View view) {
        super.onAttach(view);
        mPresenter.start(); // Presenter 生命周期开始
    }
    @Override
    public void onDestroy() {
        mPresenter.destroy(); // Presenter 生命周期结束
        super.onDestroy();
    }
    @Override
    public void setPresenter(@NonNull DiaryEditContract.Presenter presenter) {
        mPresenter = presenter; // 设置 Presenter
    }
    @Override
    public void showError() {
        Toast.makeText(getActivity(), getResources().getString(R.string.error),
Toast.LENGTH_SHORT).show(); // 显示错误提示
    }
    @Override
    public void showDiariesList() {                      // 显示日记列表
        getActivity().setResult(Activity.RESULT_OK); // 标记处理成功
        getActivity().finish();                      // 销毁当前页面
    }
```

```
//    @Override
//    public boolean isActive() {
//        return isAdded();  // 判断 Fragment 是否添加到了 Activity 中
//    }

    ......
}
```

14.2.8　Controller 构造方法

在 DiaryEditController 中，还需要加入构造方法，以传入日记 id 等信息。

```
public class DiaryEditController extends BaseController implements DiaryEditContra
ct.View { // 日记修改页面

    private String mDiaryId;
    public DiaryEditController(String diaryId) {
        Bundle bundle = new Bundle();
        bundle.putString(DIARY_ID, diaryId);
        mDiaryId = diaryId;
    }
    public DiaryEditController(Bundle args) {
        mDiaryId = args.getString(DIARY_ID);
    }
    ......
}
```

这里需要注意，在 Conductor 中，DiaryEditController 必须有一个默认无参构造方法，或者有一个 Bundle 参数的构造方法，否则会显示以下错误提示信息：

```
java.lang.RuntimeException: class com.imuxuan.art.edit.DiaryEditController does no
t have a constructor that takes a Bundle argument or a default constructor. Control
lers must have one of these in order to restore their states.
```

然后，需要处理 ActionBar 相关的信息，以切换显示“写日记”或“修改日记”，代码如下所示：

```
public class DiaryEditController extends BaseController implements DiaryEditContract.
View {                                                      // 日记修改页面
    public static final String DIARY_ID = "diary_id";  // 日记 ID
    private DiaryEditContract.Presenter mPresenter;    // 日记修改 Presenter
    private TextView mTitle;                           // 日记标题
    private TextView mDescription;                     // 日记详情
    private String mDiaryId;
    @NonNull
    @Override
    protected View onCreateView(@NonNull LayoutInflater inflater, @NonNull ViewGroup
container) {
        ......
        initToolbar(mDiaryId);
        return root;
    }
    private void initToolbar(String diaryId) {
        // 从布局文件中加载顶部导航 Toolbar
```

```
        Toolbar toolbar = getActivity().findViewById(R.id.toolbar);
        // 自定义顶部导航 Toolbar 为 ActionBar
        ((AppCompatActivity) getActivity()).setSupportActionBar(toolbar);
        setToolbarTitle(TextUtils.isEmpty(diaryId)); // 设置导航栏标题
    }
    private void setToolbarTitle(boolean isAdd) {
        if (isAdd) { // 是否为写日记操作
          ((AppCompatActivity) getActivity()).getSupportActionBar().setTitle
(R.string.add); // 设置标题为写日记
        } else {
          ((AppCompatActivity) getActivity()).getSupportActionBar().setTitle
(R.string.edit); // 设置标题为修改日记
        }
    }
    ......
}
```

14.2.9 页面销毁

在 DiaryEditController 中，还需要处理页面销毁相关的方法，因为现在只有一个 Activity，所以不能直接销毁 Activity，而需要通过 popController 方法切换页面，代码如下所示：

```
public class DiaryEditController extends BaseController implements DiaryEditContra
ct.View { // 日记修改页面
    ......
    @Override
    public void showDiariesList() {                          // 显示日记列表
//        getActivity().setResult(Activity.RESULT_OK); // 标记处理成功
//        getActivity().finish();                        // 销毁当前页面
        getRouter().popController(this);
    }
}
```

14.2.10 页面跳转

在 DiariesController 中处理页面跳转的相关方法，通过路由事务，将 Controller 压入栈中，完成页面跳转，代码如下所示：

```
public class DiariesController extends BaseController implements DiariesContract.
View { // 日记展示页面
    @Override
    public void gotoWriteDiary() { // 跳转到添加日记的页面
          // 构造跳转页面的 intent
//        Intent intent = new Intent(getActivity(), DiaryEditActivity.class);
//        startActivity(intent); // 通过 intent 的信息进行跳转
        DiaryEditController diaryEditController = new DiaryEditController("");
        diaryEditController.setTargetController(this);
        getRouter().pushController(RouterTransaction.with(diaryEditController));
    }
    @Override
```

```
    public void gotoUpdateDiary(String diaryId) { // 跳转到更新日记的页面
            // 构造跳转页面的 intent
//          Intent intent = new Intent(getActivity(), DiaryEditActivity.class);
            // 设置跳转时携带的信息
//          intent.putExtra(DiaryEditController.DIARY_ID, diaryId);
//          getActivity().startActivity(intent);  // 通过 intent 的信息进行跳转
        DiaryEditController diaryEditController = new DiaryEditController(diaryId);
        diaryEditController.setTargetController(this);
        getRouter().pushController(RouterTransaction.with(diaryEditController));
    }
    ......
}
```

处理完成后，我们就可以删除日记详情页面的 DiaryEditActivity 了。现在的 App 中已经不再使用 Fragment 了，只使用一个 Activity 即可完成页面的跳转。

```
public class DiaryEditActivity extends AppCompatActivity { // 日记修改页面
    ......
}
```

14.3 小结

本章，我们演示了 Conductor 框架的比较完整的使用过程。相比 Fragmentless，Conductor 框架提供了更多的工具，也具备更丰富的功能。两种架构模式都是基于反对使用 Fragment 的思想设计的，在实际应用场景中，开发者可以根据具体的 App 进行相应的取舍。

在此，小结 Conductor 的使用步骤如下：

（1）基础依赖配置。

（2）Controller 的基类处理。

（3）把 Fragment 迁移到 Controller 的生命周期相关方法处理。

（4）Fragment 旧有方法的兼容。

（5）处理 Activity，实现页面跳转。

第 15 章

插件化：模块插拔

本章介绍的是插件化框架，它与模块化技术、组件化技术有着异曲同工之妙。熟练运用插件化技术，往往能给一个移动应用带来非同凡响的体验感。在阅读本章之前，推荐读者先通过阅读第 11 章了解组件化开发，本章将通过分析一款插件化流行框架，来讲解插件化架构。

15.1 什么是插件化

插件化是国内非常流行的一种移动应用技术，指应用可以加载使用免安装的 APK，可以将应用拆分为多个 APK，实现按需加载，灵活扩展。加载免安装 APK 如图 15.1 所示。

主APK
APK1
APK2
APK3

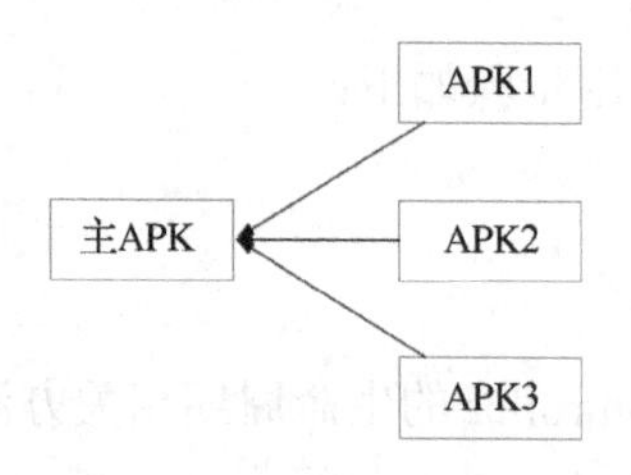

图 15.1 加载免安装 APK

插件化和组件化都会将系统划分为多个模块。组件化划分的模块是库，而插件化划分的模块则需要打包成 APK 等文件。组件化架构和插件化架构如图 15.2 所示。

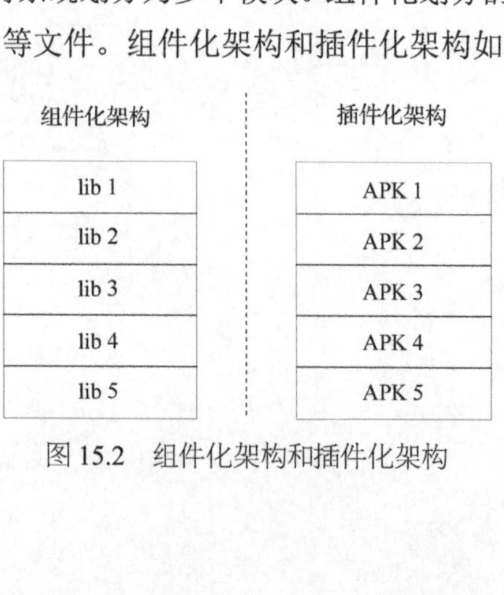

组件化架构
lib 1
lib 2
lib 3
lib 4
lib 5
插件化架构
APK 1
APK 2
APK 3
APK 4
APK 5

图 15.2 组件化架构和插件化架构

插件化技术起源于 2012 年，国内有一些互联网公司致力于研究此项技术以实现应用的特殊需求，在 2016 年由于各种开源框架的百花齐放，插件化逐渐发展为一项流行技术。

插件化架构在国内发展如火如荼，但是在国外却并不是非常流行。一方面，国外的移动公司大多依赖于谷歌开发的 Android 应用发布平台 Google Play 和 IOS 应用发布平台 Apple Store，对于插件化技术的管理较为严格；另一方面，国外的技术公司对于插件化技术的需求也不是十分强烈。

15.2　插件化实战

Small 是一款轻量级的插件化开发框架，提供了协助插件编译和插件中间的跳转等相关的工具，可以将一个 App 拆分为多个库和业务插件，可以完美支持资源分包、共享等多种功能，是一种十分强大的框架。

这里，我们将使用插件化开发框架 Small，对基于组件化架构的“我的日记”App 进行重构，加入插件化技术，使得日记列表模块和日记修改模块作为插件，加载到主模块中运行。

15.2.1　配置插件化框架

在第 11 章讲解的组件化架构开发内容中，我们通过建立 version.gradle 来管理项目中相关依赖的版本号，便于统一管理版本相关信息，在进行插件化配置时，修改 build_config 下的 version.gradle 文件，在版本配置中加入 Small 版本号，这里我们使用“1.5.0-beta2”版本开发。

```
ext {
    ……
    libs = [
            ……
            small                   : '1.5.0-beta2'
    ]
}
```

然后，在项目目录下的 build.gradle 文件中加入配置，进行如下配置 Small 开发环境。

```
buildscript {
    ……
    dependencies {
        ……
        classpath "net.wequick.tools.build:gradle-small:${libs.small}"
    }
}
```

在 build.gradle 文件末尾加入配置，使用 Small 插件。

```
apply plugin: 'net.wequick.small'
```

15.2.2　配置主模块

在 Small 中，限制了主 Module 的名称必须为“app”，否则会报错，如图 15.3 所示。

图 15.3　主 Module 名称错误

需要将之前的 Module “main”重命名为“app”，Mac 系统下重命名快捷键为“Shift+F6”，进行主 Module 重命名，选择 Rename module，如图 15.4 所示。

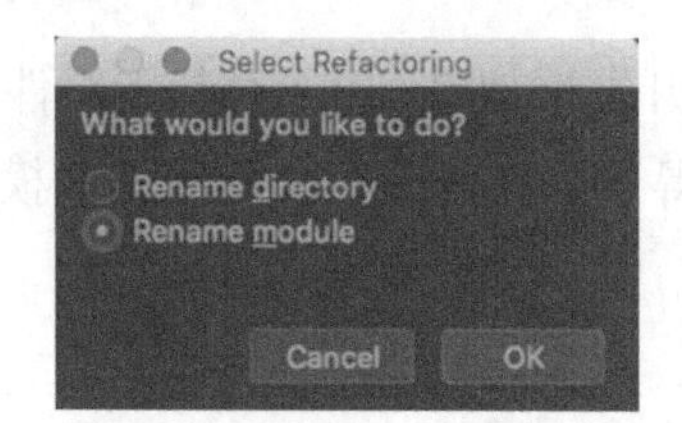

图 15.4　重命名主 Module

将主 Module 名称修改为“app”，如图 15.5 所示。

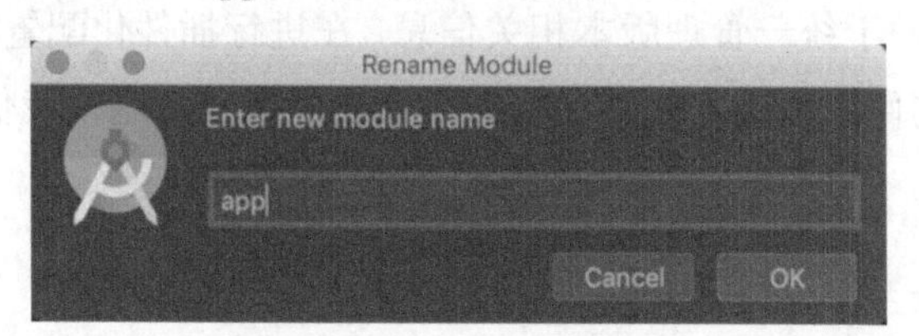

图 15.5　主 Module 名称配置

15.2.3　验证环境配置

完成环境配置后，可以在终端 Terminal（Mac 系统下）命令行工具中输入以下命令来验证 Small 环境。

```
./gradlew small
```

Terminal 中出现以下提示信息：

````
### Compile-time
```
  gradle-small plugin : 1.5.0-beta2 (maven)
            small aar : 1.5.0-beta2 (maven)
          gradle core : 4.1
       android plugin : 3.0.0
````
````

```
                    OS : Mac OS X 10.14.3 (x86_64)
```
```
### Bundles
| type | name | PP   | sdk  | aapt   | support | file | size |
| ---- | ---- | ---- | ---- | ------ | ------- | ---- | ---- |
| host | app  |      | 26   | 26.0.2 |         |      |      |
BUILD SUCCESSFUL in 8s
1 actionable task: 1 executed
```

其中包括了工程环境相关信息和配置的 Host 主 Module 等信息。

15.2.4　框架初始化

在 Host 主 Module 下创建一个包，用于存放 Application，以便初始化 Small 或做其他相关配置。在 app/main/java 目录下创建包 com.imuxuan.art，如图 15.6 所示。

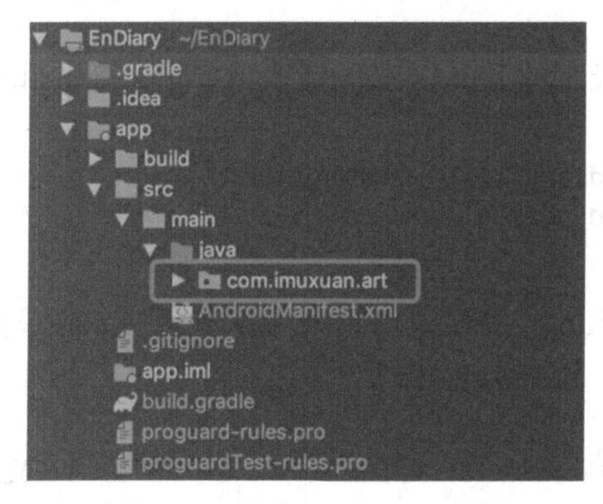

图 15.6　创建主 Module 的包

将 EnApplication 文件从 en_common Module 移动到 app Module 的 com.imuxuan.art 包下，在 Application 的构造方法中初始化 Small，代码如下所示：

```
public class EnApplication extends Application {
    private static EnApplication INSTANCE;
    public EnApplication() {
        Small.preSetUp(this);
    }

    @Override
    public void onCreate() {
        super.onCreate();
        INSTANCE = this;
        Small.preSetUp(this);
        ARouter.init(this);
    }
    public static EnApplication get() {
        return INSTANCE;
    }
}
```

15.2.5 指定插件类型

在 Small 中，可以在 Gradle 配置文件中指定哪些 Module 是公共库插件 lib，哪些 Module 是应用插件 app。

因为 Small 对 Gradle 3.0.0 版本目前支持并不是特别好，存在很多问题，我们在本实例中先将 Gradle 版本降级到 2.3.0，并同步修改 api 和 implementation 关键字为 compile 等。

```
ext {
    ……
    libs = [
            gradle                      : '2.3.0',
            ……
    ]
}
```

然后，我们在项目目录下的 build.gradle 文件中，指定 app 和 lib 信息，代码如下所示：

```
small {
    bundles 'app', ['diary_list', 'diary_edit']
    bundles 'lib', 'en_common'
}
```

配置完成后，在 Terminal 中输入以下命令来验证 Small 环境配置情况。

./gradlew small

看到如下提示，表示配置成功，app 为宿主 Module，diary_edit 和 diary_list 为应用插件，en_common 为公共库插件。

```
### Bundles
| type |    name    |  PP  | sdk |  aapt   | support | file | size |
|------|------------|------|-----|---------|---------|------|------|
| host | app        |      | 26  | 26.0.1 |          |      |      |
| app  | diary_edit | 0x56 | 26  | 26.0.1 |          |      |      |
| app  | diary_list | 0x73 | 26  | 26.0.1 |          |      |      |
| lib  | en_common  | 0x29 | 26  | 26.0.1 |          |      |      |
##
```

15.2.6 配置路由信息

接下来我们配置模块之间跳转需要的路由相关信息。

在 app Module 下新建 assets 目录，用于存放路由等相关信息，如图 15.7 所示。

弹出对话框，直接单击“Finish”按钮即可，如图 15.8 所示。

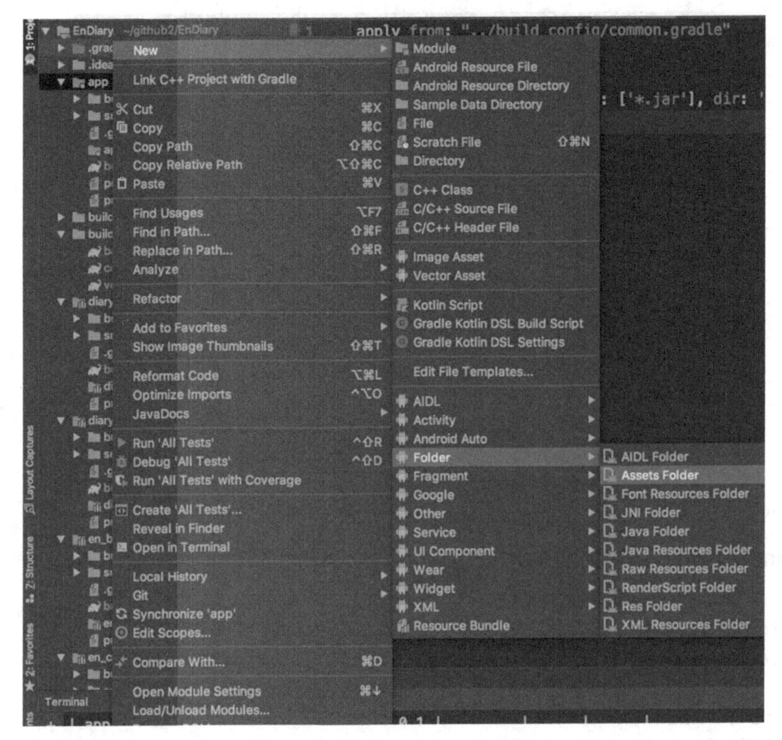

图 15.7　创建 assets 目录

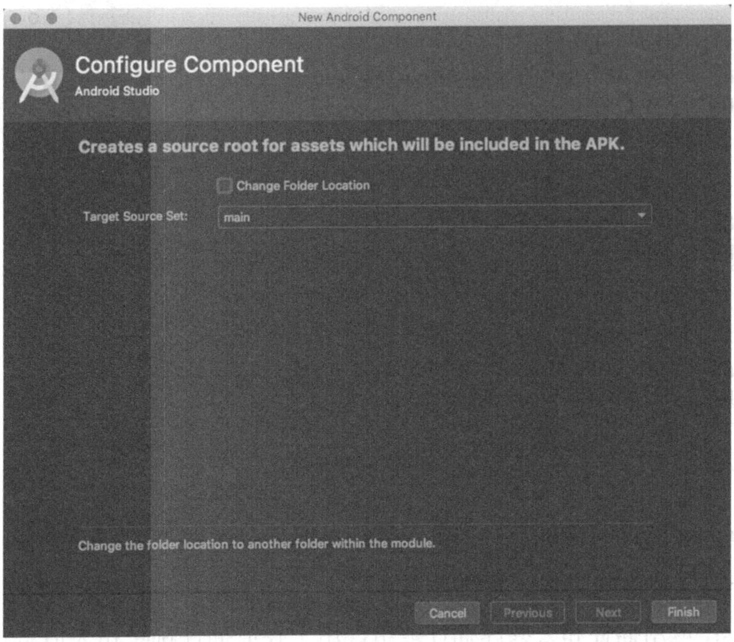

图 15.8　完成 assets 目录创建

在 assets 目录下新建 bundle.json 文件，用于存放路由配置信息，如图 15.9 所示。

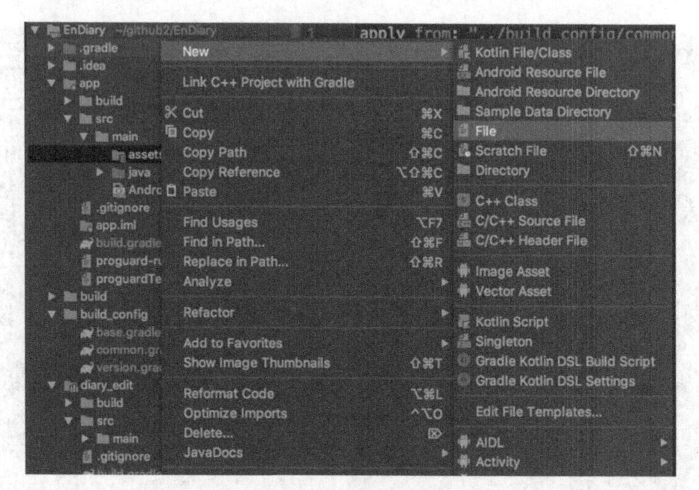

图 15.9　创建路由配置文件

配置 bundle.json 信息如下所示：

```
{
  "version": "1.0.0",
  "bundles": [
    {
      "uri": "main",
      "pkg": "com.imuxuan.art"
    },
    {
      "uri": "diary_list",
      "pkg": "com.imuxuan.art.diary.list",
      "type": "app"
    },
    {
      "uri": "diary_edit",
      "pkg": "com.imuxuan.art.diary.edit",
      "type": "app"
    },
    {
      "uri": "en_common",
      "pkg": "com.imuxuan.art.common",
      "type": "lib"
    }
  ]
}
```

在 bundle.json 配置的信息中，各个关键词对应的含义如下所示。

- version：文件格式版本，始终为 1.0.0。
- bundles：应用插件和公共库插件数组，用于存放插件跳转相关信息。
- uri：插件的唯一标识 id，一般用于跳转时寻找插件信息。
- pkg：插件的包名。
- type：插件对应的类型，lib 为公共库插件，app 为业务插件。

15.2.7　创建加载页面

接下来，在 app Module 中创建一个 LaunchActivity，用于跳转到日记列表页面，通过 Small 的 openUri 方法可以由 Uri 跳转到其他插件中的页面。

```
public class LaunchActivity extends AppCompatActivity {
    @Override
    protected void onStart() {
        super.onStart();
        Small.setUp(LaunchActivity.this, new Small.OnCompleteListener() {
            @Override
            public void onComplete() {
                Small.openUri("diary_list", LaunchActivity.this); // 跳转到日记列表页面
                finish();                                          // 销毁当前页面
            }
        });
    }
}
```

在 AndroidManifest 文件中指定 LAUNCHER Activity 信息，代码如下所示：

```
<?xml version="1.0" encoding="utf-8"?>
<manifest xmlns:android="http://schemas.android.com/apk/res/android"
    package="com.imuxuan.art">
    <application
        android:name=".EnApplication"
        android:allowBackup="false"
        android:icon="@mipmap/ic_launcher"
        android:label="@string/app_name"
        android:supportsRtl="true"
        android:theme="@style/AppTheme">
        <activity android:name=".LaunchActivity">
            <intent-filter>
                <action android:name="android.intent.action.MAIN" />
                <category android:name="android.intent.category.LAUNCHER" />
            </intent-filter>
        </activity>
    </application>
</manifest>
```

因为在这里要引用图标等相关资源信息，需要配置 Module 依赖于资源库 en_res，代码如下所示：

```
apply plugin: 'com.android.application'
apply from: "../build_config/base.gradle"
dependencies {
    compile project(':en_res')
}
```

然后，移除之前组件化中应用到的 ARouter 路由等相关配置，删除 ARouter、debug 和 release 配置的 AndroidManifest 文件相关信息等，实例中不再需要借助 ARouter 实现页面跳转。

15.2.8 路由携带参数跳转

当页面跳转需要携带一些参数信息时，可以通过在 uri 的后面拼接问号（?），再拼接键值对的形式来传递参数，多个键值对可以使用 & 进行拼接。修改日记列表跳转的跳转信息代码如下所示：

```
// 日记展示页面
public class DiariesFragment extends Fragment implements DiariesContract.View {

    @Override
    public void gotoWriteDiary() { // 跳转到添加日记的页面
//        ARouter.getInstance().build("/diary/edit").navigation();
        Small.openUri("diary_edit", getActivity());
    }
    @Override
    public void gotoUpdateDiary(String diaryId) { // 跳转到更新日记的页面
//        ARouter.getInstance().build("/diary/edit")
//                .withString("diary_id", diaryId)
//                .navigation();
        Small.openUri("diary_edit?diaryId=" + diaryId, getActivity());
    }
    ……
}
```

在跳转后的页面，可以通过 Small 的 getUri 方法获取跳转的 uri 信息，通过 uri 的 getQueryParameter 方法获取跳转携带的参数，修改日记修改页面的 Activity，如下所示：

```
public class DiaryEditActivity extends AppCompatActivity { // 日记修改页面
    @Override
    protected void onCreate(Bundle savedInstanceState) {
        super.onCreate(savedInstanceState);            // 调用超类方法
        setContentView(R.layout.activity_diary_edit); // 设置布局文件
//        String diaryId = getIntent().getStringExtra(DiaryEditFragment.DIARY_ID);
// 获取日记的 id
        String diaryId = "";
        Uri uri = Small.getUri(this);
        if (uri != null) {
            diaryId = uri.getQueryParameter("diaryId");
        }
        initToolbar(diaryId); // 初始化顶栏
        initFragment(diaryId); // 初始化 Fragment
    }
    ……
}
```

15.2.9 配置插件的 Launcher

日记列表和日记修改页面现在已经是一个单独的插件 App，需要在它们的 AndroidManifest 文件中配置加载页面等相关信息。

配置日记列表的 Launcher 页面信息，如下所示：

```
<manifest xmlns:android="http://schemas.android.com/apk/res/android"
    xmlns:tools="http://schemas.android.com/tools"
    package="com.imuxuan.art.diary.list">
    <application
        android:label="@string/list"
        android:theme="@style/AppTheme"
        tools:replace="label">
        <activity android:name=".MainActivity">
            <intent-filter>
                <action android:name="android.intent.action.MAIN" />
                <category android:name="android.intent.category.LAUNCHER" />
            </intent-filter>
        </activity>
    </application>
</manifest>
```

配置日记修改页面的 Launcher 相关信息，如下所示：

```
<manifest xmlns:android="http://schemas.android.com/apk/res/android"
    xmlns:tools="http://schemas.android.com/tools"
    package="com.imuxuan.art.diary.edit">
    <application
        android:label="@string/add"
        android:theme="@style/AppTheme"
        tools:replace="label">
        <activity android:name=".DiaryEditActivity">
            <intent-filter>
                <action android:name="android.intent.action.MAIN" />
                <category android:name="android.intent.category.LAUNCHER" />
            </intent-filter>
        </activity>
    </application>
</manifest>
```

15.2.10　编译

下面，我们需要编译打包各个插件，以运行 App，在 App 运行时动态加载这些插件。

在 Terminal 中执行以下命令，通过 Small 编译公共库。我们在项目开发中，有时可能会开启并行编译，以提高编译速度，在 buildLib 的时候因为引用资源等相关问题，不能打开 Dorg.gradle.parallel 选项。

```
./gradlew cleanLib -q
./gradlew buildLib -q -Dorg.gradle.parallel=false
```

然后，通过执行以下命令，来编译应用插件。

```
./gradlew cleanBundle -q
./gradlew buildBundle -q
```

通过以下命令，查看编译情况。

```
./gradlew small
```

可以看到，在新生成的编译信息中，已经显示了文件和文件大小等相关信息，如下所示：

```
### Bundles
| type | name        | PP   | sdk  | aapt   | support | file(armeabi) | size    |
| ---- | ---------- | ---- | ---- | ------ | ------- | ------------- | ------- |
| host | app        |      | 26   | 26.0.1 |         |               |         |
| app  | diary_edit | 0x56 | 26   | 26.0.1 |         | *_edit.so     | 11.7 KB |
| app  | diary_list | 0x73 | 26   | 26.0.1 |         | *_list.so     | 13.6 KB |
| lib  | en_common  | 0x29 | 26   | 26.0.1 |         | *_common.so   | 8.3 KB  |
##
```

单击“运行”按钮运行 App，如图 15.10 所示。

图 15.10　运行 App

运行正常，显示日记列表信息，可以成功跳转到日记修改页面。至此，我们完成了插件化架构的重构。

15.3　小结

插件化是一项非常流行的技术，是每位移动开发者都需要了解的一项技术。本章，Small 框架给插件化实现带来了非常舒适的体验，通过 Small 实现插件化的步骤如下：

（1）配置框架环境相关信息。

（2）配置主模块，验证配置情况。

（3）初始化加载框架。

（4）配置插件信息。

（5）配置路由信息。

（6）使用 uri 实现页面跳转。

（7）通过 Small 编译，运行 App。

第 16 章 总结

现在，我们已经分析了移动开发中常用的绝大多数流行框架，并推荐了一些扩展的框架。本章是对全书涉及的架构模式的小结，将会针对每种架构模式总结其特点，并给予你架构选型的建议。

16.1 架构演进

从软件危机的爆发开始，人们就再也无法忍受代码的维护性差、“牵一发而动全身”等问题。后来，人们逐渐认识到了软件架构的重要性，开始了漫长的软件架构探索的历程。

16.1.1 MVX 系列架构

在讨论架构时，我们常常喜欢将 MVC 架构、MVP 架构和 MVVM 架构称为 MVX 系列架构，这是移动开发中比较流行的三种架构。

在软件发展史上公认的第二个面向对象的程序设计语言——Smalltalk 诞生后，Smalltalk 面临了“软件危机”——同样的维护性难题，施乐帕罗奥多研究中心的科研者们为它设计了 MVC 架构模式。

后来，因为 MVC 的 Controller 承担了太重的责任，它不仅需要与 View 通信，还需要与 Model 通信，同时，它还需要处理 View 的监听，使得 Model-View-Controller 慢慢变成了 Massive View Controller。IBM 的一家子公司——Taligent 改造了 MVC 架构模式，从此诞生了 MVP 架构。而后，微软也将 MVP 架构模式加入官方文档，并推荐使用 MVP 架构进行.NET 应用程序开发，MVP 架构模式逐渐流行。

2005 年，微软 WPF 与 Silverlight 的架构师 John Gossman 发表了文章——《使用模型/视图/视图模型的模式构建 WPF 应用的介绍》，他提出了一种开发效率更高的架构，即 MVVM 架构。

MVX 系列架构的演进是软件开发逐渐进步的过程，如图 16.1 所示。

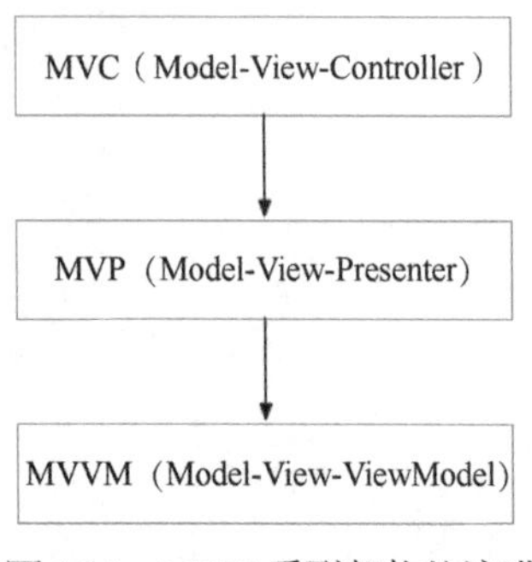

图 16.1　MVX 系列架构的演进

16.1.2　The Clean Architecture 系列架构

MVP 架构中的 Presenter 存在着难以复用的问题，在某种程度上，MVC 中的 Controller 也存在相同的弊端。2012 年 8 月，著名软件开发大师 Uncle Bob 在他的博客上发表了一篇文章 *The Clean Architecture*，提出了一个整洁的四层架构体系——The Clean Architecture 系列架构。

后来，有开发者将 The Clean Architecture 应用到了 MVP 上，将 Presenter 中的逻辑抽离，建立用例，放在了领域层中，MVP-Clean 诞生了。

2013 年，软件工程师 Jeff Gilbert 和 Conrad Stoll 在他们的博客上提出 VIPER 架构。相比 MVP-Clean，VIPER 多了一个路由层，负责处理应用中的页面跳转，VIPER 架构在 IOS 开发中尤为流行。

2016 年，美国科技公司 Uber（优步）发表了一篇文章——《Uber 的新 Rider App 的架构设计》，提出了 Riblets 架构，相比 VIPER 架构，Riblets 架构多了 Builder 以管理组件的创建和组件的依赖关系。

The Clean Architecture 系列架构演进历程如图 16.2 所示。

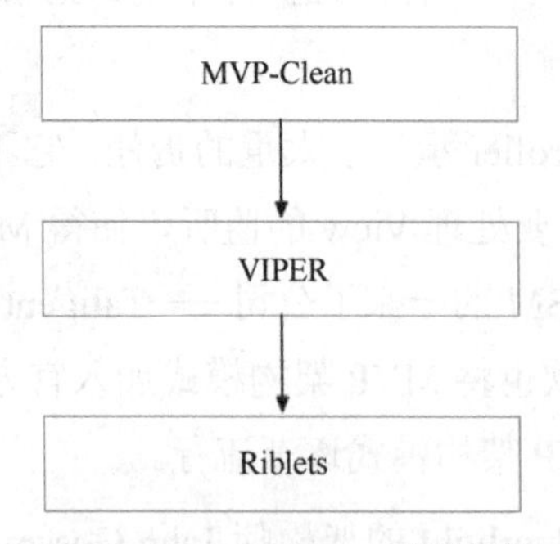

图 16.2　The Clean Architecture 系列架构演进历程

而这三种架构之间的差异，可以简单地用图 16.3 来表示。

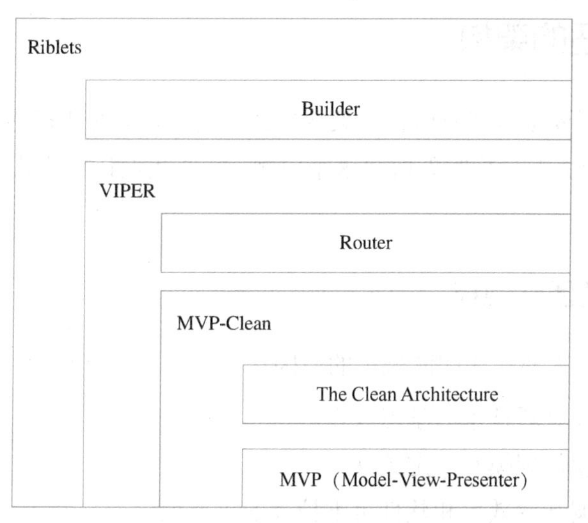

图 16.3　The Clean Architecture 系列架构之间的差异

16.1.3　模块化系列架构

20 世纪 60 年代，一次软件危机爆发后，人们开始重视软件重用。1972 年，卡内基 • 梅隆大学的 D. L. Parnas 发表论文——《将系统分解成模块的标准》，论文中讨论了模块化系统设计的相关思路，并首次提出了“信息隐藏”的观点。

伴随着时间的推移和软件的发展，模块化设计渐渐衍生了组件化设计，组件化设计在国内更为流行，众多大型企业都选择将项目进行组件化重构。

2012 年，国内有一些互联网公司致力于插件化技术研究，以实现应用的特殊需求。插件化是比组件化更加复杂的一项技术，可以加载使用免安装的 APK，从 2016 年开始，插件化逐渐成为一项流行技术。

而这三种架构都是由模块化架构发展而来的，其演进过程如图 16.4 所示。

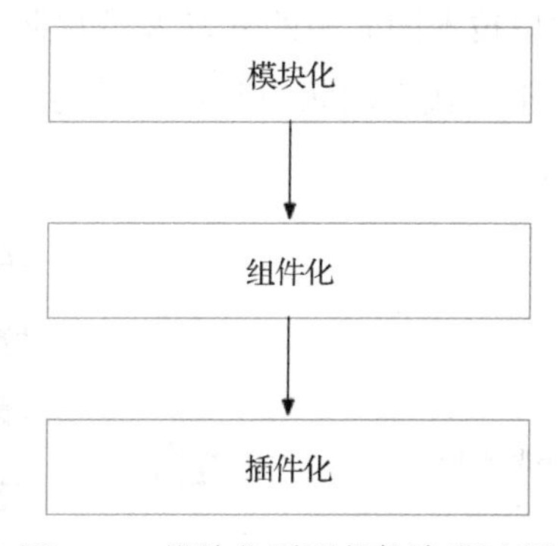

图 16.4　模块化系列架构演进过程

16.2 选择合适的架构

若有一天我们想要改善现有软件的架构模式，或对架构的选择感到迷茫，我们应该如何找寻方向，选择合适的架构呢？解决这个问题，需要我们认清团队规模和目前存在的问题，有的放矢。

16.2.1 认清你的团队规模

选择合适的架构需要认清团队规模的原因在于：

- 团队规模代表着新技术的学习成本。
- 团队规模与软件规模有一定关联。
- 团队规模强调开发效率和软件可维护性的重要性。

如今敏捷开发盛行，越来越多的公司倾向于从大型团队中剥离出几个小团队，管理不同的业务模块。每个小团队一般由 4～6 人组成，这样的模式更能提高软件问题的解决效率，这也是一些管理者认为的最佳团队规模。如果你在大公司，那么很有可能你就处于这种流行的、类似分治思想的团队之中。大型技术团队如图 16.5 所示。

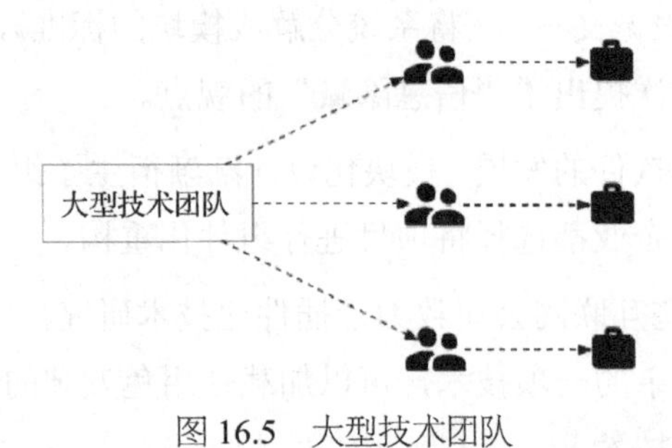

图 16.5　大型技术团队

你也有可能处在中小型技术团队之中，这种团队可能会负责一般规模的软件系统，但是这里的开发人员或许要比大型技术团队中的开发人员掌握更多的技术，而且其忙碌程度也可能更高。所以，团队规模并不能代表团队中开发人员的工作任务难度和技术学习成本。中小型技术团队如图 16.6 所示。

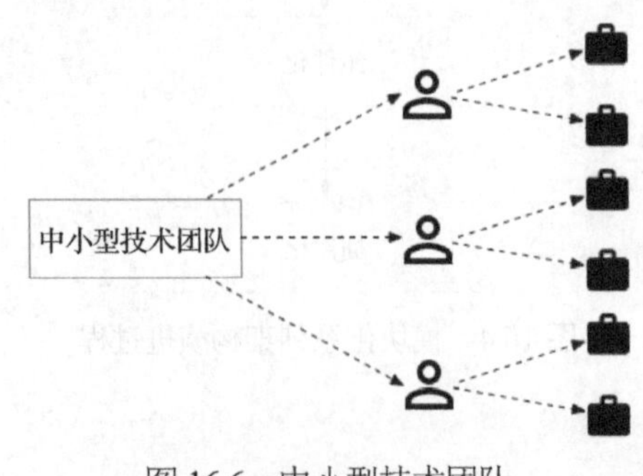

图 16.6　中小型技术团队

还有一种可能是你处在创业公司，或是非科技公司的"团队"，即独立开发者。你一个人要负责整个 App 的维护。App 规模或小或大，对于开发者来说，在掌握业务的基础上，他可能还需要关心 App 的构建与发布等问题。独立开发者如图 16.7 所示。

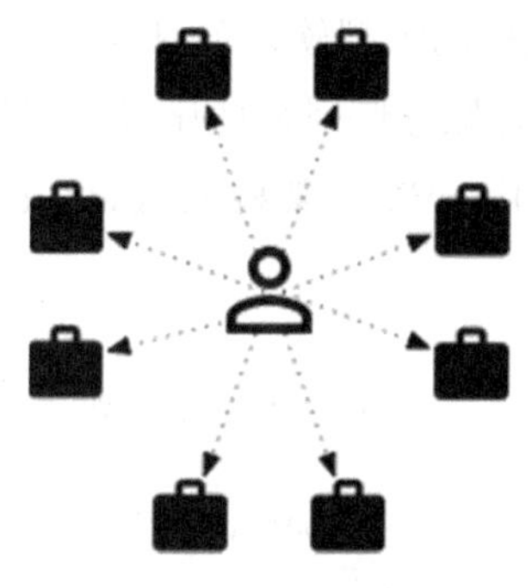

图 16.7　独立开发者

后面将针对大型技术团队、中小型技术团队和独立开发者，提供架构选型的建议。

16.2.2　目前存在的问题

在认清团队规模后，你还需要找出团队目前存在的问题，即我们第一章中曾经提到的认清两个问题——系统内部问题和系统外部条件。

系统的一部分问题可能是由于外界带来的需求而产生，一部分问题可能是内部团队的规则定制所带来的，在架构选型之前，我们可以通过内部和外部的调研，找出系统目前存在的问题，再选择最有利的架构模型。

16.2.3　大型技术团队架构选型

在 MVX 系列架构模型中，MVC 架构的 Massive View Controller 问题已经被太多的开发者所不能接受，选择 MVC 架构模式对于软件需求变化的快速响应，并不是十分有利。

而 MVP 架构是移动开发现阶段比较流行的架构模式之一。使用 MVP 进行面向接口编程，在大型技术团队的大型软件项目中，非常有利于业务组件之间的解耦，MVP 架构是大型技术团队的适用架构模式。

MVP 的 Presenter 具有复用性问题，我们可以选择使用 The Clean Architecture 系列架构来解决这一问题，将业务逻辑划分为更小的类，在大型软件项目中更利于业务逻辑的维护和代码的抽象设计。

MVVM 架构同样是推荐的架构之一，但是在移动开发中，开发者对 MVVM 架构的理解与使用并没有像 MVP 架构那样普遍，使用 MVVM 架构会增加学习成本。使用 MVVM 架构的同时，可以引入 Google 官方推荐的架构组件 AAC。

对于大型技术团队而言，若将团队划分为多个小型业务团队，那么模块化系列架构是尤其推荐的架构模式，组件化架构可以将项目分而治之，这与团队组成形式的特点有着相同之处，插件化架构可以根据团队的业务需求而进行选择。

所以，对于大型技术团队维护的大型软件项目，非常推荐 MVP 架构，可以考虑 The Clean Architecture 系列架构，同时推荐使用组件化设计将架构进行组件划分。而对于可以接受学习成本的团队，也推荐使用 MVVM 架构和 Android Architecture Components 系列组件，如图 16.8 所示。

图 16.8　大型技术团队架构选型

16.2.4　中小型技术团队架构选型

在中小型技术团队中，技术选型有着更高的灵活性，团队成员对技术的学习成本的重视程度相对更低一些。

在中小型技术团队中，使用 MVVM 架构设计和 Google 官方推荐的 Android Architecture Components 系列组件是非常不错的选择。大多数时候，中小型技术团队人员扩增可能并没有大型技术团队那样迅速，所以，技术的学习成本并不是一个非常棘手的问题，进而提高了选择 MVVM 架构的可能性，在此基础上使用 Dagger2 实现依赖注入，使用 RxJava2 进行函数响应式编程也是不错的选择。

而 MVP 架构同样是推荐的架构模式之一。组件化设计在中小型技术团队是一个备选方案，在软件业务规模并不是很大的时候，可以选择后期再考虑重构。中小型技术团队架构选型如图 16.9 所示。

图 16.9　中小型技术团队架构选型

16.2.5　独立开发者架构选型

独立开发者的架构选型具有更高的灵活性，架构选型在外部受业务需求的影响，在内部受团队开发者的技术掌握程度的影响。

由于 MVP 架构涉及更多的面向接口编程，对于独立开发者而言，可能在某种程度上提高了开发的复杂度，所以相比 MVP 架构，MVC 架构和 MVVM 架构是更推荐的方案。

而函数响应式编程相关框架 RxJava2 也可以用来为独立开发者提供优雅的编程模式，独立开发者在维护规模并不大的移动应用系统时，可能并不需要处理非常复杂的依赖关系，所以，可以在需要的时候再考虑 Dagger2。独立开发者架构选型如图 16.10 所示。

图 16.10　独立开发者构架选型

16.3　复盘

“复盘”是一个围棋术语，是指在围棋对弈结束后，对弈者在棋盘上重复对弈过程，以小结问题与不足的方式。如今“复盘”是工作和学习中非常重要的一项能力。

在架构设计结束后，推荐开发者们在架构重构后进行复盘，找到不足之处。

在本书结束之际，笔者希望开发者能建立其对移动开发中涉及的常用架构模型的认识，并进行复盘，整理在本书所掌握的技术内容，并运用到工作和学习中。希望每个开发者都能消除软件危机，拥抱在软件开发过程中遇到的变化，在面对架构问题时，能够做到从容不迫。

[illegible]

16.3 总结

[illegible]